内 容 提 要

　　本书论述了无机纳米光电薄膜的制备、表征及其光学性能、电学性能和光电性能，也介绍了纳米激光材料的研究，系统地反映了光电功能薄膜学科的物理基础、研究方法。书中既有实验描述，也有理论分析，并涉及该领域国际上的最新进展和发展趋势。

　　本书内容新颖，深入浅出，适于作为高年级大学生和研究生的教学参考书，有助于他们在学习纳米光电功能薄膜材料的过程中掌握基本原理和实验方法。本书也可供从事相关领域研究的科研人员参考。

纳米光电功能薄膜

Nano-Optoelectronic Functional Thin Films

吴锦雷 ◎编著

北京大学出版社
PEKING UNIVERSITY PRESS

图书在版编目(CIP)数据

纳米光电功能薄膜/吴锦雷编著. —北京：北京大学出版社，2006.5
（北京大学纳米科技丛书）
ISBN 978-7-301-09489-1

Ⅰ. 纳… Ⅱ. 吴… Ⅲ. 纳米材料：光电材料：功能材料—薄膜 Ⅳ. TN204

中国版本图书馆 CIP 数据核字（2005）第 089418 号

书　　　名：纳米光电功能薄膜
著作责任者：吴锦雷 编著
责 任 编 辑：孙　琰
标 准 书 号：ISBN 978-7-301-09489-1/TN · 0023
出 版 发 行：北京大学出版社
地　　　址：北京市海淀区成府路 205 号　100871
网　　　址：http://cbs.pku.edu.cn
电 子 信 箱：zpup@pup.pku.edu.cn
电　　　话：邮购部 62752015　发行部 62750672　编辑部 62752038　出版部 62754962
印 刷 者：北京宏伟双华印刷有限公司
　　　　　　787 毫米×980 毫米　16 开本　19.75 印张　376 千字
　　　　　　2006 年 5 月第 1 版　2007 年 5 月第 2 次印刷
定　　　价：32.00 元

未经许可,不得以任何方式复制或抄袭本书之部分或全部内容。

版权所有,侵权必究

举报电话：(010)62752024　电子信箱：fd@pup.pku.edu.cn

前　　言

　　光电薄膜是重要的信息功能材料,它把光信号转变成电信号。金属纳米粒子埋藏于半导体中构成的复合介质光电薄膜与传统的光电薄膜不同,也与半导体薄膜不同,会表现出特殊的性能。例如,它们具有超快光电时间响应,有可能在高速光学和光电器件方面得到应用。

　　纳米材料是最近几年兴起的纳米科学技术中的重要研究内容。光电薄膜的厚度为纳米尺寸,或者薄膜中的金属粒子处于纳米尺寸,都会使光电薄膜具有奇异的性能。要分析这些性能产生的原因,需要从介观物理和纳米电子学的角度来思考问题。

　　在纳米材料中,金属纳米粒子、半导体纳米线和纳米晶是科研中的热门课题之一,对这些材料光电性能的研究属于国际前沿研究领域。纳米激光功能材料的研究在最近几年才取得一些成果,例如氧化锌纳米线或硫化镉纳米线构建的激光器备受关注。

　　本书论述了无机纳米薄膜材料的光学、电学和光电性能,介绍了该研究领域的前沿进展。书中大部分内容是北京大学的研究成果,也包括了国内外学者的最新研究成果。主要内容涉及以下几个方面:

　　(1) 介绍光电薄膜的制备和表征方法;

　　(2) 介绍纳米材料的各种性能表现;

　　(3) 从基本物理概念上简单讲述薄膜材料的电子能带理论;

　　(4) 论述纳米光电功能薄膜的特殊光学性能(包括瞬态光学响应和三阶非线性光学性能);

　　(5) 论述纳米光电功能薄膜的电学性能;

　　(6) 论述纳米光电功能薄膜的光电性能(包括薄膜的光电灵敏度和超快时间响应);

　　(7) 介绍稀土元素掺杂对纳米光电功能薄膜性能的改进;

　　(8) 介绍纳米激光材料的最新研究成果。

　　本书第六章和第九章等章节中的一些段落选用了本课题组张琦锋、许北雪等人的论文内容。

　　作者希望本书能为读者在对新型纳米光电功能薄膜材料的学习、研究中掌握基本原理和实验方法提供一些参考。

　　书中难免有错误之处,诚恳地欢迎读者批评、指正。

吴锦雷

于北京大学

2005 年 6 月

目　录

第一章 绪 论

§1.1 纳米材料在结构方面的分类

纳米材料是整个纳米科学技术领域的重要组成部分,它涉及纳米材料的结构、性能、应用以及纳米材料的制备工艺和检测手段等.各个纳米研究领域,例如纳米电子学、纳米化学、纳米生物学等,都涉及纳米材料的研究.

1.1.1 纳米材料的分类

"纳"是英文单词"nano"第一个音节的译音,其含义是 10^{-9} (在我国台湾被译做"奈").纳米"(nano-meter)是一个尺度的概念.公认的纳米材料尺度定义为 $1\sim100\,nm$ 的范围.一般地讲,当构成材料的基本单元在立体空间有一个或多个方向是处于纳米尺度,则可把这种材料看做为纳米材料.纳米科学指的是除了材料具有纳米尺度之外,还应同时具有该尺度下所表现出的特有性能.

在几何中,把一个点视为没有大小,也没有面积和体积;把一条线视为只有长度,而没有宽度;把一个面视为具有长度和宽度,而没有厚度.几何中的点、线、面的概念延伸到纳米材料领域,可以分别称为零维、一维和二维纳米材料:

(1) 零维纳米材料,类似于点状结构,立体空间的三个方向均在纳米尺度,如纳米粒子、原子团簇等;

(2) 一维纳米材料,类似于线状结构,立体空间的三个方向中的两个在纳米尺度,如纳米线、纳米棒、纳米管等;

(3) 二维纳米材料,类似于面状结构,立体空间的三个方向中的一个在纳米尺度,如纳米薄膜、纳米多层膜、超晶格薄膜等.

以上这些基本单元若在一定条件下表现出纳米科学意义上的量子性质,那么可以分别称为量子点、量子线和量子阱.

1.1.2 零维纳米材料的结构

原子团簇是纳米材料的最小单元,它是指几个到几百个原子的聚集体,尺寸在 $1\,nm$ 左右.原子团簇可分为一元原子团簇(由单一元素的原子组成)、二元原子团簇(由两种元素的原子组成)和多元原子团簇(由多种元素的原子组成).这些原子团簇可以是原子的聚合,也可以是原子的化合.金属元素和某些非金属元素都可以形成原子团簇,如 Na,Ni 分别形成 Na_n,Ni_n 团簇(n 为正整数),C 形成 C_{60},C_{32} 或 C_{70} 等多种团簇,In 和 P 形成 $In_n P_m$ 团簇(m 为正整数)等.

在透射电子显微镜(transmission electron microscope,简称 TEM)下观察,把纳米粒子放大 10 万倍以上,可以清楚地看到纳米材料的结构.图 1-1 是 Ag 经蒸发沉积在 SiO_2 基底上的 Ag 纳米粒子形貌像.这些 Ag 微粒是孤立分布在基底上的.如果蒸发沉积的 Ag 原子增多,Ag 微粒会长大,某些 Ag 微粒会相连,形成类似于网络的结构,如图 1-2 所示,用结构学上的名词称为迷津结构.如果沉积的 Ag 原子不断增多,会导致 Ag 连成一片,而形成薄膜.

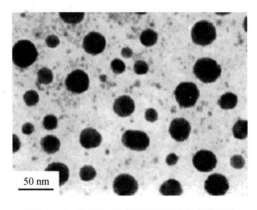

图 1-1 Ag 在 SiO_2 基底上的孤立纳米微粒形貌

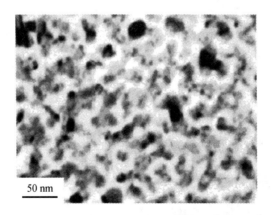

图 1-2 Ag 纳米粒子在 SiO_2 基底上形成的网络结构形貌

20 世纪 80 年代,人们发现了由 60 个 C 原子组成的 C_{60} 原子团簇[1~6].它的结构外形像足球,60 个 C 原子排列在一个截角 20 面体的顶点上,构成一个中空球体,其表面总共由 32 个小表面组成,包括 20 个六边形和 12 个五边形,如图

1-3所示.C_{60}的直径为 0.7 nm.若考虑到 C 原子的直径为 0.34 nm,则 C_{60}的球体中心有一个直径为 0.36 nm 的空腔.

化学分子、生物病毒等也属于纳米粒子.

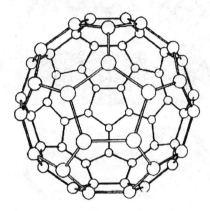

图 1-3 C_{60}结构示意图

1.1.3 一维纳米材料的结构

C 原子排列成不同的结构就会形成不同的材料.我们知道,由 C 原子排列成层状结构就是石墨;如果 C 原子排列在一个由三角形构成的正四面体的顶点位置,就是硬度极高的金刚石.如果把石墨的某一层卷成一个筒,就是碳纳米管的基本形态.当卷曲的石墨层数不同,或者卷曲的角度不同,或者卷曲的直径不同,就会形成不同的碳纳米管.

碳纳米管是近年来纳米科技研究中的热门课题[7~11].碳纳米管有单壁和多壁之分.多壁碳纳米管由几个到几十个单壁碳纳米管同轴套装构成,如图 1-4 所示,管间距在 0.34 nm 左右.碳纳米管的管壁侧面由 C 原子六边形组成,管的两端由 C 原子的五边形封口[12~15],如图 1-5 所示.依据碳纳米

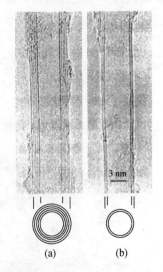

图 1-4 电子显微镜下的碳纳米管形貌像
(a) 多壁碳纳米管;(b) 双壁碳纳米管

管侧壁原子排列的不同,又可分为锯齿形碳纳米管和手性碳纳米管等.它们的电子输运性能不同.

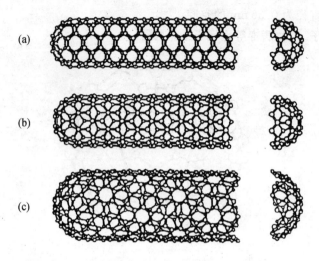

图 1-5　碳纳米管的原子结构示意图
(a) 单壁碳纳米管；(b) 锯齿形碳纳米管；(c) 手性碳纳米管

　　若线状纳米材料的结构是实心的，则称为纳米棒或纳米线[16~21]. 一般把长度与直径的比率小的称为纳米棒；比率大的称为纳米线. 纳米线的长度一般超过 1 μm. 在 Si 单晶基底上蒸镀一层厚度为 40 nm 的 Ni 后，在一定温度下 Si 经由 Ni 薄膜生长出 Si 纳米线. 图 1-6 显示出 Si 纳米线卷曲成团状[22]，如果把它们伸展开，其长度超过 10 μm；图 1-7 显示的是横截面图[23]. Si 纳米线可以直立在基底上生长，当生长到一定长度后才会躺倒.

500 nm

图 1-6　Si 单晶基底上生长的 Si 纳米线

图 1-7 Si 单晶基底上直立生长的 Si 纳米线的横截面图

1.1.4 二维纳米材料的结构

纳米薄膜包括两种结构:一种是薄膜的厚度在纳米尺度;另一种是薄膜中含有纳米粒子. 例如 Ag-Cs$_2$O 是光电发射薄膜,它是把 Ag 纳米粒子埋藏于Cs$_2$O 半导体中构成的[24],厚度约为 100 nm.

把不同纳米薄膜按一定顺序在厚度方向上制备在一起,就构成纳米多层膜.例如,Co$_x$Ag$_{1-x}$/Ag(0<x<1)多层膜可以形成巨磁电阻薄膜[25],FeMn/FeNi/Cu/FeNi 和 FeNi/Cu/Co/Cu 等都是巨磁电阻薄膜[26,27].

如果逐层沉积不同结构或不同成分的材料,严格控制每层厚度,交替沉积,可形成厚度方向的周期结构,这是超晶格薄膜的基本结构特征[28~30],如图 1-8所示.两种材料的晶格常数(即原子规则排列时的间距)相近,但禁带宽度(即无附加能量条件下电子不可跃迁的能带宽度)不同,例如 GaAs 和 Al$_x$Ga$_{1-x}$As 可以构成一种超晶格薄膜,InAs 和 GaSb 可以构成另一种超晶格薄膜.超晶格薄膜在一定条件下,电子的迁移可以使能量发生转换;若电子能量转换为光子发射,由此可设计出量子阱激光器.

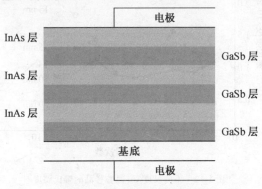

图 1-8 超晶格薄膜的基本结构示意图

如果材料中含有纳米微晶,如图 1-9 所示,它就构成了纳米微晶相材料,有

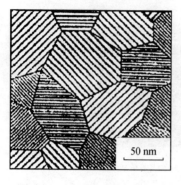

图 1-9　纳米微晶材料结构

时称为纳米固体材料[31].纳米固体材料可以分为纳米晶体材料、纳米非晶材料、纳米离子晶体材料、纳米半导体材料和纳米陶瓷材料等.如果纳米固体材料由两种或多种元素的纳米粒子构成,则称为纳米复合材料.复合材料的纳米粒子可以是金属-金属微粒、金属-陶瓷微粒、金属微粒-半导体、陶瓷-陶瓷微粒、金属微粒-高分子等.纳米复合材料又可以分为均匀弥散的和非均匀弥散的.人们通过控制纳米粒子的大小、微粒间距、掺杂微粒的体积百分

比等来改变复合材料的特性.在纳米相材料中,存在大量的微粒之间的界面.这些界面对材料性能的影响很大,例如纳米陶瓷表现出的超塑性(即延展性)就与微粒界面有关.

§1.2　纳米材料的功能和应用

1.2.1　纳米材料的力学性能和应用

人们发现,金属纳米微粒变小,它的力学性能会有很大变化.图 1-10 给出了几种不同纳米尺度的 Cu 微晶样品与大的粗晶 Cu(50 μm)微观硬度比较[32].由图

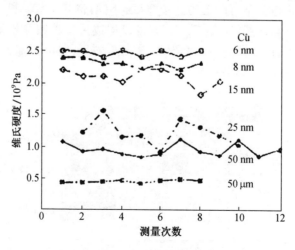

图 1-10　不同尺度 Cu 晶粒样品的维氏硬度

可见,6 nm 微晶样品的维氏(Vickers)硬度是 50 μm 粗晶的 5 倍.大家知道,人的牙齿有很高的强度,经研究发现,牙齿是由羟基磷酸钙等纳米材料与胶质基体复合构成的.

然而在另一种情况下,纳米粒子制成的纳米陶瓷却可以表现出超塑性,这就是媒体报道中提到的"摔不碎的陶瓷碗".20 世纪 80 年代后期,人们发现复相陶瓷 ZrO_2/Al_2O_3,$ZrO_2/$莫来石,Si_3N_4,Si_3N_4/SiC 等具有超塑性[33~37].超塑性主要是材料中的纳米粒子界面在起作用,界面数量有一个临界值,即数量太少,没有超塑性;数量过多,会造成材料强度下降,也不能成为有用的材料.研究得到,陶瓷材料表现出超塑性的微粒尺寸范围是 100~500 nm.图 1-11 反映出纳米陶瓷表现的超塑性[38].这是 1992 年德国专家 Hahn 在墨西哥坎昆(Cancun)市召开的第一届纳米结构材料国际会议上展示的成果,即由粒径为 40 nm 的 TiO_2 微粒烧结成直径为 14 mm、厚度为 0.5 mm 的陶瓷片(图中左侧样品),在陶瓷的熔点温度以下的 750 ℃受到 250 kPa 压强的作用,从而产生拉伸形变,直径延伸为 16 mm(图中右侧样品).

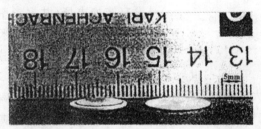

图 1-11　TiO_2 纳米陶瓷片的超塑性

碳纳米管是 1991 年日本 NEC 实验室的研究员 Iijima 用高分辨电子显微镜首次观察到的[7].这个发现引起人们的极大兴趣,首先是碳纳米管的力学特性.理论计算表明,碳纳米管的拉力强度比钢的高约 100 倍,是目前拉力强度最大的材料[39~43].单壁碳纳米管可承受扭转形变,应力去除后能恢复原形,压力也不会使碳纳米管断裂.这些力学性能使碳纳米管有很强的应用背景,例如可作为复合材料的增强剂.

现在,人们研究用碳纳米管作为高密度电子源的场发射材料[44~48];碳纳米管还有储氢性能[49~52],可作为清洁燃料的载体.随着研究的深入,除碳纳米管外,已制备出很多其他成分(例如 WS_2,MoS_2,$NiCl_2$ 等)的纳米管.

下面,我们看一个利用碳纳米管的力学振动来作为"纳米秤"的例子.秤是用来称物体质量的工具.我国在公元前就有杆秤,利用杠杆原理把未知物与标准物(秤砣)的质量进行比较,以得出物体的质量.测量质量较大的物体,可以采用化整为零的方法."曹冲称象"的故事就是这种方法的一个典型示例:曹冲用水的浮力作参考,把大象和许多石头的质量相比较,再用杆秤称石头.而另一情况是测量很轻的东西,通常的方法是积少成多,例如要称小砂粒的质量,可以先把若干个砂粒放在一起称,然后去求得单个砂粒的平均质量.如果要称电子的质量,人们研究出用静电力与洛伦兹(Lorentz)力的平衡关系来得到.由上述可知,采用不同的方法可以称各种不同质量物体的质量.1999 年,华人科学家王中林发明了纳米秤[53],可以称单个病毒的质量.他在研究碳纳米管的工作中提出利用单根碳纳米管的弹性和电磁共振作用来称质量的设想.碳纳米管的共振频率与其长度和管壁厚度有关,也就是说,在交变电压作用下,碳纳米管的共振频率与其质量有关,这就相当于"秤杆"和"秤砣"的作用.图 1-12 显示了在一根碳纳米管末端附着一个直径约 $1/3$ μm 的粒子,其中图 1-12(a)是没有施加电场(共振频率为零)的情况,图 1-12(b)是施加电场后,碳纳米管的共振频率为 968 kHz.由共振频率可以计算出该微粒子的质量为 22×10^{-15} g,这比目前世界上最精确的秤的精度要高出 1000 倍.它可以称单个病毒或生物大分子的质量,从而提供一种用质量来判断病毒种类的新方法.在化学研究中,它使人们能够测量单个纳米粒子和大分子的质量,并可研究化学反应下的物质质量微小变化等.

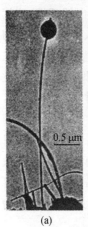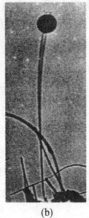

0.5 μm

(a)　　　　(b)

图 1-12　利用共振法测微小质量的"纳米秤"的电子显微镜图像
(a) 共振频率为零;
(b) 共振频率为 968 kHz

1.2.2　纳米材料的热学性能和应用

金属纳米粒子的熔点低于同种块体材料的熔点.例如,平均直径为 40 nm 的 Cu 微粒的熔点为 750 ℃,而块体 Cu 的熔点为 1053 ℃.Goldstein 等人[54]用 TEM 和电子衍射的方法测定了 CdS 原子团的熔点与其尺寸的关系,如图 1-13 所示.

金属纳米粒子熔点的下降在冶金工业中有应用价值.例如,在 W 颗粒中加入质量比为 0.1%～0.5% 的 Ni 纳米粒子,烧结温度可从 3000 ℃降到 1300 ℃;又如,常规 Al_2O_3 的烧结温度是 1900 ℃,而纳米 Al_2O_3 可在 1500 ℃下烧结出致密度高于

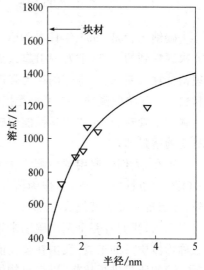

图 1-13　CdS 原子团簇的熔点与其尺寸的关系

99％的材料[55].

1.2.3　纳米材料的电学性能和应用

介电特性是材料的重要性能之一,它是材料可以带有多少电荷能力的表现.当材料处于交变电场中时,材料内部会发生极化,交替出现正负电荷,这种极化过程对交变电场存在一个滞后响应时间,即弛豫时间.若弛豫时间较长,一般会产生较大的介电损耗.纳米材料微粒的尺寸大小对介电常数和介电损耗有很大影响,介电常数与交变电场的频率也有密切关系.例如,TiO_2纳米材料在频率不太高的电场作用下,介电常数先是随粒径增大而增大,达到最大值后开始下降,出现介电常数最大值时的粒径为 17.8 nm[56].一般讲,纳米材料的介电常数要比块体材料大.介电常数大的材料可以应用于制造大容量电容器[57~59],或者说,在相同电容量下可减小体积,这对电子设备的小型化很有用.

单电子晶体管是纳米粒子电学特性的又一体现.在这里,首先简单介绍一下量子隧道效应和库仑(Coulomb)堵塞.在电学里,导电是众多电子在导体内运动的表现.如果两个纳米粒子不相连,电子就不能随意在两个粒子间运动,在一定条件下,电子从一个粒子运动到另一个粒子,会像穿越隧道一样.若电子的隧道穿越是一个个发生的,则在电压-电流关系图上表现出阶跃曲线,这就是量子隧道效应.如果两个纳米粒子的尺寸小到一定程度,它们之间的电容也会小到一定程度,以至于电子不能集体传输,只能是单电子或少量几个电子的传输.这种不能集体传输电子的行为称为库仑堵塞.当纳米粒子的尺寸为 1 nm 时,我们可以在室温下观察到量子隧道效应和库仑堵塞;当纳米粒子的尺寸在十几纳米范围时,必须在极低的温度(例如低于−196 ℃)下才能到观察这些现象.利用量子隧道效应和库仑堵塞,可以研究纳米电子器件,其中单电子晶体管是重要的研究课题.

图 1-14 是单电子晶体管的结构示意图,其中阴影部分是连接库仑岛与金属引线的隧道结,库仑岛是半导体纳米粒子或金属纳米粒子.在两端的金属引线上加入电压 V,输送和接收电子的两个电极分别作为"源"和"漏",电子从"源"到"漏"的过程是单电子隧穿过程和库仑堵塞过程,l 是电子传输距离,R 和 C 分别表示电阻和电容.库仑岛的一侧有另一个电极,称为"栅","栅"电极 V_g 起控制作用.

由于单电子晶体管的耗电极小,且体积极小,可以使大规模集成电路的集成度提高几个数量级,这将引起 21 世纪电子设备的重大变革[60~64].单电子晶体管"库仑岛"上存在或失去一个电子的状态变化可以作为高密度信息存储的记忆单元,为高密度信息存储开辟了一条新的道路.

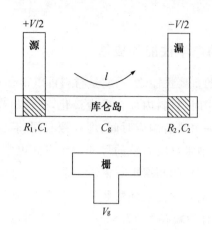

图 1-14　单电子晶体管结构示意图

　　2001 年 2 月,德国某科研机构报道了利用单个电子作为纳米电路开关的研究,并取得了初步进展.在现行的普通硅芯片半导体电路中,微晶体二极管通过电路的接通和断开分别代表二进制中的"1"和"0",实现这样一个过程大约需要几万个电子.而德国科学家在研究中发现,由 55 个 Au 原子在平面分布形成的"纳米簇"可达到同样的功能,而且实现电路的接通和断开只需要几个电子.这一项目的研究者之一、埃森(Essen)大学 Schmit 教授认为,单电子纳米开关电路有可能成为未来更小、更精确、耗能更低的芯片的基础.目前,全世界的计算机超过 1 亿台,如果以每台消耗功率 100 W 估算,那么仅为计算机供电就需要 10×10^9 W.如果单电子纳米开关电路成为芯片的生产标准,电能消耗可以至少降到目前的 1/10 000,更不用说单电子开关在速度和准确性上的优势了.

　　数据存储密度是计算机发展的一个重要标志.一般的磁盘存储密度为 10^7 bit/in² [①],光盘出现后,存储密度提高到 10^9 bit/in².人们曾试图通过减小磁性材料的粒子尺寸继续提高磁盘的存储密度,但受到超顺磁性的限制.而纳米技术的发展突破了这种限制[65,66].1995 年,量子磁盘的问世使存储密度达到 4×10^{11} bit/in²,将来的纳米技术还可以把存储密度进一步提高.早在 1959 年,诺贝尔化学奖得主、英国科学家费恩曼(Feynman)说,如果把一个英文字母缩小到 100 个原子的大小,那么 25 000 页的《大不列颠百科全书》(Encyclopaedia Britannica)可以缩小到一个大头针尖大小.这个预言正随着扫描隧道显微学和原子力显微学的发展而变成现实.北京大学纳米科学与技术中心的研究人员[67]利用扫描探针显微镜(scanning probe microscope,简称 SPM)同步加工技术在 $10\,\mu m \times 10\,\mu m$ 尺寸的 Au-Pd 合金上书写了唐诗:"春眠不觉晓,处处闻啼鸟,夜

_____

　　①　"in"是"英寸"的单位符号.1 in² = 645. 16 mm².

来风雨声,花落知多少",如图 1-15 所示.

图 1-15　写在 10 μm×10 μm 尺寸上的唐诗

随着电子元件尺寸的不断减小,最小的功能团就是单分子.人们想到用分子来做电子元件、接线和记忆单元[68~70].例如,利用一个生物基因 DNA(全称 deoxyribonucleic acid,脱氧核糖核酸)分子,第一步使其具有导电性能,第二步制造出单分子开关和逻辑单元,第三步把分子单层自组装成薄膜而形成集成电路.人的大脑是最发达的生物计算机,它在超低功耗下工作.据有人估计,人脑有 10^{14} 个运算器,每秒可进行 10^{16} 次运算.1 g DNA 分子可以存储国家图书馆内的所有资料,由此可以设想纳米科学技术在未来可能发挥出的威力.

美国加利福尼亚(California)大学的研究人员制备出一种纳米电池,把 100 个这样的电池放在一起,也不过只有一个人体细胞大小.该电池是用扫描隧道探针把 Cu 和 Ag 纳米粒子组装在石墨表面而构成的,输出电流可达毫安数量级,电压有 0.2 V,可连续放电45 min.利用这种纳米电池,可以研究单个生物蛋白质在电场中的生物过程,进而揭示生命的奥秘.

1.2.4　纳米材料的光学性能和应用

大家都知道,Au 是金黄色的,Ag 是银白色的,但是,当它们以纳米粒子形式存在时,呈现相同的深灰色,这是由于纳米粒子的光吸收系数大而光反射系数小的缘故.一般地,金属纳米粒子对光的反射率低于 10%.利用此特性,可把金属纳米粒子薄膜作为高效光热材料、光电转换材料、红外隐身材料,还可以制作红外敏感元件等.

人们发现,对于某些原来不能被激发发光的材料,当使其粒子小到纳米尺寸后,可以观察到从近紫外光到近红外光范围中的某处激发发光现象[71~73].尽管发光强度不算高,但纳米材料的发光效应却为设计新的发光体系和发展新型发光材料提供了一条道路,特别是纳米复合材料更显优势.2000 年,北京大学报道了埋藏于 BaO 介质中的 Ag 纳米粒子在可见光波段的光致荧光增强现象[74].实验中,Ag 薄膜和 Ag-BaO 薄膜中的 Ag 含量是相同的,两种薄膜中 Ag 纳米粒子的平均直径都是 20 nm.采用紫外光激发,纯 Ag 纳米薄膜的光致荧光谱有两个峰值,峰的中心分别位于红光波段和蓝紫光波段处.室温下,Ag-BaO 薄膜的光致荧光发射谱相对于纯 Ag 纳米薄膜有明显增强,其中在红光波段增强 9 倍,在蓝紫光波段增强 19 倍.在这两种纳米薄膜的荧光发射中,均是 Ag 纳米粒子起"主角"作用.当 Ag 纳米粒子受到 BaO 介质围绕后,更有利于对光子的吸收并转换为荧光发射.

现代社会离不开信息化.我们每个人都感受到打电话、看电视的好处.光纤通信将大大扩展通话的线路数量,实验室里现已可以模拟用一根光纤容纳全世界所有人同时通话的情景.掺杂纳米粒子的光纤对光的损耗大大降低,通话的质量得以提高.另外,纳米材料的荧光效应可以应用于电视的显示屏,把它变成一个大平面,悬挂在墙壁上,给人一种在电影院里观看画面的效果.

红外吸收材料在日常生活和军事上都有较大应用.一些纳米粒子具有较强的吸收红外光的特性[75~77],例如把纳米 Al_2O_3、纳米 SiO_2 和纳米 Fe_2O_3 等组成的复合粉添加到纤维中制成衣服,对人体自身发射的红外线有较强的吸收作用,可以增加保暖性能,减轻衣服的质量(有人估计可减轻 30%).在军事上,用这种纤维制成的衣服对人体发出的红外线有屏蔽作用,可以防止对方红外探测器发现我方战士的行动,达到红外隐身效果.

此外,纳米 C_{60} 和 C_{70} 的溶液具有光限性,即当光强较小时,溶液是透明的,当光强超过某一强度后,会变为不透明.这一性能可以应用于强光保护敏感器.

1.2.5　纳米材料的光电性能和应用

光具有波动性和粒子性.当光子照射到某种材料上,材料吸收光子的能量并转换为电子的动能,这就是光电效应.由光子激发生成的电子称为光电子.当光照射到材料上,内部电子接收光子的能量,从而获得运动的能量,开始向周围运动.电子要想跑出材料的表面,必须有足够的动能,克服势垒高度(就像跳高运动员一样,有的人可以跳过某一高度,有的人却跳不过去),跳过某一高度的电子就能跑到真空中去;否则,只能在材料内部运动.光电效应分为内光电效应和外光电效应:太阳能电池材料属于内光电效应材料,光电子在材料内部输运;光电发射薄膜属于外光电效应材料,光电子逸出材料表面被激发到真空,并被材料外的收集极所接收.纳米材料在光电转换效应方面有很多特有的性能,当金属纳米粒子埋藏于半导体介质中,电子较易逸出薄膜表面而发射到真空中去.

电子从受到光的照射开始运动,到跑出材料表面进入真空中,这样一个过程是需要时间的(有的材料会很快,有的材料较慢).这个过程所需的时间就称做光电时间响应.半导体材料的光电时间响应多为纳秒数量级;而对于纳米薄膜材料,光电时间响应就快得多.北京大学论证了金属纳米粒子复合介质薄膜的光电时间响应,指出 Ag 纳米粒子埋藏于 Cs_2O 半导体介质中的薄膜在近红外光作用下,其时间响应为 50 fs[78],这比普通半导体光电薄膜的时间响应快了约10 000倍,可见这种薄膜应用于超短激光脉冲检测的优越性.50 fs 是什么含义呢?大家知道,光的速度是最快的,约为 $3×10^5$ km/s,相当于每秒钟绕地球赤道7.5圈.光传播 1 m 的距离只需要 3.3 ns(即 $3.3×10^{-9}$ s),传播 1 mm 的距离只需3.3 ps(即 $3.3×10^{-12}$ s).1 fs=10^{-15} s,所以 50 fs 比光在细头发丝直径方向上传播所用的时间还短.超快时间响应的薄膜材料有广泛的应用前景.人们常说"一寸光阴一寸金","一寸金"可以用尺子去测量,"一寸光阴"则意味着测量光走一寸距离所需要的时间,这就涉及具有超快时间响应的光电薄膜材料.当前在军事上,为跟踪高速飞行的导弹,需要高精度的探测器件,时间就决定生与死,时间就决定胜与负,因此人们研究超快时间响应的光电薄膜材料是十分必要的.

对于金属纳米粒子埋藏于半导体介质中的薄膜,金属纳米粒子与介质间的相互作用以及纳米粒子的表面效应和量子尺寸效应使这种薄膜具有独特的光学、电学和光电转换性能.在激光脉冲作用下,它具有多光子光电发射[79];在飞秒超短激光脉冲作用下,它表现出超快时间响应的光学瞬态弛豫[80~82].这类薄膜在超高速光学和超快光电子器件中有很强的应用背景.

大家知道,太阳能电池可以把光能转换为电能.这是一种内光电效应的材料,有着广泛的应用,如有的计算器使用的就是太阳能电池.单晶 Si 是一种具有高转换效率的太阳能电池材料.普通单晶 Si 的光电转换效率是百分之十几,不过,单晶 Si 的价格比较贵.人们正在不断地研究新的太阳能电池,现在发现,Si纳米晶材料有很好的内光电转换性能,理论上的光电转换效率可以达到14%[83],目前在工业生产上已达到 6% 以上.后来,科学家们又发现 ZnO,Fe_2O_3,SnO_2,CdSe,WO_3 等很多纳米晶材料都有优良的光电转换性能.纳米技术为人类利用太阳能开辟了新的道路.

1.2.6 纳米材料的磁学性能和应用

有人研究发现,鸽子、蝴蝶、蜜蜂等生物体内存在磁性纳米粒子,使它们能在地球磁场中分辨方向.磁性纳米粒子就是一个生物罗盘,(生物罗盘是大小约为20 nm 的磁性氧化物).纳米粒子的磁性可以比块体材料高许多,例如直径为20 nm 的纯 Fe 纳米粒子的矫顽力是大块 Fe 的 1000 倍.利用磁性纳米粒子的高矫顽力,可以做成高密度存储磁头等器件. 但是,并非磁性纳米粒子的尺寸越小,磁性越高. 当 Fe,Co,Ni 等磁性材料的纳米粒子小到一定尺寸后,反而会失去磁性,变成顺磁体,这里有一个临界值. 图 1-16 是 Ni 纳米粒子的矫顽力 H_c 与直径 d 的关系曲线[84]. 当 $d<7\,nm$ 后,$H_c\rightarrow 0$,这就意味着薄膜材料进入超顺磁状态. 从图中可以看到,当纳米粒子尺寸大于超顺磁临界值时,则呈现高矫顽力,并且有一峰值,即当 $d=68\,nm$ 时 H_c 最大.

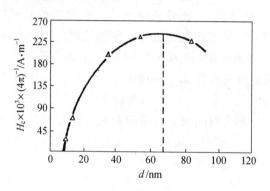

图 1-16　Ni 纳米粒子的矫顽力 H_c 与直径 d 的关系

　　还有一个很有意思的现象是多层纳米薄膜的巨磁电阻效应. 所谓磁电阻是指导体在磁场中的电阻 R 变化部分,用 $\Delta R/R$ 表示. 普通非磁性纯金属导体的磁电阻很小(大约只有 1/10 000),普通磁性金属材料的磁电阻只有约 1/100. 1988 年,Fert 等人[85]在 Fe/Cr 金属多层膜中发现磁电阻效应高达 50%,引起人们的极大重视,这样的磁电阻称为巨磁电阻. 若 Fe/Cr 多层膜在 GaAs 基底上外延生长得到的超晶格结构材料,各层膜的厚度都是纳米尺寸,它呈现更好的巨磁电阻效应. 中国科学院物理研究所[86~89]近年来研究了 Cr/[FeNi/CuCo/Cu]$_n$ 等多层膜的巨磁电阻效应,发现巨磁电阻效应可达 90%,而且稳定性很好.

　　巨磁电阻材料可以用于制作磁头,检测微弱磁场以及制作超导量子相干器等. 1994 年,IBM 公司曾作实验,用巨磁电阻材料的磁头存取数据,把磁盘记录密度一下提高了 17 倍. 此外,巨磁电阻效应可应用于测量位移、角度等传感器中,也可应用于数控机床、非接触开关、旋转编码器中,它们具有体积小、功耗低、可靠性高、能工作于恶劣条件等优点. 巨磁电阻效应的另一个重要应用是制作超微弱磁场探测器,它在生物磁场探测、矿物探测、工业产品无损探测等方面都有重要作用.

　　近年来,纳米电冰箱经常被媒体提到,它是由纳米磁致冷复合材料制成的,基本原理是绝热退磁效应:假设在某温度下以等温方式加入外磁场,于是工作物质的磁偶极子沿与外磁场一致的方向排列,整个体系变得有序,所以熵减少了.如果把工作物质与环境隔绝,并去除磁场,整个体系就会等熵地降温,连续循环这样的步骤,便可以达到致冷的目的.1997年,我国科学家[90]曾获得磁熵大的 $La_{1-x}Ca_xMnO_3$ 钙钛矿化合物材料,这种物质是纳米结构;后来人们又发现 $La_{0.75}Sr_{0.25}CaMnO_3$ 在室温附近存在相当大的磁熵变化.研究工作正向实现纳米磁致冷电冰箱的目标靠近.

1.2.7　纳米材料的超导性能和应用

超导现象是指在低于一定温度后某种材料的电阻消失的现象.超导的另一个基本特征是完全抗磁性.先把一个环状样品放在垂直于环平面的磁场中,温度降低到临界值以下,然后撤去磁场,这时在环内产生感生电流,若样品仍存在电阻,感生电流将会不断衰减到零;若样品处于超导状态,则感生电流的强度不衰减,可以在环状超导体内长久流动.超导现象是1911年被昂尼斯(Onnes)首先发现的.普通金属的超导性出现在低于9 K(即-264 ℃)的温度.超导性除了要满足临界温度的要求外,还存在一个临界电流的要求,电流越大,越不容易出现超导性.现在,人们关注的问题主要是制备出具有高临界温度的材料.C_{60} 出现后,测到掺钾(K)的 C_{60} 的超导临界温度 $T_c=18$ K(即-255 ℃);后来,许多掺各种金属的 C_{60} 超导体制备成功[91,92].最好的结果是 $Rb_{1.0}Tl_{2.0}C_{60}/C_{70}$ 纳米材料,它的临界温度是48 K(即-225 ℃),这种材料属于高温超导材料.

超导材料可以应用于大电流传输的需要.如用于需要通过大电流的电线,超导电线不会因电流大而发热,既不损耗电能,又不会因发热造成安全隐患.若采用超导材料制作电子加速器的加速腔体,则腔体的尺寸大大缩小.现在,人们已设计出超导磁悬浮高速列车,这将缩短人们旅行花费的时间.纳米材料的超导性在将来会有广泛的应用前景.

1.2.8　纳米材料的化学性能和应用

纳米材料与普通材料相比,表面积要大得多,处于表面和界面上的原子数已与体内原子数可比拟(即高比表面积),它使纳米材料的化学活性变得很特殊,在催化作用方面表现尤为突出.图1-17给出了金红石结构的 TiO_2 材料催化 H_2S 脱硫的催化活性比较[93].由图中看到,曲线 I(材料的比表面积为 76 m^2/g)的脱硫效果比曲线 II(材料的比表面积为 2.4 m^2/g)好得多,这是纳米相材料所表现出的优越性能.用载体为 Si 的纳米粒子做催化剂,粒子直径小于 5 nm 时,催化效果增强,在丙醛的氢化反应中反应呈选择性上升,使丙醛到正丙醇的氢化反应优先进行,而使脱羰引起的副反应受到抑制.

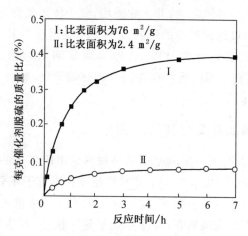

图 1-17　不同比表面积 TiO_2 催化 H_2S 脱硫的催化活性

　　纳米半导体材料的光催化作用也是近年来研究的热门课题[94~97]. 光催化是指在光照射下,材料把光能转变为化学能,促进有机物的降解. 目前研究的半导体光催化剂有 TiO_2,ZnO,CdS,SnO_2 等十几种,这些材料都有光催化降解有机物的功能,对改善我们居住的地球环境有很大益处,其中纳米 TiO_2 不仅具有很高的光催化活性,而且有耐酸碱腐蚀的优点,适合作为净化水的光催化剂. 研究表明,通过对纳米半导体材料的敏化、掺杂、表面修饰等方法,可以改善其光吸收和扩展光谱响应范围. 减小半导体催化剂的微粒尺寸,可以显著提高其光催化效果. 纳米半导体光催化材料可应用于污水处理、工业废气净化、汽车尾气净化等,它们有很大潜在的经济效益和社会效益.

　　纳米粒子有较大的比表面积和较高的表面活性,因此对周围环境(如光、温度、气体成分、湿度等)十分敏感,这样,纳米材料在各种传感器中被广泛应用[98~100](如检测酒精的气体传感器、预防火灾的烟雾传感器、探测煤气泄漏的CO 气体传感器等). 不同元素掺杂的 ZnO,SnO_2 等薄膜都是重要的传感器材料.

　　纳米粒子在燃烧化学和催化化学中起着很大的作用. 例如,在火箭发射的固体燃料推进剂中添加质量分数约为 1% 的超细 Al 或 Ni 微粒,每克燃料的燃烧热可增加一倍. 超细硼粉、高铬酸铵粉可以作为炸药的有效催化剂. 纳米粒子用做液体燃料的助燃剂,既可提高燃烧效率,又可降低排污.

　　在催化反应中加入金属纳米粒子,可以改善催化效果. 例如,直径为 30 nm 的 Ni 可把有机化学加氢/脱氢反应速度提高 15 倍. 最近,日本利用 Pt 纳米粒子作为催化剂放在 TiO_2 的载体上,在甲醇与水的溶液中通过光照射成功地制取了氢气,产出率比原来提高数十倍.

　　纳米材料的体系是丰富多彩的.如果从纳米科学与技术的各个分支领域来讲,纳米材料涉及纳米物理学、纳米电子学、纳米化学、纳米生物学等.纳米材料的研究往往需要现代物理、化学等多学科的相互结合,同时也与纳米检测设备和技术紧密相连.

　　综上所述,纳米材料科学充满了机遇和挑战.纵观纳米材料的研究进程,我们不难发现,纳米材料的研究内容不断扩大,基础研究和应用研究都成为关注的热点.纳米材料的制备方法也在不断前进,从控制粒子尺寸和形状到控制界面,再到控制形成薄膜、设计复合体;现在纳米体系的自组装也加入了研究行列(如纳米阵列体系、纳米镶嵌体系等),目标是制备纳米器件.

　　蒸汽机的发明给人类带来巨大的动力,把农业经济推向工业经济;电的发明又一次给人类带来重大的社会变革;到了20世纪末,人类进入信息时代.纳米科学技术给我们带来新的发展领域,前景无限广阔.纳米材料日新月异,它们的神奇性能正在被开发.我国已在纳米材料的若干方面取得了很出色的研究成果.

　　但是,我们也应该清醒地看到,纳米材料的研究目前大多尚在实验室阶段,还有很多问题需要解决.我们相信,通过孜孜不倦的探索定会有新的突破,纳米材料将会服务于人类,拓展我们的新生活.

§1.3　纳　米　薄　膜

　　新型薄膜材料对当代高新技术起着重要的作用,是国际科技研究的热门学科之一.开展新型薄膜材料的研究,直接关系到信息技术、微电子技术、计算机科学等领域的发展方向和进程.目前,对薄膜材料的研究正在向多种类、高性能、新工艺等方面发展,其基础研究也在向分子层次、原子层次、纳米尺度、介观结构等方向深入,新型薄膜材料的应用范围正在不断扩大.

　　薄膜在日常生活中随处可见,如塑料薄膜、金属箔、涂漆形成的涂层膜等.在材料学中,薄膜材料既包括人眼可观察到厚度的薄膜,也包括人眼不可分辨(人眼对 $1\,\mu m$ 以下的尺寸是无法分辨的)厚度的薄膜,如照相用的胶卷上的感光薄膜层、光学镜头上的增透膜、半导体器件中的绝缘层等.薄膜厚度在 $1\,\mu m$ 以下时,该薄膜一般是不能独立存在的,而需要有一基底支撑,例如胶卷是感光薄膜的基底,玻璃镜片是增透膜的基底.纳米薄膜由于膜层很薄,需要有基底支撑,基底材料的选择应以对纳米薄膜本身的性能不产生负面影响为准.

　　薄膜材料是材料学领域的重要研究内容之一.它涉及物理、化学、电子、生物、冶金等各个学科,在电子器件、光学器件、航空航天、国防等各方面均有广泛应用,已形成独立的薄膜材料学.

1.3.1　纳米薄膜的分类

按照薄膜材料的成分,纳米薄膜大体上可以归纳为以下几种:

(1) 金属薄膜、金属化合物薄膜、金属混合物薄膜,例如金属电阻薄膜、镀着闪亮反光的 Cr 薄膜等;

(2) 半导体薄膜,例如超晶格薄膜、GaAs 薄膜等;

(3) 氧化物薄膜,例如 ZnO 薄膜、TiO_2 薄膜等;

(4) 无机薄膜,例如起着绝缘层作用的 SiO_2 薄膜、有导电性能的 C 薄膜等;

(5) 有机薄膜,例如聚乙烯薄膜、LB(全称 Langmuir-Blodgett)薄膜等;

(6) 复合薄膜,例如金属与半导体的复合薄膜、无机物与有机物的复合薄膜等.

按照薄膜材料的结构,纳米薄膜大体上可以归纳为以下几种:

(1) 单层薄膜,例如 Ag-Cs_2O 薄膜;

(2) 多层薄膜,例如带有周期多层结构的超晶格薄膜;

(3) 纳米薄膜,例如金属纳米粒子埋藏于半导体的薄膜等.

按照薄膜材料的功能,纳米薄膜大体上可以归纳为以下几种:

(1) 力学功能薄膜,例如硬质薄膜:金刚石薄膜、C_3N_4 薄膜等;

(2) 热学功能薄膜,例如热敏薄膜、阻热薄膜等;

(3) 电学功能薄膜,例如导电薄膜、超导薄膜、电学双稳态薄膜等;

(4) 光学功能薄膜,例如滤色薄膜、反光薄膜等;

(5) 光电功能薄膜,例如光电发射薄膜、光电转换薄膜等;

(6) 磁学功能薄膜,例如巨磁电阻薄膜、顺磁薄膜等;

(7) 电磁功能薄膜,例如隐身飞机表面涂层薄膜等;

(8) 声学功能薄膜,例如声表面波薄膜等;

(9) 分子功能薄膜,例如气敏薄膜等.

1.3.2　纳米薄膜的功能

不同功能的薄膜都有着广泛地应用,以下举几种纳米功能薄膜加以说明.

硬质薄膜的研究在工业生产中提高运转部件表面耐磨性方面具有重要的应用背景.如何使硬度最高的金刚石形成好的薄膜,多年来一直是人们追求的目标.对于自由空间热丝法气相生长金刚石温度场和流场的模拟计算和实验研究,揭示了温度场不均匀性、热阻塞和热绕流现象是造成金刚石薄膜层质量波动和生长速率低的重要原因.对多种工作模式流场的模拟和对形核、生长及膜层质量的实验研究结果表明,通过合理选择反应器结构和生长条件,可以控制反应状态参数空间场,实现金刚石薄膜大面积高速生长.这为设计工业型气相生长金刚石反应器提供依据,展示了生长金刚石薄膜的发展前景.

光信息存储是采用调制激光把要存储的数字信息记录在由非晶材料制成的记录介质上,这是"写人"过程.取出信息时,用低功率密度的激光扫描信息轨道,其反射光通过光电探测器检测、解调以取出所要的信息,这是"读取"过程.这种在衬盘上有沉积记录光学信号薄膜的盘片叫做光盘.它比磁盘存储密度高 1~2 个数量级,有较高的数据读、写速率(可达 Mb/s 数量级).因记录介质封入保护层中,激光的写入和读取都是无机械接触的过程,所以有很长的存储寿命.光盘的常用记录介质被制成三层消光反射结构:先在基底上沉积高反射 Al 膜,再沉积一层透明的 SiO_2 层,最后沉积 Te 薄膜.Te 层在较强激光束的作用下烧蚀成信息坑,用来记录信息.当 SiO_2 层的厚度满足 $n\lambda/4$ 时(λ 为激光波长,n 为正整数),可使在 SiO_2-Al 界面反射后透出的光线与在 Te-SiO_2 界面反射透出的光线相干抵消,这就在光盘无记录区实现"消反";在记录区,由于坑孔的存在而解除消反,因而在播放光盘时信号的对比度得到提高.

当今,信息存储已被普遍应用,存储密度日新月异地快速提高,它在很大程度上依赖于磁性薄膜的研究成果.对铁磁金属/非磁金属多层膜和铁磁金属/非金属隧道结的层间耦合及巨磁电阻进行了理论研究和实验研究,提出单带紧束缚电子模型,研究温度关系并给出经验公式,并提出新的非共线层间耦合理论以及随层厚振荡的自洽理论,预言电子自旋极化共振隧穿和高巨磁电阻现象.在 Co/Cu 多层膜中观察到耦合作用随缓冲层厚度的周期变化;用 Cu 核磁共振方法在 Fe/Cu 多层膜中验证了层间耦合引起的自旋极化及其空间振荡分布,研究了几种新型多层结构和自旋阀膜的磁性和巨磁电阻薄膜,观察到室温下巨磁电阻为正值(达 15%),还获得 110% 和 38% 的巨磁电感比和巨磁阻抗比.这类薄膜具有很大的应用价值.

自 1986 年稀土(rare earth,简称 RE)元素氧化物高温超导材料被发现以来,曾掀起世界范围的超导研究热潮.除典型的稀土元素氧化物 YBaCuO 之外,还陆续发现了 BiSrCaCuO 和 TiBaCuO 的非稀土元素氧化物超导材料.超导体在电子学方面的美好应用前景鼓舞人们非常重视超导薄膜的研究.例如,用超导薄膜可制成微波调制、检测器件和超高灵敏的电磁场探测器件和超高速开关存储器件.目前研究的重点是提高薄膜的超导参量,制备出结构和参量稳定的超导薄膜.在探讨高 T_c 相结构及其形成规律的同时,也在深入研究多晶薄膜的超导机理.

光电薄膜是重要的信息功能材料,它把光信号转变成电信号.红外元器件在军事需求下迅速发展,红外探测材料成为重要的研究课题(如红外辐射材料、红外光学材料、红外探测材料,红外隐身材料等).红外技术主要是指红外辐射探测技术,经过漫长的发展历程已形成比较完善的红外系统,一般包括四部分:用于收集红外辐射、扫描成像、光学编码等光学机械的装置;进行光电-电光转换的红外探测器;进行电信号放大处理的电子信号处理装置;用于记录显示和伺服的驱动装置等.先进的军用红外系统不断涌现,性能不断提高,应用范围日益扩大,地位显得越发重要.红外技术在军事应用中有诸多特点:一是具有更好的全天候性能,不分白天黑夜,均能使用,特别适合夜战需求;二是采用无源被动接收系统,比用无线电或可见光装置进行探测要安全、隐蔽,不易受干扰,保密性强;三是利用目标和背景红外辐射特性的差异便于目标识别、揭示出伪装目标;四是用于制导,体积小、造价低、命中率高,其目标显示分辨率比雷达高 1~2 个数量级.因此,欧美强国相继发展并装备了多种型号的红外系统,美国在军事工业中极为重视红外探测器的应用和发展.

　　薄膜性能的优劣在很大程度上取决于制备薄膜的技术,现在国际上对新的成膜技术研究投入了很大力量.在新的成膜技术研究中,利用激光分子束外延技术生长出高质量的铁电薄膜、超导薄膜和多层膜,并探索制备了新型超晶格薄膜.结果表明,激光分子束外延薄膜的表面比普通激光沉积薄膜光滑,无明显颗粒,薄膜质量有明显提高.研究并制备成功的 LB 膜仿生嗅乙醇传感器能在室温下工作,灵敏度高,可逆性好,响应快,能定量检测.利用紫外脉冲激光晶化技术,在较低的基底温度下可获得完全钙钛矿结构的铁电膜,此技术有重要的应用价值.

　　LB 膜是有机分子薄膜.例如羧酸及其盐、脂肪酸烷基族、染料、蛋白质等构成的分子薄膜,其厚度可以是单分子层,也可以是多分子层叠加而成.多层分子膜可以是同一材料组成的,也可以是多种材料的调制分子膜,后者也称为超分子结构薄膜.美国科学家朗缪尔(Langmuir)和他的学生 Blodgett 先在水-汽界面上将不溶解的分子加以紧密、有序排列,形成单分子膜,然后再转移到固体表面,建立起一种单分子膜制备技术.在第二次世界大战期间,朗缪尔发展了单分子理论,之后,Blodgett 详细地描述了单分子层的相转换过程,从而开辟了 LB 分子膜的科学研究领域.由于单分子膜的自然取向特性和分子构造的可控性,使 LB 膜具有广泛的应用领域,如分子聚合、光合作用、磁学、微电子学、光电器件、激光技术、光学信息存储、声表面波器件、红外检测器件等.由于 LB 膜很容易制成多层分子膜,故可制成光学上的抗反射涂层、相干滤波器以及用于集成光学中.在 LB 膜中加入金属,可以改变光的反射和吸收特性及电学特性.有些 LB 膜具有很好的导电特性,且往往是各向异性的,其垂直膜层和平行膜层方向的导电机制是不同的,例如平行膜层的电流 I 与电压 V 满足 $I \propto V^{1/4}$,而垂直膜层的电阻可能大得多.有些 LB 膜是很好的绝缘体,加在固体集成器件中可以大大地改进该器件的性能.LB 膜也是有机分子器件的主要材料.

　　纳米薄膜材料的研究是纳米科学技术领域的重要内容,世界上的发达国家都把纳米薄膜材料的研究列入国家发展规划中.我国对纳米薄膜材料的研究也非常重视,国家自然科学基金在 2002～2004 年资助的相关项目就超过百项,涉及材料学部、化学学部,物理学部和信息学部.

§1.4 光电功能薄膜

1.4.1 光电效应

如果有一光线照射在某一物体的表面上,则部分被反射,部分穿入物体内部并被吸收.该物体吸收了光线的能量,将导致:

(1)出现新载流子,即在导带中出现电子,在满带中出现空穴,这将增大电导率.这一现象称做光电导或内光电效应.在金属中内光电效应极微弱,因为在光照射之前金属中就已经有非常多载流子了;但是在绝缘体和半导体中,光照射能使电导率产生显著的改变.

(2)吸收光能之后,在物体中可能出现具有动能较大的电子,某些电子能达到物体表面,并克服表面势垒,而成为发射电子.这一现象称做外光电效应或光电子发射.具有外光电效应的薄膜材料叫做光电发射薄膜.

1.4.2 光电发射

在 100 多年前,光电效应首先引起了赫兹(Hertz)[101] 的注意,他观察到,用紫外线照射金属负电极可以在正、负两电极间引起火花放电.此后,1888～1889 年间,Hallwachs[102],Elster 和 Geitel[103] 等人进行了更进一步的研究.当时的研究都与荷电有关,所用的材料都是金属.在光电子发射的研究历程中,1899 年,勒纳(Lenard)和汤姆孙(Thomson)证明发射的是电子,其后 Столетов 发现阴极的光电流大小与照射的光强成正比,而勒纳发现发射电子的能量与光强无关.1905 年,爱因斯坦(Einstein)证明发射电子的动能与光频率有关,并且提出定量的理论解释.他成功地解释了金属材料的光电效应,并因提出光电发射理论而获得了 1921 年度诺贝尔物理学奖.

以后的大量工作使人们对光电发射的了解步步深入.1929～1930 年,Koller[104] 及坎贝耳(Campbell)[105] 发明了第一个复杂实用光电薄膜阴极 Ag-O-Cs(美国称为 S-1 阴极).1936 年,Gorlich 制备出 Sb-Cs 光电阴极[106].1955 年,Sommer 发明了多碱光电阴极[107].1963 年,吴全德教授提出固溶胶理论,解释了 Ag-O-Cs 阴极的光电发射机理问题[108～110].20 世纪 50 年代以来,随着固体物理以及其他技术(如晶体生长、超高真空的获得、表面技术等)的发展,特别是能带理论的出现,人们摆脱了在早期光电发射研究中的经验性质,同时导致了半导体光电发射薄膜材料的异军突起.在 50 年代末,Spicer[111] 用半导体的能带模型解释 Sb-Cs 光电阴极的光电子特性,提出了光电发射三步模型. 20 世纪 60 年代初,Laar[112] 和 Gobeli[113] 等人相继对 Si,Ge,Se 等半导体的光电发射进行了详细的研究. 此后,建立在负电子亲和势(negative electron affinity,简称 NEA)理论基础上的、具有高光电量子产额的半导体光电发射薄膜,特别是 III-V 族化合物光电发射薄膜,得到了长足的发展,成为光电发射材料研究的重要方向,先后研制出 GaAs/Cs, GaAs/InAs, InGaAs/InP, InGaAsP/InP, GaAlAs/GaAs,GaN/GaInN 等一系列新型半导体光电发射薄膜[114~120].

光电子发射是光能转变为电能的一种方式. 许多电子器件都利用了光电效应,如光电管、光电倍增管、电视发送管等. 由于不可见光(如 X 射线、紫外线、红外线等)也能引起光电效应,通过"射线—光电发射—电子—激发荧光"的方式可转换为可见光.

爱因斯坦定律在物理学中引进光量子(光子)的概念,解释了勒纳的实验,并且给出了光电子发射的数学表示式. 假定单个光子的能量 $h\nu$ 被金属中的自由电子吸收,根据能量守恒定律,对于发射的电子,有如下关系式:

$$W + h\nu = \Phi + mu^2/2, \tag{1.1}$$

式中 W 是吸收光子能量 $h\nu$ 前的电子的瞬间能量,h 是普朗克(Planck)常数: $h = 6.626 \times 10^{-34}$ J·s,ν 是光波频率,m 是电子质量: $m = 9.11 \times 10^{-31}$ kg,u 是发射后的电子速度,而 Φ 是电子从吸收能量处运动到真空时所消耗的能量(逸出功). 若令金属的温度为 $T = 0$ K,则 $W = 0$,上式可简化为

$$h\nu = \Phi + mu^2/2. \tag{1.2}$$

当 ν 减低并趋于某一极限频率 ν_0 时,可使光电子速度为 $u = 0$;若低于此频率,将没有光电子发射. 极限频率 ν_0 取决于公式

$$\nu_0 = \Phi/h, \tag{1.3}$$

而极限波长(也称为阈波长)为

$$\lambda_0 = c/\nu_0 = ch/\Phi, \tag{1.4}$$

式中 c 是光速: $c = 2.998 \times 10^8$ m/s. 如果 Φ 的单位用 eV 表示,λ_0 的单位用 nm 表示,则

$$\lambda_0 \approx 1240/\Phi. \tag{1.5}$$

金属的逸出功约为 4~5 eV,这样,光电发射阈波长小于 300 nm,即只有紫外光线才能激发出光电子;而复杂光电阴极的逸出功约 1.2~3 eV. 这样,可见光和近红外光线就可激发出光电子.

1.4.3　光电薄膜研究趋势

在光电薄膜材料的研究发展趋势中,基本上有三个大方向: 内光电效应的研究主要是提高非晶 Si 薄膜的光电转换效率以及提高薄膜材料的稳定性;外光

电效应的研究主要是提高光电发射的阈波长以及获得超快光电时间响应;光电子激射器(激光),从光电薄膜的角度来说,超晶格量子阱激光和纳米激光是研究的前沿.

20 世纪 50 年代中期以后,非晶薄膜材料得到大量研究,莫特(Mott)和安德森(Anderson)做了开创性的工作,因而获得 1977 年度的诺贝尔物理学奖. 此后,非晶材料的研究包括三大类:非晶态半导体和非晶态金属,氧化物和非氧化物玻璃以及非晶态高分子聚合物. 近 10 年来发展最迅速的是非晶态半导体材料,其中非晶 Si 薄膜的研究成就最为显著. 20 世纪 70 年代发生的能源危机促使各国研究非晶 Si 太阳能电池,它的转换效率虽不及单晶 Si 材料,但便于采用大面积薄膜工艺生产,制备简单,成本低廉,具有合适的禁带宽度、较高的光吸收系数和光电导率,因此吸引很多学者深入地研究非晶 Si 薄膜的结构、性能、制备工艺及其应用等. 制备非晶 Si 薄膜的主要方法是辉光放电分解法,即将 SiH_4(硅烷)充进真空系统中,在用直流或交流电场产生辉光放电的情况下,使 SiH_4 分解,Si 原子沉积在加热的基底上,凝结成非晶态 Si 膜. 在沉积薄膜的过程中,可掺入少量的 PH_3(磷烷)和 B_2H_6(硼烷),实现非晶 Si 的掺杂.

为了探测微弱红外信号的存在和红外辐射的强弱,可以利用多种材料(如半导体、铁电体、超导体、金属氧化物、陶瓷等)的多种物理效应(如热电效应、光电导效应、光生伏打效应、光子牵引效应、光磁电效应、光电子发射效应等)把红外信息和红外辐射能量相应转变为电信息和电能. 红外探测器分为热敏型和光电型两大类. 热敏型辐射探测器除经典的温差热电偶外,比较重要的还有用金属氧化物制成的热敏电阻和用 Ge,Si 制成的测辐射热计. 前者价格低廉,性能稳定;后者探测效率较高,响应速度快,但需要低温工作条件使它们的应用大受限制. 近 20 年发展的热释电红外探测器是利用三甘氨酸硫酸盐等铁电晶体的宏观自发极化现象制成的,可在室温下工作,又可兼顾较高的探测效率和响应速度,因此使用很广. 热敏器件的光谱响应波段很宽,仅受窗口材料限制;而对光电器件,无论吸收光子是发生本征跃迁还是非本征跃迁,响应光谱中都存在一个长波阈. 当前发展的重点是能工作在近红外波段或 $8\sim12\ \mu m$ 波段大气窗口的红外敏感平面器件.

现在采用的是由半导体材料制造的光敏型红外探测器[121]. 早期,PbS,InSb 和 Ge:Hg(锗掺汞)三种红外探测器使用最多,因其工作波段分别对应 $1\sim3\ \mu m$,$3\sim5\ \mu m$,$8\sim14\ \mu m$ 三个"大气红外窗口". 现在,复合型红外探测材料得到发展,$Hg_{1-x}Cd_xTe$(碲镉汞)是三种元素按阴、阳离子成键形成的赝二元系化合物,可以看做是 HgTe 和 CdTe 的固溶体,合金组分 x 可以从 0(即 HgTe)连续增加至 1(即 CdTe). $Hg_{1-x}Cd_xTe$ 与 InSb(锑化铟),PbSnTe(碲锡铅)等同类材料相比有其优越性,即本征光导型红外探测器的频谱响应强度直接取决于吸收辐射前后敏感元件电导率的相对变化. 采用 n 型半导体材料, 频谱响应强度正比于材料中非平衡载流子的寿命, 反比于作为少数载流子的空穴浓度, 并随光电增益因子的增加而增加. $Hg_{1-x}Cd_xTe$ 的导带能谷只有一个, 在实用合金组分范围内, 电子有效质量小至仅 10^{-4} m_0(m_0 是电子质量), 电子迁移率可高达 10^5 $cm^2/V \cdot s$, 与空穴迁移率之比在 100 以上; 又因能带态密度较低, 相应地使本征载流子的浓度以及少数载流子的空穴浓度降低. 所有这些都使 $Hg_{1-x}Cd_xTe$ 的光电增益因子比 InSb 和 PbSnTe 的高出几十倍. 此外, PbSnTe 的介电常数高达 1000, 而 $Hg_{1-x}Cd_xTe$ 的介电常数仅约 12, 从而减小了器件电容, 提高了频率响应. 再如, $Hg_{1-x}Cd_xTe$ 的热膨胀系数同 PbSnTe 比较更接近 Si 的热膨胀系数, 使之易于制造与 Si 的 CCD(全称 charge couple device, 电荷耦合器)混合成阵列器件. 但 $Hg_{1-x}Cd_xTe$ 晶体有两个缺点: 一是结构完整性差; 二是合金组分不均匀. Hg 空位、游离的 Hg 原子, 这些性能活泼的点缺陷又与残留杂质等形成复合缺陷, 还有高密度的位错、小角度晶粒间界等, 不仅使晶片的光、电性质变坏, 还影响到晶片的机械强度和长期稳定性; 至于组分不均匀, 则直接关系到多元器件的成败. 为了克服这些缺点, 人们作了不懈的努力, 首先从晶体制备着手, 试验了许多方法, 如布里奇曼(Bridgman)法、碲溶剂法、固体再结晶法、半熔结晶法、移动加热器法、气相生长法等; 当这些准平衡体材料的生长不能令人满意时, 又转向薄膜材料生长, 如液相外延(liquid phase epitaxy, 简称 LPE)法、分子束外延(molecular beam epitaxy, 简称 MBE)法、金属有机化学气相沉积(metal organic chemical vapour deposition, 简称 MOCVD)法等.

金属纳米粒子埋藏于半导体中构成的复合介质薄膜与传统的光电薄膜不同, 也与半导体薄膜不同. 它具有瞬态光电时间响应, 这与半导体光电器件时间响应不够快相比, 具有很大优越性, 有可能在高速光学和光电器件方面得到应用. 在对可经历暴露大气的 Ag-BaO(银钡氧)薄膜的特性研究中[122~124], 测量到它的量子产额要比相同条件下的金属薄膜高两个数量级, 这说明该薄膜可应用于红外超短激光脉冲检测. 在研究用于高亮度电子注入器的光电转换薄膜方面, 也取得了氧化物阴极和多碱阴极可以在激光驱动下被支取发射大电流(每平方厘米数百安培)的成果[125].

20 世纪 70 年代, 随着超薄层材料生长技术的发展, 光电子器件方面的量子阱、超晶格材料和光电器件日渐成熟, 其中量子阱的半导体激光器、探测器、调制器等已经实现产业化. 这些由半导体纳米材料构成的光电器件为通信提供了底层硬件的支持. 高电子迁移率晶体管(high electron-mobility transistor, 简称 HEMT)和垂直腔面发射激光器(vertical cavity section emitting laser, 简称 VCSEL)是纳米电子和光电子新产品进入市场的成功例子. 作为高频接收器和探测器的 HEMT, 在欧洲的销售额从 1.4 亿欧元(1997)增加到 8 亿欧元(2002); 同样, 用于传感和光纤通信光源的 VCSEL 的市场在五年内从 1 亿欧元

(1999)增长到 10 亿欧元(2004).目前的研究热点依然是基于一维和零维材料的新型纳米器件和光电子器件,如半导体量子点激光器、面发射激光器阵列、可调谐激光器等.

　　纳米激光在纳米科学技术研究中引人注目,例如,ZnO 纳米线和 ZnO 纳米微晶的光致激光发射研究取得了很大成果[126~129];CdS 纳米线的电致激光发射已成为现实[130].这些最新的研究成果为纳米光电功能薄膜打开了一个新的应用空间.

参 考 文 献

[1]　Krätschmer W, Lanb L D, Fostiropoulos K, et al. Nature, 1990, 347：354

[2]　Wragg J L, Chambertain J E, White H W, et al. Nature, 1990, 348：623

[3]　Saito S, Oshiyama A. Phys. Rev. Lett., 1991, 66(20)：2637

[4]　Byszewski P, Diduszko R, Kowalska E, et al. Appl. Phys. Lett., 1992, 61(25)：2981

[5]　Nunen-Regueiro M. Modern Phys. Lett. B, 1992, 6：1153

[6]　Shimomuro S, Fujii Y, Nozawa S, et al. Solid State Comm., 1993, 85：471

[7]　Iijima S. Nature, 1991, 354：56

[8]　Wildöer J W G, Venema L C, Rinzler A G, et al. Nature, 1998, 391：59

[9]　Odom T W, Huang J L, Kim P, et al. Nature, 1998, 391：62

[10]　Dillon A C, Jones K M, Bekkedahl T A, et al. Nature, 1997, 386：377

[11]　Mintmire J W, Robertson D H, White C T. J. Phys. Chem. Solids, 1993, 54：1835

[12]　Bethune D S, Kiang C H, de Vires M S, et al. Nature, 1993, 363：605

[13]　Iijima S, Ichihashi T, Nature, 1993, 363：603

[14]　Dresselhaus M S, Dresselhaus G, Saito R. Carbon, 1995, 33(7)：883

[15]　Dresselhaus M S, Dresslhaus G, Eklund P C. Sci. Fullerenes & Carbon Nanotubes. San Diego：Academic Press, 1996

[16]　Yu D P, Bai Z G, Feng S Q, et al. Solid State Comm., 1998, 105(6)：403

[17]　Zhang Y F, Tang Y H, Wang N, et al. Appl. Phys. Lett., 1998, 72(15)：1835

[18]　Yu D P, Bai Z G, Ding Y, et al. Appl. Phys. Lett., 1998, 72(26)：3458

[19]　Wang N, Tang Y H, Zhang Y F, et al. Chem. Phys. Lett., 1999, 299(2)：237

[20]　Tang Y H, Zhang Y F, Peng H Y, et al. Chem. Phys. Lett., 1999, 314(1-2)：16

[21]　Morales A M, Lieber C M. Science, 1998, 279(5348)：208

[22]　Xing Y J, Xi Z H, Yu D P, et al. Chin. Phys. Lett., 2002, 19(2)：240

[23]　Yu D P, Xing Y J, Hang Q L, et al. Physica E, 2001, 9(2)：305

[24]　吴锦雷,刘希清,吴全德. 电子管技术,1983,1：8

[25]　You B, Zhou S M, Chen L Y, et al. Chin. Phys. Lett., 1997, 14：778

[26] Berkowitz A E, Mitchell J R, et al. Phys. Rev. Lett. , 1992, 68(25): 3745

[27] Xiao J Q, Jiang J S, Chien C L. Phys. Rev. Lett. , 1992, 68(25): 3749

[28] Tsang W T. IEEE J. Quan. Electr. , 1984, 20: 1119

[29] Esaki L. IEEE J. Quan. Electr. , 1986, 22: 1611

[30] Miller D A B, Chemla D S, Schmitt R S. Phys. Rev. B, 1986, 33(10): 6976

[31] Siegel R W. Nanostuctured Materials, 1993, 3: 1

[32] Stern E A, Siegel R W, Newville M, et al. Phys. Rev. Lett. , 1995, 75(21): 3874

[33] Wakai F, Sakaguchi S, Matsuno Y. Adv. Ceram. Mater. , 1986, 1(3): 259

[34] Wakai F, Kodoma Y, Sakaguchi S, et al. J. Am. Ceram. Soc. , 1990, 73: 457

[35] Wakai F, Kato H. Adv. Ceram. Mater. , 1988, 3(1): 71

[36] Yoon C K, Chen I W. J. Am. Ceram. Soc. , 1990, 73(6): 1555

[37] Wakai F, Kodama Y, Sakaguchi S, et al. Nature, 1990, 344: 421

[38] Cui Z, Hahn H. Nanostuctured Mater. , 1992, 1: 419

[39] Yakobson B I, Smalley R E. Am. Sci. , 1997, 85(4): 324

[40] Dresselhaus M S, Dresselhaus G, Eklund P C. Phys. World, 1998, 11: 33

[41] Yakobson B I, Brabec C J, Bernholc J. Phys. Rev. Lett. , 1996, 76(14): 2511

[42] Hernández E, Goze C, Bernier P, , et al. Phys. Rev. Lett. , 1998, 80(20): 4502

[43] Sinnott S B, Shenderova O A, White C T, et al. Carbon, 1998, 36(1-2): 1

[44] Bonard J-M, Salvetat J-P, Stöckli T, et al. Appl. Phys. Lett. , 1998, 73(7): 918

[45] Chung D S, Choi W B, Kang J H, et al. J. Vac. Sci. Tech. B, 2000, 18: 1054

[46] Hata K, Takakura A, Saito Y. Ultramicroscopy, 2003, 93: 107

[47] Zhang Z X, Zhang G M, Du M, et al. Chin. Phys. , 2002, 11(8): 804

[48] Hou S M, Zhang Z X, Liu W M, et al. Science in China G, 2003, 46(1): 33

[49] Dillon A C, Jones K M, Bekkedahl T A, et al. Nature, 1997, 386: 377

[50] Ye Y, Ahn C C, Witham C. Appl. Phys. Lett. , 1999, 74(16): 2307

[51] Chen P, Wu X, Lin J, et al. Science, 1999, 285(5424): 91

[52] Liu C, Yang Q H, Tong Y, et al. Appl. Phys. Lett. , 2002, 80(13): 2389

[53] Poncharal P, Wang Z L, Ugarte D, et al. Science, 1999, 283(5407): 1513

[54] Goldstein A N, Echer C M, Alivisatos A P. Science, 1992, 256(5062): 1425

[55] Yeh T S, Sacks M D. J. Am. Ceram. Soc. , 1988, 71(10): 841

[56] Berkowitz A E, Mitchell J R, Corey M J, et al. Phys. Rev. Lett. , 1992, 68(25): 3745

[57] Niu C M, Sichel E K, Hoch R, et al. Appl. Phys. Lett. , 1997, 70(11): 1480

[58] Zheng J P. Electrochemical & Solid State Letters, 1999, 2(8): 359

[59] Miller J M, Dunn B. Langmuir, 1999, 15(3): 799

[60] Bachtold A, Hadley P, Nakanishi T, et al. Science, 2001, 294: 1317

[61] Postma H W Ch, Teepen T, Z. Yao, et al. Science, 2001, 293: 76

[62] Roth S, Burghard M, Krstic V, et al. Current Appl. Phys. , 2001, 1(1): 56

[63] Baughman R H, Zakhidov A A, de Heer W A. Science, 2002, 297：787

[64] Devoret M H, Schoelkopf R J. Nature, 2000, 406：1039

[65] Gao H J, Wang D W, Liu N, et al. J. Vac. Sci. Tech. , 1996, B 14(2)：1349

[66] Ma L P, Song Y L, Gao H S, et al. Appl. Phys. Lett. , 1996, 69(24)：3752

[67] Song J Q, Liu Z F, Li C Z, et al. Appl. Phys. A, 1998, 66：S715

[68] Tessler N, Medveder V, Kazes M, et al. Science, 2001, 295：1506

[69] Collier C P, Wong E W, Belohradsky M, et al. Science, 1999, 285：391

[70] Kagan C R, Mitzi D B, Dimitrakopoulos C D. Science, 1999, 286：945

[71] Peyser L A, Vinson A E , Bartko A P, et al. Science, 2001, 291：103

[72] 张西尧,张琦锋,吴锦雷等. 物理化学学报,2003,19(3)：203

[73] Pan X Y, Hong H B, Gong Q H, et al. Chin. Phys. Lett. , 2003, 20(1)：133

[74] 林琳,吴锦雷. 真空科学与技术学报,2000,20(1)：5

[75] Mo C M, Yuan Z, Zhang L D. Nanostructured Mater. , 1993, 2：47

[76] Vepfek S, Iqbal Z, Oswald H R. J. Phys. C, 1981, 14：295

[77] Zhang L D, Mo C M, Wang T. Phys. Stat. Sol. A, 1993, 136(2)：291

[78] Wu J L, Guo L J, Wu Q D. Acta Physica Sinica (Overseas Edition), 1994, 3(7)：528

[79] Wu J L, Liu W M, Dong Y W, et al. Chin. Sci. Bull. , 1993, 38(15)：1262

[80] Wu J L, Wang C M, Wu Q D, et al. Thin Solid Films, 1996, 281-282(1-2)：249

[81] Wu J L , Wang C M, Zhang G M. J. Appl. Phys. , 1998, 83(12)：7855

[82] Qian W, Zou Y H, Wu J L, et al. Appl. Phys. Lett. , 1999, 74(13)：1806

[83] 桑野幸德,津田信哉. 固体物理,1985,20：579

[84] 张立德,牟季美. 纳米材料和纳米结构. 北京：科学出版社,2001

[85] Baibich M N, Broto J M, Fert A, et al. Phys. Rev. Lett. , 1988, 61(21)：2472

[86] Liu Y H, Chen C, Zhang L, et al. Physica D：Nonlinear phenomena, 1996, 29：2943

[87] Xiao S Q, Liu Y H, Zhang L, et al. J. Phys. ：Cond. Matter, 1998, 10：3651

[88] Chen C, Luan K Z, Liu Y H, et al. Phys. Rev. B, 1996, 54(9)：6092

[89] Chen C, Mei L M, Guo H Q, et al. J. Phys. ：Cond. Matter, 1997, 9：7269

[90] Guo Z B, Du Y W, Zhu J S, et al. Phys. Rev. Lett , 1997, 78(6)：1142

[91] Stephen P K, Chen C C, Lieber C M. Nature, 1991, 352：223

[92] Kao C C, Kelty S P. Science, 1991, 253(5022)：886

[93] 张志焜,崔作林. 纳米技术和纳米材料. 北京：国防工业出版社,2000. p. 66

[94] Hoffmann M R, Martin S T, Choi W Y, et al. Chem. Rev. , 1995, 95：69

[95] 黄占杰. 材料导报,1999,13(2)：35

[96] Bahneman D W. J. Phys. Chem. , 1994, 98：1025

[97] Cui H, Dwight K, Soled S, et al. J. Solid State Chem. , 1995, 115(1)：187

[98] Cai W P, Zhang L D. J. Phys. ：Cond. Matter, 1996, 8：L591

[99] Zhu D G, Cui D F, Petty M C, Harris M. Sensors & Actuators B, 1993, 12：111

[100] Cui D F, Cai X X, Han J H, et al. Sensors & Actuators B, 1997, 45(3)：229

[101]　Hertz H. Ann. Physik, 1887, 31: 983

[102]　Hallwachs W. Ann. Physik, 1888, 33: 301

[103]　Elster J, Geitel H. Ann. Physik, 1889, 38: 497

[104]　Koller L R. Phys. Rev. , 1930, 36(11): 1639

[105]　Campbell N R. Phil. Mag. , 1931, 12: 173

[106]　Görlich P. Z. Physik, 1936, 101: 335

[107]　Sommer A H. Rev. Sci. Instr. , 1955, 26(7): 725

[108]　吴全德. 吴全德文集. 北京：北京大学出版社, 1999

[109]　吴全德. 第一次全国电真空器件专业学术会议论文选集, 1964. p. 371

[110]　吴全德. 物理学报, 1979, 28: 608

[111]　Spicer W E. Phys. Rev. , 1958, 112(1): 114

[112]　Van Laar J, Scheer J J. Philips Res. Rept. , 1963, 17: 101

[113]　Gobeli G W, Allen F G. Phys. Rev. A, 1965, 137: 245

[114]　McIntosh K A, Donnelly J P, Oakley D C, et al. Appl. Phys. Lett. , 2002, 81(14): 2505

[115]　Körbl M, Gröning A, Schweizer H, et al. J. Appl. Phys. , 2002, 92(5): 2942

[116]　Löhr S, Mendach S, Vonau T, et al. Phys. Rev. B, 2003, 67: 045309

[117]　Jacak L, Krasnyj J, Jacak D, et al. Phys. Rev. B, 2003, 67: 035303

[118]　Sukach G A, Smertenko P S, Shepel L G, et al. Solid State Electronics, 2003, 47(3): 583

[119]　Cheng Y T, Huang Y S, Lin D Y, et al. Physica E, 2002, 14(3): 313

[120]　Naud C, Faini G, Mailly D, et al. Physica E, 2002, 12(1-4): 190

[121]　刘普霖, 褚君浩. 科学, 1997, 49(1): 25

[122]　Wu J L, Guo L J, Wu Q D. SPIE, 1994, 2321: 393

[123]　Wu J L , Wang C M. Solid State Electronics, 1999, 43(9): 1755

[124]　Wu J L, Zhang Q F, Wang C M, et al. Appl. Surf. Sci. , 2001, 183(1-2): 80

[125]　Liu Y W, Zhang G M, Xue Z Q, et al. Nuclear Instruments & Methods in Physics Research Section A, 1996, 376(1): 146

[126]　Huang M H, Mao S, Feick H, et al. Science, 2001, 292: 1897

[127]　Cao H, Zhao Y G, Ong H C, et al. Appl. Phys. Lett. , 1998, 73(25): 3656

[128]　Cao H, Zhao Y G, Ho S T, et al. Phys. Rev. Lett. , 1999, 82(11): 2278

[129]　Huang M H, Wu Y, Feick H, et al. Adv. Mater. , 2001, 13(2): 113

[130]　Duan X F. , Huang Y, Agarwal R, et al. Nature, 2003, 421: 241

第二章　光电功能薄膜的制备

薄膜的制备方法主要分为物理气相沉积（physical vapour deposition，简称 PVD）法、化学气相沉积（chemical vapour deposition，简称 CVD）法、溅射沉积法及其他方法，如脉冲激光沉积（pulse laser deposition，简称 PLD）法、化学溶胶-凝胶（sol-gel）法、电沉积法等.

物理气相沉积法又分为真空蒸发沉积法、离子镀法、离子团束（ionic cluster beam，简称 ICB）法和分子束外延法等；化学气相沉积法又分为金属有机化学气相沉积（MOCVD）法、微波电子回旋共振化学气相沉积（microwave-electron cyclotron resonance chemical vapour deposition，简称 MW-ECR-CVD）法、直流电弧等离子体喷射法和触媒化学气相沉积（catalytic chemical vapour deposition，简称 Cat-CVD）法等.

薄膜的制备方法多种多样，在很多相关的薄膜技术专著中都有详细的介绍. 这里，我们只是较为简单地提及常用的光电功能薄膜的制备方法.

§2.1　真空沉积法

2.1.1　真空沉积法的实验原理

很多金属材料、半导体材料和绝缘体材料都可以通过加热使其蒸发. 加热器一般采用电阻丝或舟片通电加热，加热温度视蒸发材料的熔点不同而控制在不同的范围，温度的高低影响蒸发速率，也会影响薄膜的沉积速率. 蒸发一般在真空系统中进行. 蒸发出来的原子或分子沉积在基底上形成薄膜，基底材料的不同会影响薄膜的结构及性能. 通常，待蒸发材料的蒸发温度一般选择在其熔点附近，加热器的材料多数选用高熔点的 W，Ta，Mo 等. 表 2-1 是常用元素的熔点、沸点和气压为 1.3 Pa 时的蒸发温度[1].

表 2-1　常用元素的蒸发温度（气压为 1.3 Pa）

元素	熔点/K	沸点/K	蒸发温度/K	加热材料
Ag	1233	2223	1320	Ta，W，Mo
Al	932	2330	1273	Ta，W
Au	1336	2873	1738	Mo，W

（续表）

元素	熔点/K	沸点/K	蒸发温度/K	加热材料
Ba	990	1911	902	Ta，Mo，W
Bi	544	1773	971	Ta，W，Mo
Ca	1083	1513	878	W
Cd	594	1040	537	Ta，W，Mo
Co	1751	3173	1922	W
Cu	1356	2609	1393	Ta，W，Mo
Fe	1811	3273	1720	W
Ge	1232	3123	1524	Ta，W，Mo
In	430	2273	1225	W，Fe，Mo
Mg	924	1380	716	Ta，W，Mo
Mn	1517	2360	1253	Ta，W，Mo
Ni	1725	3173	1783	W
Pb	601	1893	991	Fe
Sb	903	1713	951	Ta
Si	1683	2773	1615	BeO 坩埚
Sn	505	2610	1462	Ta，Mo
Sr	1044	1657	822	Ta，W，Mo
Zn	693	1180	616	Ta，W，Mo

在高真空中,被蒸发原子的运动自由程达到约 500 cm,远远超过蒸发源与基底之间的距离,因此可以认为被蒸发原子在真空系统中作直线运动.蒸发源与基底之间的距离远近关系到所制备的薄膜均匀性状况.

当制备光电功能薄膜时,常常用到碱金属.由于碱金属化学性质活泼,因此在薄膜制备期间应保持足够高的真空度.即使真空度达到 10^{-4} Pa,残余气体中的氧和水汽等也会与碱金属起反应,因此在蒸发沉积薄膜前,把真空系统充分去气烘烤是必要的.去气烘烤时间视部件的几何形状和材料而定;典型地,需在 $300\sim400$ ℃烘烤 $1\sim2$ h.另外,需要注意的是,当真空系统高速抽气时的真空度指示反映的是动态真空状况,不能说明静态真空状况.如果使真空泵暂时停止工作,真空度很快变坏,则说明真空系统可能存在漏气.制备光电薄膜的真空系统应该密封良好;否则,难以保证光电薄膜性能的稳定.

2.1.2　真空沉积法的基本实验设备

真空蒸发沉积腔室的基本组成如图 2-1 所示.整个系统的主要部分有:真空容器,它为蒸发过程提供了相应环境;蒸发器,被蒸发材料置于此处并将其加热蒸发;基底,在其上形成蒸发沉积薄膜;真空泵和附属电源.

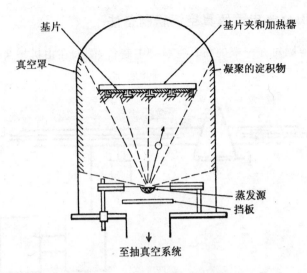

图 2-1　真空蒸发沉积腔室示意图

　　大多数被蒸发材料都需要在 1000～2000 ℃ 的温度下进行蒸发,因此必须用一种方法将材料加热到如此高温. 最简单的方法是用电阻加热法,它只需用简单的耐高温的金属丝或舟作为蒸发器(如上所述的 W,Ta 或 Mo). 电阻加热器有多种类型和形状,如用金属丝制作成螺旋式或锥形篮式的、用箔制作成各种舟式的,如图 2-2 所示. 对电阻加热器的基本要求是:必须提供蒸发温度所需热量,而自身在结构上仍保持稳定;不能与处于熔融状态的被蒸发材料化合或形成合金;自身的蒸发很弱.

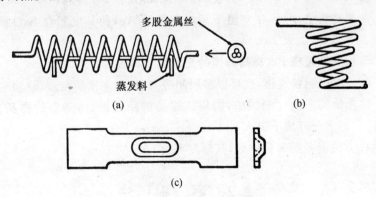

图 2-2　真空蒸发电阻加热器
(a) 螺旋式;(b) 锥形篮式;(c) 舟式

　　除了电阻加热法外,还可以选择其他的加热方法,如电子轰击加热法、高频感应加热法、辐射加热法和悬浮加热法等.

2.1.3　Ag-BaO 光电薄膜真空沉积制备法

Ag-BaO 薄膜可在一般的高真空系统中制备,例如在由机械泵、扩散泵及样品管等组成的真空系统中制备[2],如图 2-3 所示.

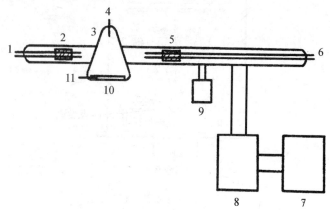

图 2-3　真空蒸发沉积法制备薄膜的装置示意图

1. 导轨;2. Ba 源;3. 样品管;4. 正电极;5. Ag 源;6. 导轨;7. 机械泵;

8. 扩散泵;9. O_2 源;10. 沉积的薄膜;11. 负电极

其真空蒸发沉积方法的基本工艺步骤如下:

(1) 在高真空(优于 3×10^{-4} Pa)条件下,在玻璃基底上沉积一定厚度的 Ba 薄膜;

(2) 通入压强为 10 Pa 的 O_2,使 Ba 薄膜氧化成 BaO 薄膜;

(3) 恢复高真空度后,在室温下蒸一定量的 Ag,使其沉积在 BaO 薄膜中,然后加温到 280 ℃,退火 20 min;

(4) 蒸积少量超额 Ba,提高薄膜的光电积分灵敏度;

(5) 可以单层制备薄膜,也可以多层制备薄膜(即多次重复步骤(1)~(4));

(6) 在光学瞬态响应测试中,为提高样品的稳定性,将制备的样品暴露大气,在 100 ℃ 的大气环境下退火 2 h.

用这样方法制备的薄膜样品,其厚度可为 50~300 nm.

§2.2　溅　射　法

经加速的离子束轰击固体材料表面,打出中性原子或离子,这就是溅射.将溅射出来的原子沉积在基底上形成薄膜,这就是薄膜的溅射制备法.用溅射法制备薄膜与真空沉积法相比,其优点主要有:(1) 薄膜与基底的附着性好;(2) 真空沉积法对熔点高的材料有一定困难,而溅射法就适合;(3) 降低溅射气体的气压,可以使溅射沉积形成的粒子粒径小于真空沉积法,这对某些特定要求的薄膜制备是合适的.

溅射设备基本组成如图 2-4 所示,包括真空系统、高压源、被溅射靶材、溅射气体源、用于沉积薄膜的基底等.溅射气体一般是惰性气体(如 Ar);但在反应溅射中,气体可以是需要形成化合物的某种气体源,例如若希望形成氧化物薄膜,则溅射气体选用 O_2.溅射时加入的高压一般在 100~10 000 V.溅射气体在高压电极间产生辉光放电,被电离的正离子向阴极飞行.若阴极就是靶材,那么靶材表面原子被正离子溅射出来,到达基底上的靶材原子就形成薄膜.高压源可以是直流的,也可以是交流的.

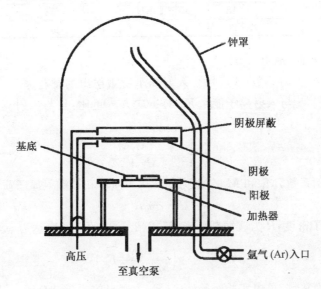

图 2-4　溅射设备示意图

2.2.1　溅射的基本实验规律

1. 溅射阈能

溅射阈能是指当入射离子的能量从小到大改变,开始发生靶材原子被溅射出来时的入射离子的能量.溅射阈能对低能区的溅射产额有很大的影响.表 2-2 是几种惰性溅射气体的正离子轰击金属靶材的溅射阈能数据[3].溅射阈能与靶材的升华热有关,例如 W 的升华热是 8.82 eV,它的溅射阈能是 30~35 eV;W 的溅射阈能值大约是其升华热的 4 倍.

表 2-2　金属靶材的溅射阈能　　　　　　　　（单位:eV）

靶材	Ne$^+$	Ar$^+$	Kr$^+$	Xe$^+$	靶材	Ne$^+$	Ar$^+$	Kr$^+$	Xe$^+$
Be	12	15	15	15	Mo	24	24	28	27
Al	13	13	15	18	Rh	25	24	25	25
Ti	22	20	17	18	Pd	20	20	20	15
V	21	23	25	28	Ag	12	15	15	17
Cr	22	22	18	20	Ta	25	26	30	30
Fe	22	20	25	23	W	35	33	30	30
Co	20	25	22	22	Re	35	35	25	30
Ni	23	21	25	20	Pt	27	25	22	22
Cu	17	17	16	15	Au	20	20	20	18
Ge	23	25	22	18	Th	20	24	25	25
Zr	23	22	18	25	U	20	23	25	22
Nb	27	25	26	32					

2. 溅射产额(溅射系数)

溅射产额(溅射系数)S 以每个入射离子所溅射出的靶材原子数表示. 实验经验告诉我们, S 与入射离子能量 E_0 的 x 次方成正比, 且与入射离子平均自由程 λ 的倒数成正比[4,5]:

$$S = k\,\frac{1}{\lambda}E_0^x\,\frac{M_1 M_2}{(M_1+M_2)^2}, \tag{2.1}$$

式中 k 为比例系数, M_1 和 M_2 分别为入射离子质量和被溅射原子质量, 且

$$1/\lambda = \pi n_0 R^2, \tag{2.2}$$

n_0 为靶材原子密度, R 为碰撞截面半径. 式(2.1)中的 k 可表达为

$$k = a\,\exp\!\left(\frac{-b\sqrt{M_1}}{M_1+M_2}E_b\right), \tag{2.3}$$

式中 a 和 b 为常数, 可由实验经验确定, E_b 为靶材的原子结合能. 一般地,

$$S = 4.24\times10^{-8}n_0 R^2 E_0^x\,\frac{M_1 M_2}{(M_1+M_2)^2}\exp\!\left(\frac{-10.4\sqrt{M_1}}{M_1+M_2}E_b\right). \tag{2.4}$$

式(2.4)对能量为 10～60 keV 的入射离子溅射较为适用, 误差一般小于 20%; 但对氧化物的靶材, 其误差较大. 金属氧化物的溅射系数一般比相应金属的要小.

若入射离子能量在 keV 数量级, 则多数金属靶材的 S 为 1～10.

3. 溅射产额与入射离子能量的关系

入射离子的能量增加, 将产生两种效应:(1) 对靶材碰撞能量增大, 使靶材中的可移动原子数目增多, 离开表面的原子也相应增多, 这样, S 上升;(2) 打入靶材内的射程增大, 使靶材中的可移动原子产生于深处, 这些可移动原子难以到达表面和离开表面, 这样, S 下降. 这两种效应的综合结果是, S 与入射离子能量的关系曲线有一最大值.

图 2-5 是与 Cu 的三个不同晶面(即(111)面、(100)面和(110)面)对应的溅射产额 S 和入射离子 Ar^+ 能量的关系[6]. 由图中可看出,从一定阈值开始,随着入射离子能量的增加,S 也增加,逐渐达到饱和值,然后下降.

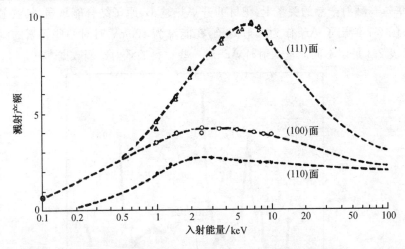

图 2-5　不同晶面 Cu 的溅射产额与入射离子能量的关系

4. 溅射产额与入射离子原子序数的关系

溅射产额与入射离子原子序数有周期性关系. 惰性气体作为入射离子时的溅射产额高;元素周期表中位于中间部位的那些元素(如 Al,Ti,Zr 及稀土元素)作为入射离子时的溅射产额低. 从总的趋势来说,随着入射离子原子序数的增加,溅射产额增大. 图 2-6 是当入射离子能量为 4.5 keV 时,Ag,Cu 和 Ta 靶材的

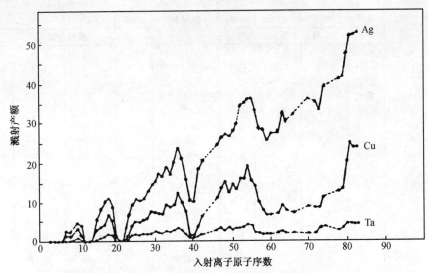

图 2-6　溅射产额与入射离子原子序数的关系

溅射产额与入射离子原子序数的关系曲线[2].

5. 溅射产额与靶材原子序数的关系

溅射产额与靶材原子序数的关系也呈现周期性. 这种周期性体现在靶材元素的升华热与溅射产额的关系上：靶材的升华热越小，原子结合能越弱，其溅射产额越大. 图 2-7 给出了 Ar^+ 作为入射离子，在能量为 400 eV 时对一些元素的溅射产额[7]. 表 2-3 是以不同能量入射时 Ar^+ 对一些材料的溅射产额数据[8~10].

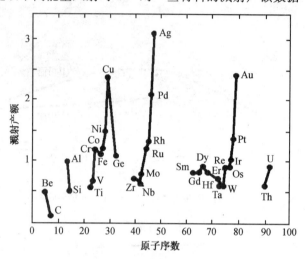

图 2-7　溅射产额与靶材原子序数的关系

表 2-3　Ar^+ 对一些材料的溅射产额

| 靶材料 | Ar^+能量/eV | | | | 靶材料 | Ar^+能量/eV | | | |
| | 600 | 1000 | 2000 | 5000 | | 600 | 1000 | 2000 | 5000 |
	溅射产额					溅射产额			
Ag	3.4	4.6*	6.3*	9.5	KCl(100)面			0.9	
Al	1.24	1.5*	1.9*	2.0	KBr(100)面			0.3	
			1.3~1.9		LiF(100)面			1.3	
Au	2.8	1.5~3.6	2.5~5.6	7~7.9	NaCl(100)面			0.25	
Cu	2.3	3.2	4.3	5.5	CaAs(100)面	0.9*	3.6		
Fe	1.26	1.4	2.0	2.5	CaSb(111)面	0.9*	1.2		
Ge	1.22	1.5	2.0	3.0	SiO_2		0.13	0.4	
Mo	0.93	1.1*	1.3	1.5	Al_2O_3		0.04	0.11	
Pd	2.39		4(3×10^3)		Ta_2O_5			1.4	
Pt	1.56		3.1		Si_3N_4		0.43		
Si	0.5*	0.6*	0.9*	1.4	FeO		0.92		
Ti	0.58		1.1	1.7	Ni-Cr 合金		0.60		
W	0.62			1.1	Pyrex 玻璃		0.13	0.43	
							(1.2×10^3)	(2.8×10^3)	
Zr		0.44		1.36	钠玻璃		0.08	0.37	
							(1.2×10^3)	(2.8×10^3)	

*：该数据引自参考文献[10].

由于溅射产额与靶材中的元素有很大关系,若靶材是由多种元素组成的,则靶材表面在离子轰击下,不同元素被溅射出来的多少就不同了.这就是"择优溅射"问题."择优溅射"会使离子谱分析变得复杂,这是必须注意的.

6. 被溅射原子的能量分布

被溅射出来的原子的平均能量一般为几个电子伏(多数为 $1\sim10\,eV$),平均能量几乎与入射离子能量无关,只是会随入射离子能量的增加而稍微增加一些.入射离子的能量到哪里去了呢? 它主要消耗在靶材里,所以在溅射时靶材温度会升高.图 2-8(a)是能量为 $900\,eV$ 的 Ar^+ 入射 Al,Cu,Ti 和 Ni 时被溅射出原子的能量分布[11];图 2-8(b)是能量为 $80\sim1200\,eV$ 的 Kr^+ 入射,从 Cu[110] 方向被溅射出原子的能量分布[12].

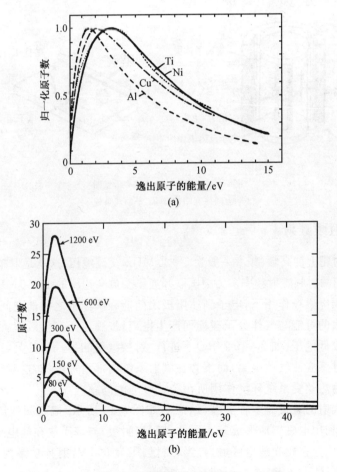

(a)

(b)

图 2-8 被溅射粒子的能量分布

(a) $900\,eV$ 的 Ar^+ 入射 Al,Cu,Ti 和 Ni 时被溅射出原子的能量分布;

(b) $80\sim1200\,eV$ 的 Kr^+ 入射,从 Cu[110] 方向被溅射出原子的能量分布

2.2.2　磁控溅射

为了提高溅射效率,可以在溅射设备中加入磁场.溅射气体被电离后轰击靶材将产生一些运动的电子,电子在磁场中受到洛伦兹力的作用而作曲线运动.电子运动路程的增加使得电子与溅射气体碰撞的几率加大,溅射气体的电离效率提高,因此溅射效率也随之提高.

常见的磁控溅射设备主要有圆筒式结构和平面式结构,如图 2-9 所示.这两种结构中的磁场方向都基本平行于阴极表面,将电子运动有效地控制在阴极附近.磁控溅射工作时的参数一般是:加速电压为 $300\sim800$ V,磁场为 $50\sim300$ Gs[①],溅射气体压强为 $0.1\sim1$ Pa,电流密度为 $4\sim60$ mA/cm^2,功率密度为 $1\sim40$ W/cm^2,薄膜沉积速率为 $100\sim1000$ nm/min.

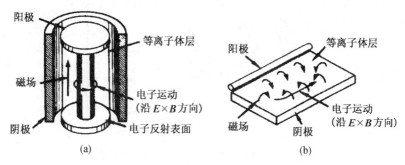

图 2-9　磁控溅射设备结构示意图
(a) 圆筒式结构;(b) 平面式结构

2.2.3　射频溅射

在溅射靶上加高频(频率一般为 $5\sim30$ MHz)交流电压,这就是射频溅射.国际上通常采用的射频溅射频率多为美国联邦通讯委员会建议的 13.56 MHz.

在射频电磁场作用下,电子到达阳极之前能在阴阳极之间的空间来回振荡,从而有更大的可能与气体分子碰撞而产生电离,提高离子产生效率,因此射频溅射可以在较低气压(如 2×10^{-2} Pa)下进行.射频溅射的另一好处是,高频电磁辐射可以通过感应使气体电离,而不必在溅射系统内部附加电极,这对于反应溅射则不会发生热丝受系统环境作用所污染或破坏的问题.

射频溅射的装置有多种类型,示意图如图 2-10 所示.把高频线圈围绕在放电室四周,利用电磁感应形成等离子体,靶材(阴极)与基底放在放电最强区域以外,但阳极放置在辉光放电区域内.当靶材偏压为 500 V、射频功率为 200 W 时,沉积速率可达 6 nm/min.

---

① “Gs”是“磁通[量]密度”的高斯(Gauss)CGS 单位. 1 Gs $=1$ $cm^{1/2}$ · $g^{1/2}$ · S^{-1}.

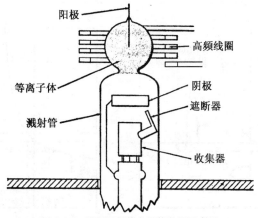

图 2-10　射频溅射等离子体装置示意图

　　有一种装置是高频电压直接加在阴极而叠加于直流偏压上,如图 2-11 所示. 它的特点是可以溅射任何材料,包括导体、半导体和绝缘体材料做的靶. 图 2-12 说明了靶上负偏压的形成过程[13]. 图 2-12(a)是辉光放电的探极特性. 由于电子的徙动率高于离子的徙动率,因此当靶电极通过电容耦合加上射频电压时,到达靶上的电子数目将大于离子数目,逐渐在靶上有电子积累,使靶材带上一个直流负电压. 在平衡状态下,靶上的负电压使得到达靶的电子数目和离子数目相等,如图 2-12(b)所示,因而在通过电容与外加射频电源相连的靶电路中就不会有直流电流流过. 实验表明,靶上形成的负偏压的幅值大体上和射频电压的幅值差不多. 对于绝缘体靶材,正是由于靶面上的负偏压使得正离子能不断地轰击它而溅射,而在射频电压的正半周期内,电子对靶材的轰击又能中和积累在靶面上的正离子.

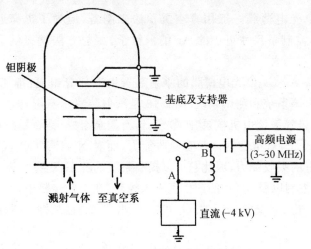

图 2-11　射频溅射的一般系统

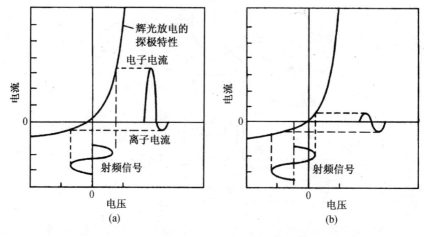

图 2-12 射频溅射中负偏压形成原理

(a) 辉光放电的探极特性；(b) 负偏压幅值

射频溅射不需要用次级电子来维持放电. 但是, 当离子能量高达数千电子伏时, 绝缘体靶材上发射的次级电子数量也相当大；又由于靶材具有较高负电压, 电子通过辉光放电的暗区得到加速, 将成为高能电子, 并轰击基底导致基底发热、带电而损害薄膜质量. 为此, 需将基底放置在不直接受电子轰击的位置上或利用磁场使电子偏离基底.

2.2.4 Ag-Cs₂O 光电薄膜溅射制备法

Ag-Cs₂O 光电薄膜一般用真空沉积法来制备, 但为了提高近红外长波的光电灵敏度, 需制备尺寸更小的 Ag 纳米粒子, 溅射方法就提供了这样一种可能.

用于制备 Ag-Cs₂O 光电薄膜的溅射装置由五部分组成：排气系统, 充气系统, 样品管, 电源系统和测试系统. 图 2-13 是溅射装置示意图, 图 2-14 是样品管管形示意图. 排气系统由机械泵、扩散泵、锆石墨泵组成. 锆石墨泵是一种非蒸散型常温消气剂[14], 对惰性气体没有吸收能力, 而对 N_2, CO, CO_2, O_2, H_2 和水蒸气等都有很好的吸收能力, 因此它可以提高系统的静态真空度. 充气系统包括纯 Ar 气的充入控制以及纯 O_2 的产生和充入控制, 在工艺步骤中, Ar 气的充入、抽真空和 O_2 的充入是交替进行的. O_2 可由 $KMnO_4$（高锰酸钾）加热到 300 ℃分解得到：

$$4KMnO_4 = 4MnO_2 + 2K_2O + 3O_2. \tag{2.5}$$

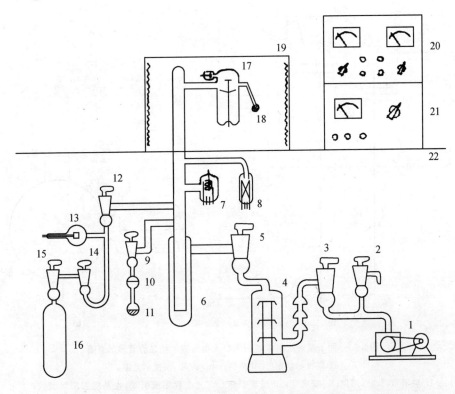

图 2-13　制备 Ag-Cs$_2$O 光电薄膜的溅射装置示意图

1. 机械泵；2. 放气活塞；3. 低真空活塞；4. 扩散泵；5. 高真空活塞；6. 液氮冷凝捕集阱；
7. 电离计规管；8. 热偶真空计管；9. 氧气活塞；10. 气体过滤板；11. 高锰酸钾；12. 隔离活
塞；13. 锆石墨泵；14. 气体限量活塞；15. 氩气活塞；16. 高纯氩气瓶；17. 光电样品管；
18. 铯支管；19. 烘箱；20. 复合真空计；21. 真空电离计；22. 排气台

Ag-Cs$_2$O 光电薄膜溅射制备法工艺大致过程如下[15]：

（1）第一次溅射 Ag，形成光透过率约为 50% 的薄膜；

（2）充入 O$_2$ 进行放电氧化，薄膜变得透明；

（3）第二次溅射 Ag，使薄膜光透过率再次下降到约为 50%；

（4）在 150℃温度下进行 Cs 激活，监视热电流上升到最大，这时阴极已具
有光电灵敏度；

（5）第三次溅射 Ag，对薄膜进行敏化；

（6）经过 O$_2$ 敏化，光电积分灵敏度可以达到 27 μA/lm.

这样一个工艺过程的优点是容易控制 Ag，O 和 Cs 三者的比例，成品率较高.

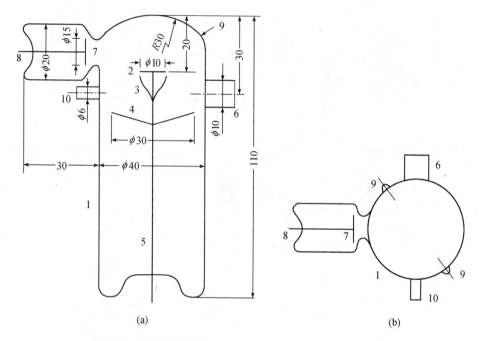

图 2-14   用于溅射法制备 Ag-Cs₂O 光电薄膜的样品管管形示意图

（a）侧视示意图（尺寸单位：mm）；（b）顶视示意图

1. 玻璃管；2. 银丝盘；3. 玻璃套；4. 玻璃挡板；5. 光电管阳极引线，也是溅射阴极引线；
6. 接真空系统；7. 溅射阳极板（Ta 片）；8. 溅射阳极引线；9. 光电管阴极引线；10. 接铯支管

§2.3   薄膜生长机理

薄膜的生长是一个复杂问题，一般要经历以下过程：

外来原子到达基底表面→吸附→原子徙动→原子结合→形成临界核→薄膜生长.

$$\downarrow \qquad\qquad\qquad \downarrow \qquad\qquad \downarrow$$

解吸   不稳定 → 离解

临界核所需要的原子数量取决于原子团中原子间的键能、原子团的原子与基底原子间的键能以及环境条件（如温度、气相）等.

薄膜生长机理有两种主要理论[16~18]：一是成核的毛细作用理论，它是基于热力学基础提出的，适用于较大粒子构成的薄膜生长过程；二是原子成核和生长模型，它是基于统计物理学基础提出的，适用性广，适合解释原子数目较少的粒子成核生长过程，但模型中涉及的一些物理量不易直接测量.

本节将简单介绍薄膜的生长机理，在 §9.3 中再作进一步的讨论.

2.3.1　吸附现象

在通常的蒸发气压下,原子从蒸发源运动到基底并不发生碰撞现象,在运动过程中无能量损耗;当入射原子接近和到达基底时,即进入了基底表面的力场.这样,就可能出现以下几种类型的相互作用:

(1) 反射.此时,原子保持其大部分动能,在基底上只有短暂的"驻留"时间(约 1 ps).

(2) 物理吸附.这一现象只涉及范德瓦尔斯(van der Waals)力,这种力总是出现于任何两个原子或分子彼此接近时.此时,没有势垒需要克服,因此解吸热和吸附热相同(通常低于 10 kJ/mol).

(3) 化学吸附.此时,内聚力与普通化学键时的类型相同,所以化学吸附热较物理吸附热为大.在极端情况下,化学吸附热可高于 100 kJ/mol.在化学吸附之前,常常需要克服势垒,而且在此情况下,需要引入激活能.化学吸附是某些材料组合所特有的现象,而且当吸附物形成一定厚度而不再与吸附表面直接接触时即会停止.

(4) 与已经吸附在表面上的同类原子结合.此时,一个原子被吸附并与基底表面上已有蒸发材料的另一原子相结合.但该原子仍可能有后续的过程发生,包括能量变化(如解吸和表面徙动)或从物理吸附变化为化学吸附.

通常,说明解吸速率与解吸热能关系的方程包含指数项 $\exp(-\Delta H_d/k_B T)$,其中的 ΔH_d 是解吸热能,T 是热力学温度,k_B 为玻尔兹曼(Boltzmann)常数.对于键合较弱(即 ΔH_d 较小)的原子,发生解吸现象的可能性较大.应当指出,当解吸过程的出现时间短于测量时间时,要把反射和解吸两者区别开来是不可能的.

吸附原子在基底表面徙动所需的能量一般低于原子从基底上离去所需的能量.对物理吸附的原子来说,徙动的激活能通常约为解吸能的 1/4.吸附原子通常所具有的能量足以产生相当大的表面徙动,这在基底温度升高时尤为明显.当基底上各个分离的蒸发材料小岛在生长期间出现时,就会发生原子团的横向徙动;当这些小岛相互触及时,即呈现出如液滴似的徙动性.

"黏着系数"(sticking coefficient)这个术语用来体现两种物质相撞而"黏着"的能力.真空蒸发沉积物的黏着系数表示那些发生键合且在基底上"驻留"时间较长的"黏着"的原子与入射原子的数量之比."黏着"的原子通常是指与一个或多个同类原子结合的原子,或者与基底发生化学吸附或化学反应的原子.

由于吸附所发生的能量变化主要决定于已形成的吸附键的强度,同时也在一定程度上决定于源和基底间的温度差,因此等于基底结合能加上与蒸发源材料之间温度差的能量 $(3/2)k_B(T_s-T_b)$(式中的 T_s 和 T_b 分别为蒸发源和基底的温度）.

　　例如,Cd 沉积在玻璃上的情况就说明了上述现象. 对于入射原子的数量给定某一个值,在某温度以上时并不发生沉积现象. 这种情况可解释为:Cd 在玻璃上的吸附热（约 16 kJ/mol）较低,黏着系数趋于零. 这样,在基底温度较高的情况下,入射的原子不是被反射就是被解吸,于是离开表面的原子数等于到达的原子数,不会发生沉积物的纯增加. 如果提高源材料 Cd 的蒸发速率,使大量的蒸发原子在其未被解吸前结合在基底上,沉积过程才会发生. 解吸热量随结合原子数的增加而增大,当整个表面被覆盖以后,解吸热量达到块体 Cd 的数值（约 100 kJ/mol）. 这说明,最初的结合是吸附单独的原子,而且薄膜附着于基底上的情况要视吸附键的强度而定.

2.3.2　成核和薄膜的初期生长

　　关于薄膜生长的机理,人们已进行了大量研究工作. 特别是对于真空蒸发沉积法形成的薄膜的研究很多,这主要是因为在电子显微镜中进行蒸发沉积较易被观测;平均厚度从几纳米到约 100 nm 之间的薄膜,都可用透射显微技术来进行研究. 在蒸发沉积薄膜上所观察到的许多生长情况与用其他薄膜沉积技术（如溅射、电沉积和化学沉积）制备的薄膜生长情况是基本相同的,所以对蒸发沉积薄膜生长的讨论比较详细. 但是,关于单晶薄膜的生长和机理不在此列,它需要更多严格的生长条件.

　　原子结合成原子团后,若尺寸太小,该原子团是不稳定的,可能吸附新蒸发到达的原子,也可能离解并被别的大原子团俘获. 当原子团中的原子数量足够多时,就形成了临界核（称做成核）. 成核后的原子团继续长大,开始了薄膜的初期生长,原子团长大的同时也会出现原子团之间的结合.

　　Hayashi[19]研究了 γ-Al$_2$O$_3$ 薄膜的生长,采用高分辨率 TEM 观察到经 1350 ℃热处理 2 h 的两个原子团靠近后形成连接的“颈”,如图 2-15(a)和(b)所示. 在“颈”的部位,那些原子逐渐重新排列而结合在一起形成较大的原子团,进而形成纳米粒子,如图 2-15(c)所示.

2.3.3　薄膜的形成

　　原子团继续长大,会出现有些粒子连在一起,形成小片状或无规则的带状连通,而有些地方仍然没有原子,这被称为“迷津”结构薄膜,如图 2-16 所示. 外来原子的继续到达使薄膜继续生长,若大于 90％的基底被外来原子覆盖,就称为连续薄膜.

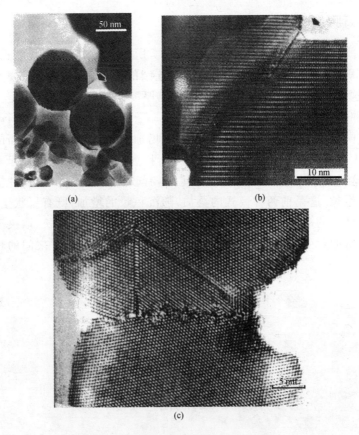

图 2-15 γ-Al_2O_3 薄膜中原子团结合的过程

(a) 原子团间形成"颈";(b) "颈"部位的原子排列;(c) 两个原子团的结合

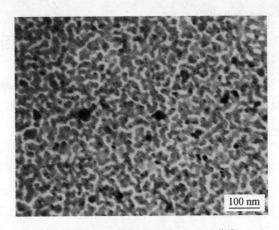

图 2-16 出现"迷津"结构的 Ag-Cs_2O 薄膜

2.3.4　薄膜生长模式

　　纳米薄膜的生长有三种模式,如图 2-17 所示.第一种是层状生长.当原子向基底沉积时,生长的原子团首先形成一连续的膜,然后在第一层膜上再生长第二层,这样一层一层生长下去,形成一定厚度的薄膜.这类薄膜是比较平整的.第二种模式是岛状生长.当基底上形成原子团以后,沉积继续进行,原子团在三维方向长大,不但面积扩大,而且高度增加,形成岛状;当出现新的原子团时,也扩大成岛,岛在基底上不断增多不断扩大,有些岛相互连接起来向连续膜发展.这类薄膜的表面高低不平起伏大,有较大的粗糙度.第三种模式是层状加岛状生长.这是前两种模式的叠加,随沉积量的增加,既有层状生长形成,也有连续层上的岛状生长.究竟什么薄膜材料以什么模式生长,取决于薄膜材料原子自身的相互作用力的大小和薄膜材料原子与基底原子之间的相互作用力的大小.

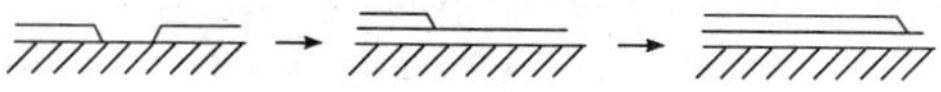

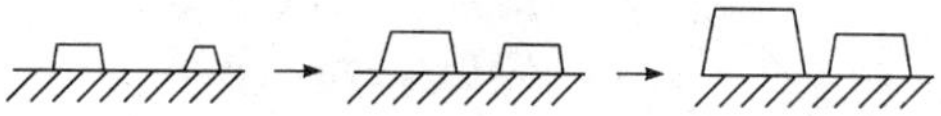

图 2-17　纳米薄膜的生长模式
(a) 层状生长;(b) 岛状生长;(c) 层状加岛状生长

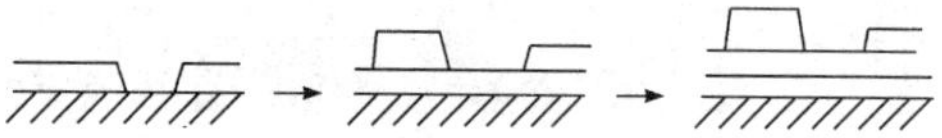

§2.4　影响薄膜生长和性能的一些因素

　　蒸发沉积薄膜的生长和结构,受到下面几个因素的影响,即:基底材料的状况、污染情况以及沉积过程的各个参数.下面将简单地讨论影响薄膜生长和结构的除电性和磁性以外的几个重要因素和参数.

1. 基底材料

　　基底材料的原子结构形式(如单晶、多晶或无定型)会影响薄膜的原子结构形式,特别是基底的晶格常数与生长薄膜材料的晶格常数是否匹配,这对薄膜的生长有较大影响.通常在无定型基底上生长的多晶薄膜具有较弱的晶粒取向.基底的不完善结构(缺陷)也会对薄膜的成核生长有明显的影响.

　　基底和蒸发沉积材料原子间结合力的增强,通常使蒸发沉积原子的表面徙动性降低,初始晶核数量增多和薄膜附着力增强.这些因素影响初始生长期间各小岛的合并、大小和结构.

基底和蒸发沉积薄膜两者的膨胀系数不一致,在工作温度不同于沉积温度时,会在薄膜中产生应力.

2. 基底温度

在薄膜制备前,真空中加热基底有重要作用,它可将基底表面净化,使污染物解吸.

在薄膜生长过程中,提高基底温度可以使已凝聚原子的表面徙动性增大,有可能改变薄膜的晶体结构,例如从无定型结构向多晶结构转变或从多晶结构向单晶结构转变.

相邻层间的原子扩散随温度的提高而增强.这种情况可使蒸发沉积期间多组分的复合薄膜变得更加均匀,但蒸发材料原子解吸的几率也随基底温度的增高而增高.

例如,在液氮温度下的玻璃基底上蒸积 Ag 薄膜是无定型结构的,而在室温下制备较厚的 Ag 薄膜是多晶结构的[15].

3. 污染

造成蒸发沉积薄膜污染的主要来源有:基底带的污染物;真空系统中的残余气体或蒸气;蒸发源材料所释放出的气体;加热器材料释放出的污染物.

基底上一些污染物(如手印)需要用化学试剂进行清洗.基底的污染现象五花八门,针对不同的污染要采用不同的清洗方法.污染的不良后果是蒸发沉积薄膜失去理想的原子结构和性能.

尽管进行严格的净化处理,基底表面还是可能有污染物,这是因为在真空系统外部完成的净化处理不能消除基底表面的吸附气体,吸附分子层需要在超高真空中除去.大多数污染物,包括吸附气体在内,其解吸速率在室温下都是很缓慢的,所以有必要在蒸发沉积薄膜前将基底加热到 200~400 ℃,以有效地除去污染物.

蒸发源材料在真空中会释放出气体,这些气体一般在蒸发温度或接近此温度时就能大量迅速地释放出来.金属材料中包含的气体(1 atm[①],25 ℃)主要是 CO,N_2,CO_2,H_2(有时还有 O_2).对这些金属蒸发源材料的主要除气方法是在制备薄膜前,用挡板挡住蒸发沉积基底,预蒸发一小部分原料使其放气.

4. 蒸积速率

蒸积速率影响薄膜成核时所达到的过饱和度,对成核取向也有影响.在蒸积薄膜开始阶段用较高的蒸积速率,容易提供成核的过饱和度和较高的成核密度.

---

① "atm"是"标准大气压"的单位符号. 1 atm=101 325 Pa.

以不同蒸积速率获得的薄膜,其光学性能可能会有差异.例如,Ag 薄膜的光透过率与薄膜厚度的关系曲线会因蒸积速率的不同而有较大差别[20],如图 2-18 所示.Ag 的蒸积速率高,薄膜厚度形成速率也高,当后者达到 50 nm/min 时,在入射光波长为 480 nm 的情况下,图中的曲线 Ⅰ 出现峰和谷;而当蒸积速率较低,薄膜厚度形成的速率只有 0.5 nm/min 时,曲线 Ⅱ 是单调变化的.

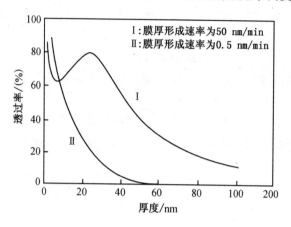

图 2-18　Ag 薄膜的光透过率与薄膜厚度关系曲线

5. 被蒸发原子到达基底的入射角

入射角是指介于基底表面的法线和蒸发原子入射方向之间的夹角.它的大小对形成蒸发沉积薄膜的结构有影响,外来原子在基底表面的徙动方向和速率也受其影响.当原子垂直入射基底时,有可能形成较粗的结构,入射的原子向着源的方向呈柱状生长[21].

6. 到达基底原子的动能

热蒸发沉积时,被蒸发的原子能量遵从麦克斯韦(Maxwell)分布.若蒸发源的等效温度是 1500 K,则典型的能量峰值是 0.2 eV.溅射沉积时,被溅射原子能量分布的峰值在 4 eV 左右.一方面,具有较大能量的原子容易促使所形成的薄膜与基底的结合,它会影响薄膜原子结构.另一方面,到达基底的原子动能大,使原子在基底表面的徙动增加,促进了粒子生长速率,也加速了粒子间的结合,但这样形成的薄膜往往会有缺陷,需经退火热处理才能得到理想的结构.

参 考 文 献

[1]　吴自勤,王兵.薄膜生长.北京:科学出版社,2001. p.321

[2]　吴锦雷,刘惟敏,董引吾等.科学通报,1993,38(3):210

[3]　Wehner G K,Anderson G S. In:L. I. Maissel, R. Glang. ed. Handbook of Thin Film

Technology. New York：McGrow-Hill，1970. chap.3

[4]　Rol P K，Fluit J M，Kistemaker J. Physica，1960，26：1009

[5]　Almen O，Bruce G.. Nucl. Instr. Methods，1961，11：257

[6]　Magnuson G D，Carlston C E. J. Appl. Phys. ，1963，34(11)：3267

[7]　Laegreid N ，Wehner G K. J. Appl. Phys. ，1961，32(3)：365

[8]　Behrisch R，Henrik A H. Sputtering by Particle Bombardment. ed. Ⅱ. New York：Wiley，1984

[9]　Matsunami N，et al. Energy Dependence of the Yield of Ion-Induced Sputtering of Monoatomic Solids. New York：Wiley，1983

[10]　染野檀,安盛岩雄著. 郑伟谋译. 表面分析. 北京:科学出版社,1980. p.353

[11]　Oechsner H. Z. Physik，1970，238：433

[12]　Berry R W，Hall P M，Harris M T. Thin Film Technology. Bell Telephone Lab Series，1968

[13]　陈光华,邓金祥. 新型电子薄膜材料. 北京:化学工业出版社,2002. p.432

[14]　吴锦雷,薛增泉. 真空,1982,3:30

[15]　吴锦雷,刘希清,吴全德. 电子管技术,1983,1:8

[16]　Walton D. J. Chem. Phys. ，1962，37：2182

[17]　薛增泉,吴全德. 薄膜物理. 北京:电子工业出版社,1991

[18]　吴自勤,王兵. 薄膜生长. 北京:科学出版社,2001

[19]　Hayashi C. J. Vac. Sci. Tech. A，1987，5(4)：1375

[20]　Sennett R S，Scott G D. J. Opt. Soc. Am. ，1950，40：203

[21]　Chopra K L，Randlett M R. J. Appl. Phys. ，1968，39(3)：1874

第三章 纳米薄膜材料的表征

在纳米材料的制备过程和性能研究中需要知道有关参量,例如材料的结构状况、成分组成、缺陷分布、能级结构等,这些参量对改善材料制备工艺和提高材料性能具有不可缺少的参考价值.为此,我们可以通过各种分析手段来得到相关信息,这就是纳米薄膜材料的表征技术.

§3.1 薄膜材料的表征技术

3.1.1 主要表征方法和用途

为得到纳米薄膜材料的原子结构,可以采用 X 射线衍射(X-ray diffraction,简称 XRD)、低能电子衍射(low-energy electron diffraction,简称 LEED)、TEM、扫描电子显微镜(scanning electron microscope,简称 SEM)、扫描隧道显微镜(scanning tunnelling microscope,简称 STM)、原子力显微镜(atomic force microscope,简称 AFM)等手段,获知薄膜材料中原子排列是否有序? 若有序,是长程有序还是短程有序? 若是长程有序,它的晶格点阵和晶面间距是如何的? 这些可以通过分析衍射信息而得到.若想知道薄膜材料的原子结构形貌像,可以利用各类显微镜而获得.

要想知道纳米薄膜材料的成分组成情况,可以采用 X 射线光电子能谱学(X-ray photoelectron spectroscopy,简称 XPS)、俄歇电子能谱学(Auger electron spectroscopy,简称 AES)、出现电势谱学(appearance potential spectroscopy,简称 APS)等手段,通过材料受到外界粒子(电子或光子)的轰击而发射电子,分析这些电子所携带的能量信息,确定材料由什么元素组成.通过分析能谱图中谱线的化学位移或物理位移,还能知道更多各元素间相互结合的情况.

纳米薄膜材料的表征除需要研究原子结构外,还要研究其电子结构.电子结构又分能带结构和电子态等.这些研究可以利用紫外光电子能谱学(ultraviolet photoelectron spectroscopy,简称 UPS)、角分解光电子能谱学(angular resolved photoelectron spectroscopy,简称 ARPES)、拉曼(Raman)散射谱等手段来进行.

对材料的原子结构、电子结构和成分的表征手段是多样的,究竟选择哪种表征手段最为合适,要视纳米薄膜材料本身的情况而定.例如,如果纳米薄膜材料的导电性不好,想要获得原子像可以选用 AFM;如果纳米薄膜材料在事先(即已经完成薄膜制备)没有制作好 TEM 的样品,而后来想知道此材料的原子结构形貌像,那么可以选用 SEM 或 STM.

一台表征分析设备往往具有多种功能.例如,TEM 同时具有电子衍射的功能;往往可以同时通过次级电子发射的能量分析来判断样品的成分组成;有的 LEED 设备同时具有俄歇电子能谱仪的功能.

表征设备中的探测源可以是电子束、光子束、离子束或中性粒子.设备中的附加环境可能涉及电场、磁场、超高真空等,有时也需要提供温度(加热或低温)环境.

常用的纳米薄膜材料表征分析方法的名称及主要用途见表 3-1.

表 3-1　常用的纳米薄膜材料的表征分析方法名称及主要用途

表征分析方法名称	英文简称	主要用途
低能电子衍射	LEED	有序原子结构分析
透射电子显微镜	TEM	样品形貌像
扫描电子显微镜	SEM	样品形貌像
扫描隧道显微镜	STM	样品形貌像
原子力显微镜	AFM	样品形貌像
X 射线光电子能谱学	XPS	成分分析
俄歇电子能谱学	AES	成分分析
出现势谱学	APS	成分分析
紫外光电子能谱学	UPS	电子结构分析
角分解光电子能谱学	ARPES	电子结构分析
拉曼散射谱	RAMAN	原子态分析

3.1.2　入射粒子与固体表面的相互作用

当入射粒子(如电子、离子、光子(电磁波)等)与固体表面相互作用后,可产生其自身的透射、散射、反向散射,也可产生样品材料的电子、离子、光电子、光子等发射,如图 3-1 所示.

入射粒子通过与固体的相互作用而散射,可分为以下两种:

(1) 弹性散射.入射粒子和散射粒子的总能量在散射前后是守恒的,它们只是运动方向改变了.

(2) 非弹性散射.入射粒子和散射粒子的总能量在散射前后是不守恒的,总能量的一部分转变为其他能量形式,例如激发出材料中的电子或引起材料的晶格振动等.

一般情况下,若入射粒子速度 u_p 大于材料内部电子轨道运动速度 u_e,则以非弹性散射为主;若 $u_p \ll u_e$,则以弹性散射为主[1].在 AES 和 XPS 中,可以认为非弹性散射是主要的.

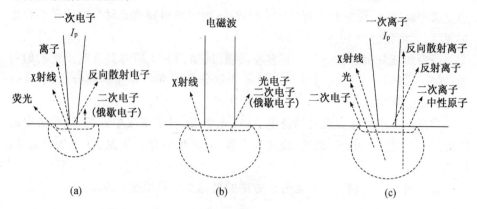

图 3-1　入射粒子与固体表面相互作用的模式图

　　若在能量为 100~10 000 eV 的入射电子作用下,材料中被激发出的次级电子逸出深度约为 0.5~3 nm[2],也就是说,在这个入射电子能量范围所进行的分析是材料表面分析.高能电子或离子入射材料,其激发的深度较深,波及的范围也较大,它可以产生级联效应,除材料表面分析所需要的信息外,还带有材料体内的信息.

§3.2　原子结构的表征

3.2.1　低能电子衍射

　　产生衍射的基本条件是

$$2d\sin\theta = n\lambda, \tag{3.1}$$

式中 d 是晶体的原子层间距离, θ 是粒子入射方向与晶面的夹角, n 是正整数, λ 是入射光子或电子的波长.

　　运动的电子具有波动性,电子束波长 λ 与电子速度 u 间的关系是

$$\lambda = h/mu, \tag{3.2}$$

式中 h 是普朗克常数, m 是电子质量.当电子被电势差 V 加速时,其速度 u 为

$$u = \sqrt{2\frac{e}{m}V}, \tag{3.3}$$

式中 e 为电子电量: $e=1.602\times10^{-19}$ C.由式(3.2)和(3.3)得到

$$\lambda = h\sqrt{\frac{1}{2em}}\sqrt{\frac{1}{V}}, \tag{3.4}$$

再代入数值后得到

$$\lambda = 1.225/\sqrt{V}, \tag{3.5}$$

式中 λ 的单位为 nm, V 的单位为 V. 由式(3.5)可知,在 1 V 电压作用下的电子束波长约为 1.2 nm,在 100 V 电压作用下的电子束波长约为 0.12 nm,在 10 kV 电压作用下的电子束波长约为 0.012 nm. 低能电子(20～1000 eV)的波长与一般无机晶态固体材料的晶格常数接近,发生的衍射角度易于测量,所以 LEED 被广泛采用;而约 10 kV 电压作用下的电子衍射属于高能电子衍射(high-energy electron diffraction,简称 HEED).

1. 晶体衍射的消光条件和重叠条件

二维晶体和三维晶体的衍射条件在很多书中都有介绍,此处不赘述. 需要提到的是,实验中往往在本应符合衍射基本条件的衍射点或衍射环之处没有出现衍射,这很可能是晶体衍射的消光条件和重叠条件造成的.

三维晶体衍射基本条件是

$$
\begin{cases}
a(\cos\alpha - \cos\alpha_0) = H\lambda, \\
b(\cos\beta - \cos\beta_0) = K\lambda, \\
c(\cos\gamma - \cos\gamma_0) = L\lambda,
\end{cases}
\tag{3.6}
$$

式中 a, b, c 分别是晶体三维方向上原子间距, α, β, γ 分别是三维方向上的衍射电子出角角, $\alpha_0, \beta_0, \gamma_0$ 分别是三维方向上入射电子方向与晶面的夹角, H, K, L 是整数(取值均为 $0, \pm 1, \pm 2, \cdots$).

在三维晶体的衍射中,下层晶格的反射电子相位可能与表面层反射电子反相,造成衍射消光. 考虑到消光条件, H, K, L 要满足另外附加的条件才能出现衍射点或环:

(1) 面心立方(face-centered cubic,简称 fcc)晶体材料,要求 H, K, L 全是偶数或全是奇数;

(2) 体心立方(body-centered cubic,简称 bcc)晶体材料,要求 H, K, L 三者相加等于偶数.

在立方晶体中,晶面间距 d 为

$$
d = \frac{na}{\sqrt{H^2 + K^2 + L^2}},
\tag{3.7}
$$

令 $nh = H, nk = K, nl = L$, 则

$$
d = \frac{a}{\sqrt{h^2 + k^2 + l^2}},
\tag{3.8}
$$

式中 h, k, l 称为米勒(Miller)指数.

多晶薄膜材料的 $\sqrt{H^2 + K^2 + L^2}$ 值对应着不同直径的衍射环,但有些环因直径数值太接近而不能分辨,这就是重叠条件. 例如, Ag 是 fcc 结构, Ag 纳米粒子薄膜的衍射环一般能看到 6～8 个,其中有的环粗一点,这可能就是有重叠的环在一起

形成的. 表 3-2 列出了多晶面心立方晶体和体心立方晶体衍射环的计算数值, 从该表的数值可以看到消光条件和重叠条件在衍射环观察中所起的作用.

表 3-2　多晶 fcc 晶体和 bcc 晶体的衍射环计算

fcc 晶体				bcc 晶体			
序号	$H\,K\,L$	$\sqrt{H^2+K^2+L^2}$	备　注	序号	$H\,K\,L$	$\sqrt{H^2+K^2+L^2}$	备　注
1	1 1 1	$\sqrt{3}$		1	0 1 1	$\sqrt{2}$	
2	0 0 2	2		2	0 0 2	2	
3	0 2 2	$\sqrt{8}$		3	1 1 2	$\sqrt{6}$	
4	1 1 3	$\sqrt{11}$	两者重叠	4	0 2 2	$\sqrt{8}$	
5	2 2 2	$\sqrt{12}$		5	0 1 3	$\sqrt{10}$	
6	0 0 4	4		6	2 2 2	$\sqrt{12}$	
7	1 3 3	$\sqrt{19}$	两者重叠	7	1 2 3	$\sqrt{14}$	
8	0 2 4	$\sqrt{20}$		8	0 0 4	4	
9	2 2 4	$\sqrt{24}$		9	0 3 3	$\sqrt{18}$	
10	1 1 5	$\sqrt{27}$	两者重叠	10	0 2 4	$\sqrt{20}$	两者重叠
11	3 3 3	$\sqrt{27}$		11	2 3 3	$\sqrt{22}$	
12	1 3 5	$\sqrt{35}$	三者重叠	12	1 0 5	$\sqrt{26}$	两者重叠
13	0 0 6	6		13	1 3 4	$\sqrt{26}$	
14	2 4 4	6		14	0 4 4	$\sqrt{32}$	

2. LEED 的基本装置

LEED 的基本装置由电子枪、电源、球面栅、荧光屏、样品台和真空系统组成, 如图 3-2 所示.

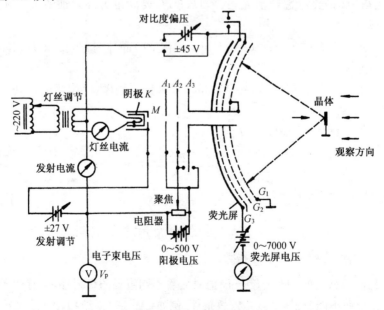

图 3-2　LEED 基本装置示意图

3. 二维晶格的衍射图像与倒易晶格

二维晶格的衍射图像实际上是它的二维倒格点在荧光屏上的投影[3,4]. 倒易晶格(也称做倒格子)平面和实际的二维晶格平面是平行的. 设实际晶格位于 O 点,以 O 点为起点做矢量 $\overrightarrow{OO'}$,长度为 $|\overrightarrow{OO'}| = 1/\lambda$,方向为入射束方向 s_0(s_0 是单位矢量),则

$$\overrightarrow{OO'} = s_0/\lambda. \tag{3.9}$$

以 O 点为球心、$1/\lambda$ 为半径做一球面,这个球面称为埃瓦尔德(Ewald)球面. 先以 O' 点为二维倒易晶格的原点做倒易晶格点阵,再通过这些点阵点做垂线,这些垂线称为倒易晶格杆(也称做倒格子杆). 倒易晶格杆与埃瓦尔德球面相交有交点,从 O 点到交点的方向就是衍射方向,如图 3-3 所示[5].

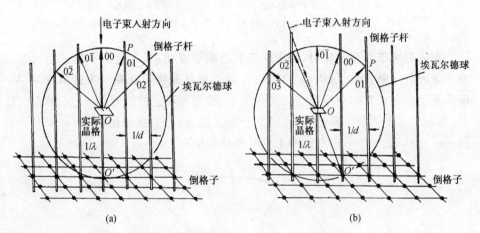

图 3-3　由二维倒格子和埃瓦尔德球确定衍射方向
(a) 电子束垂直入射；(b) 入射电子束斜射

既然衍射方向取决于倒易晶格杆与埃瓦尔德球面的交点,如果样品处于荧光屏的球心,则不难证明荧光屏上的 LEED 图案就是二维倒易晶格的投影. 如图 3-4(a)所示,当电子束垂直入射时,荧光屏上的 A 点对应(00)衍射点,B 点对应(10)衍射点. AB 在平面上的投影 $A'B'$ 为

$$A'B' = r\sin\theta \approx r\frac{|a^*|}{1/\lambda} = r\lambda\,|a^*|, \tag{3.10}$$

式中 r 是荧光屏半径,a^* 是倒易晶格基矢. 当电子束斜入射时,如图 3-4(b)所示,AB 的投影距离为

$$A'B' = r[\sin(\theta_1 + \theta_2) - \sin\theta_1] \approx r\lambda\,|a^*|. \tag{3.11}$$

可见,电子束不论是垂直入射还是斜入射,投影点间的距离 $A'B'$ 基本不变,只是随(00)点平移了一段,从观察窗看到的衍射图案形状是一样的.

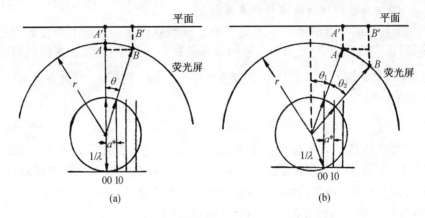

图 3-4 电子束垂直入射和斜入射时电子衍射图案的平移

(a) 电子束垂直入射时衍射点的位置;(b) 电子束斜入射时衍射点的位置

当入射电子能量变化时,LEED 图案会随着变化:当入射电子能量上升时,电子束波长下降,埃瓦尔球半径增大.由于倒易晶格形状和大小是不变的,则倒易晶格杆与埃瓦尔球交点的夹角变小,故荧光屏上的衍射点向中心收缩.反之,当入射电子能量下降时,荧光屏上衍射点散开,衍射点间距离拉大,如图 3-5 所示[6].用以上规律可以判断哪个衍射斑点是中心点.

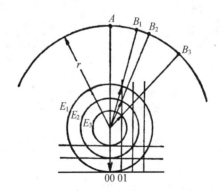

图 3-5 入射电子能量变化($E_1 > E_2 > E_3$)时 LEED 图案的变化

3.2.2 透射电子显微镜

TEM 因具有高放大倍数和高分辨率而被广泛应用,样品的形貌像真实可靠,放大倍数可达 5×10^5 倍,分辨率可达 0.1 nm,是研究材料原子结构的有效仪器设备.它还可以由电子衍射图像配合来分析样品的结晶状况.不过,送入 TEM 中的观测样品是需要特意制备的.

1. 放大的三种工作状态

TEM 由电子枪、样品架、物镜、物镜光阑、选区光阑、中间镜、投影镜和荧光屏组成,其中物镜、中间镜和投影镜构成了成像系统.它有三种放大的工作状态:高放大倍数、中放大倍数和低放大倍数,如图 3-6 所示[6].

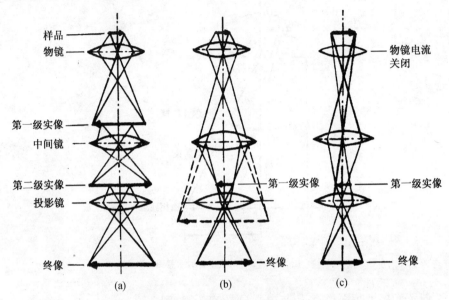

图 3-6　TEM 的三种放大工作状态

(a) 高放大倍数;(b) 中放大倍数;(c) 低放大倍数

　　物镜的放大倍数约几十倍到 100 倍;中间镜有较小的放大倍数,约几倍到 20 倍;投影镜有较大的放大倍数,可放大 300 倍.TEM 在高放大倍数工作状态时,三个电子光学透镜都起放大作用:样品先经物镜放大得到第一级实像,再经中间镜放大得到第二级实像,最后经投影镜放大在荧光屏上得到终像.在中放大倍数工作状态时,先通过改变物镜焦距,使物镜成像于中间镜的下方,中间镜再以物镜像为虚像,形成缩小的实像于投影镜的上方,最后得到总放大倍数为几千至几万倍的终像.在低放大倍数工作状态时,关掉物镜电流,减小中间镜电流,使中间镜起长焦距放大镜的作用,成像于投影镜上方,可得总放大倍数为 50~300 倍的终像.

2. TEM 的电子衍射

　　在 TEM 中,当电子束穿过样品时,电子的透射和衍射都是客观存在的.当物镜光阑加入时,那些透射的电子可以通过,而衍射电子被阻挡掉了.当去除物镜光阑而加入选区光阑时,透射的电子被阻挡,衍射电子可以通过,如图 3-7 所示.

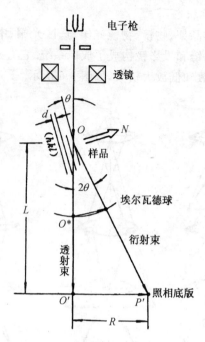

图 3-7　TEM 的电子衍射示意图

若荧光屏上衍射斑点 P' 与中心 O' 距离为 R，则

$$R = L\tan 2\theta \approx L \cdot 2\theta = L\lambda/d, \qquad (3.12)$$

即

$$Rd = L\lambda, \qquad (3.13)$$

式中 L 为样品到荧光屏的距离，由电子显微镜尺寸决定，是已知的，λ 由电子加速电压决定，也是已知的. 因此只要测出 R，即可计算得到样品的晶面距离 d.

3.2.3　扫描电子显微镜

SEM 是最直接研究材料结构的设备之一，它可以不像 TEM 那样需要特意制备样品，只要样品的边长尺寸小于 1 cm 就可以放入 SEM 中进行结构观察. 一般地，SEM 设备都具有可同时进行成分分析的功能，因此获得的信息较多. 不过，SEM 的放大倍数和分辨率不如 TEM 高：放大倍数一般为几万倍，最好的可放大 1×10^5 倍；分辨率一般为 10～20 nm，好的可达到 5 nm.

SEM 的基本工作原理如图 3-8 所示. 它由电子枪、物镜、检测器、显示器和扫描发生器等组成. 首先，从电子枪发出的电子束经两级聚束镜、双偏转线圈和物镜后射到样品上；再用同一扫描信号发生器控制扫描电镜的初级电子束和显示器的显示电子束作同步扫描；然后，样品表面产生的次级电子和背散射电子等各种信号分别接受处理,得到表面结构形貌像和其他信息(如俄歇电子等).若 SEM 中有更多的附加设备,还可以探测特征 X 射线、荧光图像和吸收电子等;选择带有不同信息的次级电子,就可以获得样品结构和成分的不同信息.

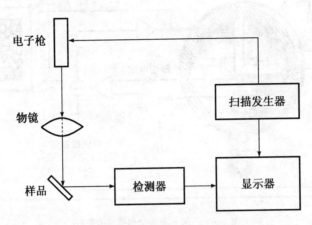

图 3-8　SEM 的基本工作原理方框图

SEM 要求样品具有导电性能,否则样品表面会产生电荷积累而影响对结构的观察和对样品成分的分析.对导电性差的样品,可以在其上喷涂薄层的 Au 或 C 以改进导电性.

3.2.4　扫描隧道显微镜

自从 1981 年 STM 被发明后,就在纳米科学技术发展中发挥了重要作用. STM 的横向分辨率可以达到 0.1 nm,纵向(样品深度方向)分辨率可以达到 0.01 nm,它是目前材料结构分析中分辨率最高的设备. STM 不要求工作在真空条件下,这样对某些样品(如含有水分的生物样品)是非常有利的.不过,STM 要求样品具有一定的导电性,并且 STM 设备对减震要求很高;再有,STM 图像的横向尺寸会因扫描针尖的曲率半径不同而有不同的放大假像.

STM 利用针尖测量导电样品的隧道电流来反映样品表面的结构起伏.由压电效应驱动的针尖在离样品表面 1 nm 范围内加上几伏的偏压,针尖和样品间产生 0.1～1 nA 的隧道电流,隧道电流与表面原子的高低有非常敏感的关系,于是得到表面的原子级形貌像. STM 的基本工作原理如图 3-9 所示[7],它主要由四部分组成:防震系统、扫描系统、控制电路系统和图像显示系统.

当 STM 施加的偏压与样品的逸出功为同一数量级时,隧道电流 J 满足如下关系:

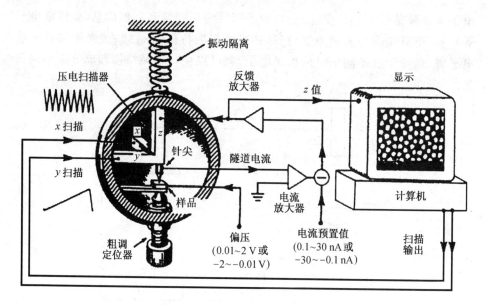

图 3-9 STM 的基本工作原理示意图

$$J \propto \exp(-A\phi^{1/2}S), \qquad (3.14)$$

式中

$$A = \frac{4\pi}{h}(2m)^{1/2}, \qquad (3.15)$$

ϕ 是局域势垒高度, S 是势垒宽度, h 是普朗克常数, m 是电子质量. J 与 ϕ 是指数关系. 设 ϕ 是几个电子伏, $S \approx 1$ nm, 则当 S 改变一个原子台阶的宽度 (0.2~0.5 nm)时, J 将改变约三个数量级, 因此 STM 的纵向分辨率很高.

STM 有两种工作模式[8]: (1) 恒定电流模式(简称恒流模式), 是指通过反馈回路保持电流恒定, 记录下每个采样点压电陶瓷的纵向伸缩情况, 这样得到一个恒定电流的等值面; (2) 恒定高度模式(简称恒高模式), 是指在扫描过程中保持高度不变, 记录下每个采样点的电流值. 恒高模式的特点是扫描速度较快, 可减少噪声和热飘移的影响; 其不足之处在于它仅适合对表面较平坦的样品作小范围的扫描观察; 恒流模式则适用于扫描表面起伏较大的样品, 以及进行大范围的扫描观察; 它的不足之处在于扫描速度受限于针尖在纵向上的运动.

扫描隧道显微技术在 1981~1990 年得到迅速发展, STM 扩展成为一个家族, 出现了 AFM、磁力显微镜(magnetic force microscope, 简称 MFM)、静电力显微镜(electrostatic force microscope, 简称 EFM)、扫描近场光学显微镜(scanning near-field optical microscope, 简称 SNOM)、摩擦力显微镜(friction force microscope, 简称 FFM)等. 其中, 以 STM 和 AFM 应用最为广泛. MFM

是利用磁性针尖和样品表面层磁结构之间的力来确定样品表面的形貌,它的分辨率主要由针尖曲率半径、针尖离样品表面的距离和样品表面平整度决定,在一般的表面光滑情况下,当针尖半径为 10 nm 时,分辨率可达到 50 nm[9]. SNOM 的特点是突破了普通光学显微镜的衍射极限(200 nm),使分辨率提高到 50 nm[10].

3.2.5 原子力显微镜[11,12]

AFM 利用针尖原子和表面原子之间的相互作用力来观察样品表面结构. 它对样品的导电性能没有要求,样品可以是绝缘体材料,因此应用范围很广.

如图 3-10 所示,AFM 的针尖固定在一个微悬臂(长约几百微米、劲度系数约为 $1\sim5$ N/m)上,微悬臂背面有反射镜,一束激光打到反射镜上并被反射到一分为四(A,B,C,D)的光电探测器的对称位置. 针尖受到垂直样品方向的力后,微悬臂绕横向的水平轴转动,$A+B$ 和 $C+D$ 上的信号强度不等,因此可以根据 $(A+B)-(C+D)$ 的信号测定针尖的高度. 当针尖高度改变 0.01 nm 时,反射光的位移可以达到 $3\sim10$ nm,并在探测器上产生足够的信号. 针尖扫描过程中高度改变的信号反馈给控制系统,控制系统调整针尖高度,保证它受到的力(即微悬臂的转动)不变,从而测定样品的表面形貌.

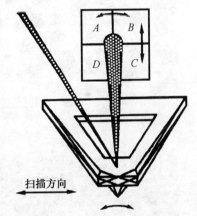

图 3-10　AFM 的基本工作原理示意图

AFM 测定样品的表面形貌有三种模式:接触式、非接触式和轻敲(tapping)式. 用接触式测量时,针尖和样品表面接触,利用针尖原子和样品表面原子之间的排斥力($10^{-12}\sim10^{-9}$ N)控制针尖的高度. 这种模式的优点是横向分辨率可以高达 1.0 nm,缺点是容易损伤样品. 用非接触式测量时,针尖和样品表面之间有一段很小的距离($5\sim20$ nm),利用针尖原子和样品表面原子之间的微弱吸引力控制针尖的高度. 这种模式的优点是不会损伤样品,缺点是横向分辨率较低(比接触式有数量级上的降低). 轻敲式测量集中了前两者的优点,它令针尖在样品表面上方不断振动(振幅一般大于 20 nm),当针尖振动到下方的一小段时间内针尖和样品表面接触(即"轻敲"). 这种模式的横向分辨率也可以高达 1.0 nm,同时几乎不会损伤样品.

3.2.6 溅射法制备的 Ag-Cs₂O 光电薄膜的结构

第二章已经介绍了光电发射功能薄膜 Ag-Cs₂O 的溅射制备法. 我们可以用

各种表征手段对其原子结构进行研究,也对薄膜制备工艺过程中的各个阶段的结构进行研究,以期获得最佳制备条件.

在不同溅射气压下得到的 Ag 纳米粒子大小是不同的,溅射气压越低,Ag 纳米粒子的粒径越小.利用 TEM 可得到如图 3-11 所示的 Ag 纳米粒子薄膜形貌像.在 Ar 气压为 $4×10\,Pa$ 下溅射的 Ag 粒子平均粒径为 50 nm;在 Ar 气压为 $1×10\,Pa$ 下溅射的 Ag 粒子平均粒径为 25 nm;在 Ar 气压为 2 Pa 下溅射的 Ag 粒子平均粒径为 20 nm;在 Ar 气压为 $4×10^{-1}\,Pa$ 下溅射的 Ag 粒子平均粒径为 10 nm.

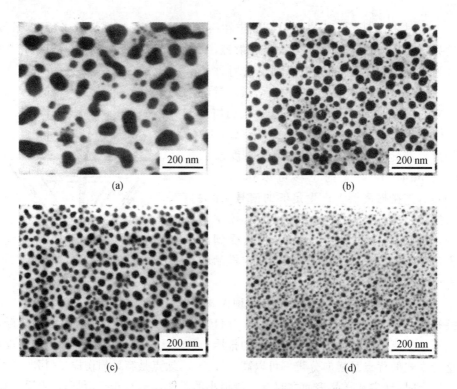

图 3-11　不同溅射气压下获得的 Ag 纳米粒子薄膜 TEM 形貌像
(a)~(d) 中的 Ar 气压分别为 $4×10\,Pa$,$1×10\,Pa$,2 Pa,$4×10^{-1}\,Pa$.

在 Ag 的氧化过程中,其氧化程度(过氧化或欠氧化)对光电发射灵敏度有很大的影响.图 3-12 是过氧化条件下 Ag 粒子形成的树枝状结构.

图 3-13 是 Ag-Cs_2O 光电发射薄膜的结构和相应的衍射图.由图 3-13(b)可知该薄膜是多晶结构,从衍射环的直径大小可分析出薄膜含有 Ag_2O 粒子和 Ag 粒子.

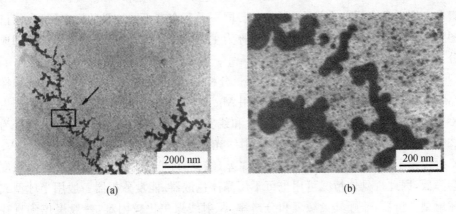

图 3-12　Ag 薄膜在过氧化下条件形成的树枝状结构
(b) 是(a)中箭头所指区域的局部放大.

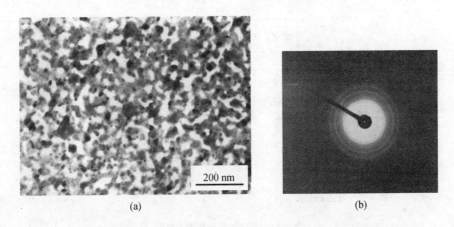

图 3-13　Ag-Cs$_2$O 光电发射薄膜结构的形貌像(a)和相应的衍射图(b)

§3.3　薄膜成分的表征

3.3.1　X 射线光电子能谱学

　　XPS 学主要应用于成分分析和化学状态分析,通过测定谱峰的化学位移可以获得材料化学状态信息. 它的基本工作原理是:当材料表面原子中的某电子壳层受到 X 射线光子激发时,电子克服束缚能逸出表面,通过测定该电子带有的特定能量可确定元素成分. 受激逸出的光电子所具有的能量 E_k 满足下式:

$$E_k = h\nu - E_b, \tag{3.16}$$

式中 $h\nu$ 是 X 射线光子的能量,它是已知的,E_b 是激发电子需要的能量,不同元素和不同电子壳层的电子束缚能不同. 同一元素会有不同能量的光电子, 在能谱图上表现为多个谱峰, 其中最强的峰称为主峰, 通过它们的相对位置易于识别成分.

XPS 的实验系统由 X 射线源、能量分析器、光电子探测部分、真空系统和样品室等组成, 如图 3-14 所示. 一般使用 Mg 或 Al 作为靶材接受电子轰击来产生 X 射线, 所产生的 X 射线光子的能量和线宽分别为: Mg 的 X 射线光子能量为 1253.6 eV, 线宽为 0.7 eV; Al 的 X 射线光子能量是 1486.6 eV, 线宽为 0.8 eV. X 射线光子经晶体色散器后, 光子能量差(线宽)可低于 0.16 eV, 但 X 射线强度会降低, 因此视具体情况可用也可不用晶体色散器. 能量分析器一般用半球型或球扇型分析器, 兼顾其灵敏度和分辨率. X 射线聚焦比较困难, 一般聚焦到直径束斑约为 0.5 mm, 它不适用于微区分析; 目前较好的 X 射线可聚焦到直径为几十微米束斑.

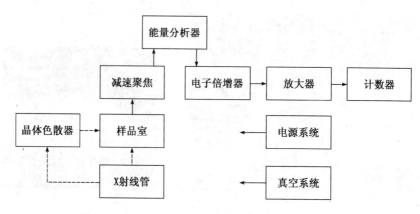

图 3-14　XPS 的实验装置方框图

3.3.2　俄歇电子能谱学

AES 是广泛使用的表面分析方法. 它的特点是: 电子束可以聚焦到非常细的束斑(较好的电子束斑的聚焦直径约为 30 nm), 有很强的微区分析能力; 电子束也容易被偏转控制来对样品表面扫描, 实现二维分析.

1. 基本原理

对一个多电子的原子, 考虑到自旋-轨道耦合, 电子的状态可以由主量子数 n、角量子数 l、电子自旋与轨道角动量合成的总角动量量子数 j、自旋角动量量子数 m_j 来表示, 其中

$$j = \begin{cases} l \pm 1/2, & l \neq 0, \\ 1/2, & l = 0, \end{cases}$$

而 $m_j = -j, -j+1, \cdots, j-1, j$. 当 $n = 1, 2, 3$ 时, 各状态可填充的电子数和相应的能级符号列于表 3-3.

表 3-3 原子各状态可填充的电子数和相应的能级符号

n	1	2			3				
l	0	0	1		0	1		2	
j	1/2	1/2	1/2	3/2	1/2	1/2	3/2	3/2	5/2
电子数	2	2	2	4	2	2	4	4	6
符号	K	L_1	L_2	L_3	M_1	M_2	M_3	M_4	M_5

如果用一定能量的电子轰击原子,使内层电子电离,内层就出现一个空位. 这个被电离的原子退激,可以有以下两种方式:

(1) 一个位于较高能量电子态的电子填充此空位,同时发出特征 X 射线.

(2) 一个电子填充此初态空位,同时激发另一个电子脱离原子发射出去. 这是无辐射跃迁过程,称为俄歇效应,发射出去的电子称为俄歇电子. 例如,K 能级有初态空位,L_1 能级上的电子来填充,同时 L_3 能级上的一个电子被激发出去,这就是 KL_1L_3 俄歇跃迁,如图 3-15 所示. 其中,第一个字母表示初态空位所在能级,第二个字母表示哪个能级上的电子用来填充空位,第三个字母表示哪个能级上的电子被发射成为俄歇电子.

图 3-15 KL_1L_3 俄歇跃迁

2. 微分法

俄歇电子是次级电子发射中的极小部分,它被强大的次级电子发射噪声所湮没. 为了把微弱的俄歇电子信号从强大的背景噪声中提取出来,必须使用微分法. 在谱图中,微分法把相对平直的背景噪声变为零,俄歇峰变成了正、负两个峰;一般用负峰来识别元素,用正、负峰的高度差代表俄歇电子的信号强度.

微分法是由锁定放大器来执行的. 锁定放大器送出一个参考信号来调制能量分析器的扫描电压,这样从能量分析器输出的电子能量 E 带有微小的变量 ΔE,即

$$E = E_0 + \Delta E = E_0 + k\sin\omega t, \tag{3.17}$$

式中 E_0 是未经调制的原电子能量,k 是参考信号的调制幅度,ω 是参考信号的交变角频率. 次级电流 I 是 E 的函数(即 $I(E)$),用泰勒(Taylor)级数展开,得到

$$I(E) = I(E_0) + \frac{dI}{dE}\bigg|_{E_0}(\Delta E) + \frac{1}{2}\frac{d^2I}{dE^2}\bigg|_{E_0}(\Delta E)^2 + \frac{1}{6}\frac{d^3I}{dE^3}\bigg|_{E_0}(\Delta E)^3 + \cdots.$$

(3.18)

上式可写成

$$I(E) = I(E_0) + I_1\sin\omega t + I_2\sin(2\omega t) + \cdots,$$

(3.19)

式中 I_1 为基波分量:

$$I_1 = k\frac{dI}{dE}\bigg|_{E_0} + \frac{1}{8}k^3\frac{d^3I}{dE^3}\bigg|_{E_0} + \cdots.$$

(3.20)

如果 k 足够小,则

$$I_1 \approx k\frac{dI}{dE}\bigg|_{E_0} \propto k\frac{d[EN(E)]}{dE}\bigg|_{E_0},$$

(3.21)

式中 $N(E)$ 是通过能量分析器的电子数目. 因为 $N(E)$ 是一个很大的数,所以可把 $d[EN(E)]/dE$ 近似看做为 $dN(E)/dE$.

图 3-16 是 Palmberg[13]首次在筒镜式能量分析器(cylindrical mirror analyzer,简称 CMA)中引入锁定放大器输出的参考信号,来进行微分法测量 AES 的实验装置示意图.

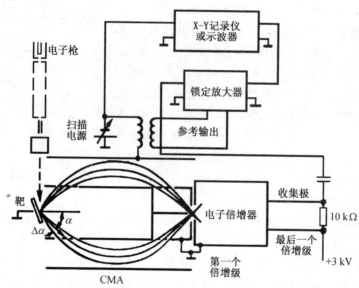

图 3-16　AES 的实验装置示意图

3. 俄歇电子的平均逸出深度

初始俄歇电子从产生处向表面运动,可能会受到弹性或非弹性散射,运动方向也可能发生变化. 如果是非弹性碰撞,初始俄歇电子能量改变后失去所携带的元素特征信息,也就不再是俄歇电子了,所以俄歇电子有一个平均自由程.

若有 N 个初始俄歇电子,在材料中经 dz 距离损失了 dN 个,那么 dN 与 N 及 dz 成正比.引入一个系数 λ,则

$$dN = -\frac{1}{\lambda} N dz, \qquad (3.22)$$

式中的负号表示减少.对上式进行积分并代入初始条件:当 $z=0$ 时, $N=N_0$,得到

$$N = N_0 \exp(-z/\lambda). \qquad (3.23)$$

由该式可知,经历 3λ 路程后,初始俄歇电子只剩下约 5%,可以近似认为初始俄歇电子被全部衰减了. λ 称为俄歇电子的平均自由程.如果 z 代表垂直于材料表面并指向逸出方向,则 λ 就是俄歇电子的平均逸出深度.

实验得到,俄歇电子的 λ 约为 $0.5\sim2$ nm. 图 3-17 是各种元素具有 $10\sim1500$ eV 能量的俄歇电子的平均逸出深度 λ.实验曲线表明, λ 近似与元素无关,因此该曲线也称为普适曲线.大约在俄歇电子能量为 $75\sim100$ eV 处, λ 有一最小值.

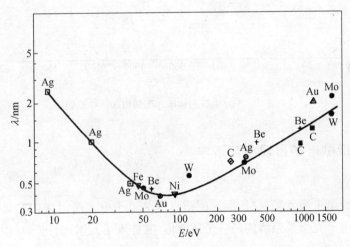

图 3-17　俄歇电子的平均逸出深度 λ 与其能量 E 的关系曲线

4. 定性分析

图 3-18 是当入射电子能量为 $E_p=3$ keV 时, SiO_2 中 Si 的标准 AES 谱图.一张 AES 谱图中有多个谱峰,通过把它们与标准谱图进行比对,来识别元素成分.这种定性分析的步骤大体如下:

(1) 对照标准谱图,先确定最强峰的元素.若是化合物,可能存在谱峰的化学位移,因此峰的能量数值与标准数值差几个电子伏是常出现的.

(2) 依据强峰判断的元素一般还会存在弱峰,因此可以把这些弱峰也找出来.

(3) 多次反复比对后,如果还有峰未被确定,那么可能是一次电子损失能量

后的损失峰. 通过改变入射电子能量, 看峰是否移动, 若移动, 它就不是俄歇峰.

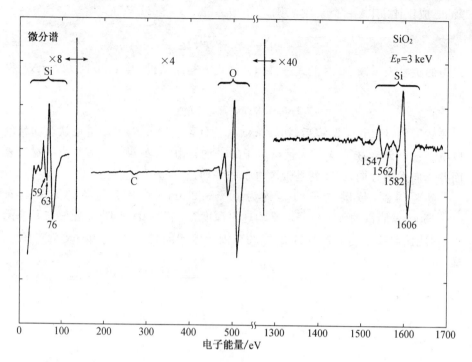

图 3-18　SiO$_2$ 中 Si 的标准 AES 谱图($E_p = 3\,\text{keV}$)

3.3.3　俄歇电子出现电势谱学

1. APS

当初级电子激发靶材时, 刚好使靶材中的电子电离所对应的初级电子能量是靶材中电子克服某束缚能的一个阈能值. 它体现了元素的特征, 可以用来分析元素成分, 这就是 APS.

APS 主要有三种: 软 X 射线出现电势谱学(soft X-ray appearance potential spectroscopy, 简称 SXAPS)、俄歇电子出现电势谱学(Auger electron appearance potential spectroscopy, 简称 AEAPS)和消隐出现电势谱学(disappearance potential spectroscopy, 简称 DAPS).

SXAPS 也称做特征 X 射线出现电势谱. 它由能量连续变化的初级电子作为激发源, 使靶材中产生芯能级空位, 在退激过程中产生特征 X 射线, X 射线照射光电阴极产生光电子. 当刚检测到产生光电子时, 对应的入射电子能量就是 SXAPS.

AEAPS 的基本原理与 SXAPS 相近, 只是检测信号的对象不同. 由能量连续变化的初级电子作为激发源,使靶材中产生芯能级空位,在退激过程中会产生俄歇电子.当刚检测到靶材产生俄歇电子阶跃时,对应的入射电子能量就是 AEAPS.

在 AEAPS 中,靶材发射的次级电子由收集极接收,但信号检测来自靶材.如果把 AEAPS 的信号电流检测从靶材改换到收集极,于是当靶材在俄歇电子阶跃产生时,收集极的电流信号会有一减少(电子运动方向与电流方向相反),这就是 DAPS.

2. AEAPS 的获得

AEAPS 的实验装置示意图如图 3-19 所示,它由样品管、扫描电源、锁定放大器和 X-Y 记录仪等组成[14].

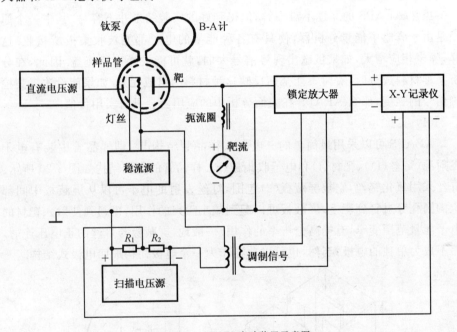

图 3-19　AEAPS 实验装置示意图

当 AEAPS 的入射电子能量增大时,次级电子造成的本底噪声电流呈指数上升,经一次微分后的本底电流是斜的,必须经二次微分,才可能使本底电流大致为零.这就是 AEAPS 的二次微分法. AEAPS 的信号是一个阶跃,经二次微分后是一个有正、负峰的信号,信号强度为正、负峰值之差的相对高度,出现势的能量一般指负峰对应的能量.

3. AEAPS 的特点

AEAPS 的特点如下:

(1) 测量装置很简单.它无需电子枪,也无需电子能量分析器,除锁定放大器外,使用的仪表都是通用仪表,如直流电压源、扫描电源、稳流源、低频信号发生器等,因此很容易开展实验工作.

(2) 分辨率相对于 X 射线光电子谱要高.只要信号调制电压和灯丝电压选择合适,电子的 APS 分辨率可为 $0.3\sim0.5\,eV$.

(3) 分析的样品可在真空环境中制备并直接进行 APS 的实时实位测试.这对于那些不适合暴露于大气的样品最有意义.

(4) 对过渡族元素灵敏度很高.例如分析 Cr,Fe,Ni,Sc,La,Nd 等元素,可以得到丰富的谱线,所以 AEAPS 很适合分析含有过渡元素的样品.

(5) 缺点是对贵金属灵敏度低,不适合分析 Au,Ag,Cu 等元素.

4. AEAPS 与次级电子发射[15]

虽然 AEAPS 的原理不难理解,但得到好的实验结果并不容易.其中一个原因是由于省略了能量分析器,使具有各种能量的电子都能被收集极所接收.这样,噪声相应增大,如果俄歇出现势信号太弱,就可能被噪声所掩盖.因此,在分析某种材料成分时,有时不能全面反映这种材料的组成元素.如果能设法提高检测信号的强度,那么 AEAPS 在表面分析中的应用就会具有实用价值.

(1) 实验.

AEAPS 可以采用最简单的三电极式样品管结构[16],即样品管中装有电子发射源(灯丝(f))、靶材(t)和电子收集极(c).样品管的电极结构如图 3-20 所示.灯丝采用氧化钇丝,它被屏蔽板(s)包围,灯丝发射的电子可以从屏蔽板中间部位的圆孔穿过打到靶上.屏蔽板可以起到减小噪声的作用,也起到使射入靶材的电子能量范围变窄,有提高分辨率的作用.一般地,屏蔽板与灯丝的正电压连通,而不成为单独的电极;当然,也可以单独作为一个电极而构成四电极式结构.

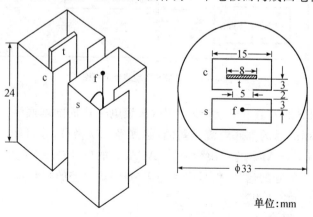

单位:mm

图 3-20   AEAPS样品管的电极结构

c 为收集极,s 为屏蔽板,t 为靶,f 为灯丝.

为了比较不同收集极材料对检测信号强度的影响,我们通常都是把两个样品管连接在一起,这样,真空条件等因素完全相同,便于比较.同时,为了获得超高真空,样品管的旁边还接入一个小钛泵和一个 B-A 电离计管.当样品管从真空排气台上封离之后,使钛泵和电离计管工作,样品管的真空度可达到 1.3×10^{-6} Pa.

用某种以 Cr 为主要含量的不锈钢为靶材,测量不锈钢中的 Cr 元素,收集极分别用 Cu,Ni,Ta,Ti 等材料,测试条件完全相同,得到如图 3-21(a)～(d)所示的一组曲线.由 Cu 材料收集极得到的实验曲线表现出噪声大、信号强度低;由 Ni 材料收集极得到的实验曲线噪声不太大,但信号强度也还是低;由 Ta 材料收集极的实验曲线信噪比较好;由 Ti 材料收集极的实验曲线表现出的信噪比最好.这四种收集极测到的 Cr 峰位置是相同的:L_3 位于 576 eV 处,L_2 位于 585 eV 处,其中 L_3 峰高(即 L_3 信号强度)H 的比值为

$$H_{Ti} : H_{Ta} : H_{Ni} : H_{Cu} = 10 : 8.0 : 1.1 : 1.0. \tag{3.24}$$

这四种收集极材料在纯净情况下的次级电子发射系数的最大值 δ 分别是[17]

$$\delta_{Ti} = 0.9, \quad \delta_{Ta} = 1.3, \quad \delta_{Ni} = 1.27, \quad \delta_{Cu} = 1.29.$$

纯净 Cu,Ni 和 Ta 材料的次级电子发射系数虽然差别不大,但是实验中,样品管中这三种材料的次级电子发射系数与文献给出的数据有差别,这是因为样品管在装配完毕之后要经过玻璃热封接,使得经过清洗处理的收集极在大气中因受热而产生不同程度地氧化,氧化材料的次级电子发射系数会不同程度地变大.按照化学性质的规律,在这三种材料中,Ta 稳定性好些,虽经过热封接,但 δ 改变不会太大;Cu 和 Ni 经过热封接,δ 改变后会超过 Ta 的数据,所以在实验中这四种材料 δ 的关系为

$$\delta_{Ti} < \delta_{Ta} < \delta_{Ni} < \delta_{Cu}. \tag{3.25}$$

比较式(3.24)与(3.25)可以看到,由次级电子发射系数小的材料做成收集极所得到的 AEAPS 信号强度大.

利用这样一个结论,采用次级电子发射系数小于 1 的 Ti 作为收集极来分析某种不锈钢的成分,实验中测到的谱峰很丰富,含有以下元素:C,Ca,Ti,Cr,Mn,Fe,Co,Ni 等,如图 3-22 所示.如果用次级电子发射系数大于 1 的其他金属制作收集极,探测不到这么多的谱峰.

(2) 实验结果的分析.

这里,靶电子流 I 定义为入射靶的初级电子流 I_f 与靶的次级电子流 I_s 之差(与电流的定义差一负号).靶的初级电子流 I_f 是单位时间内所有打到靶上的电子数,它包括:

① 单位时间内灯丝热发射打到靶上的电子,记为 I_h,

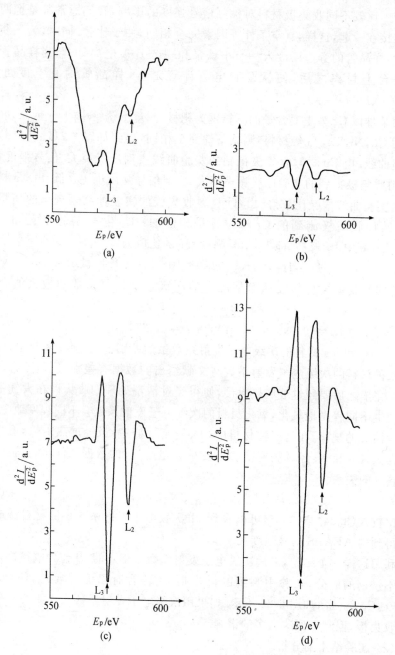

图 3-21　不同收集极测量 Cr 的 AEAPS

(a) Cu 收集极；(b) Ni 收集极；(c) Ta 收集极；(d) Ti 收集极

①　"a. u."表示任意单位.

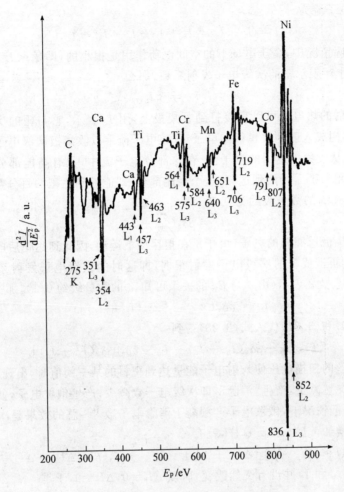

图 3-22 采用 Ti 收集极测量的不锈钢 AEAPS

② 从收集极返回而打到靶上的电子,记为 I_r,

③ 因空间电荷作用而返回到靶的电子,记为 I_e,

由此得到

$$I_f = I_h + I_r + I_e. \tag{3.26}$$

靶的次级电子流 I_s 是单位时间内所有从靶上离开的电子数,它包括:

① 灯丝热电子发射打到靶上而产生的次级电子,记为 I_{hs},包括弹性反射电子和激发的俄歇电子等,

② 由从收集极返回的电子产生的次级电子,记为 I_{rs},

由此得到

$$I_s = I_{hs} + I_{rs}. \tag{3.27}$$

所以,靶电子流为

$$I = I_f - I_s = I_h + I_r + I_e - I_{hs} - I_{rs}. \tag{3.28}$$

在实际情况中,高压电场下的空间电荷作用是很小的,即 $I_e \ll I_h$,所以 I_e 可以忽略.用 δ_t 表示靶的次级电子发射系数,那么

$$I_{hs} = \delta_t I_h. \tag{3.29}$$

从灯丝发射的热电子可以直接打到收集极上,用 I_c 表示,它与靶的次级电子发射 I_{hs} 一起构成入射到收集极的电子流.该电子流乘以收集极次级电子发射系数 δ_c,即构成从收集极返回的电子流.在这部分电子流中,只有高能部分可以克服收集极到靶的拒斥场而到达靶,这个高能部分(即能够到达靶的百分数),我们用系数 β 表示(β 的数量级约为 0.1),那么

$$I_r = \beta \delta_c (I_{hs} + I_c). \tag{3.30}$$

对于从收集极返回靶的电子,由于是在拒斥场下运动,因此到达靶后电子的能量很低,它们再造成靶的次级电子发射很弱,即这时的次级电子发射系数恒小于 δ_t,我们用系数 α 表示(由 δ 与 E_p 的关系可知,α 的数量级约 0.1),那么

$$I_{rs} = \alpha \delta_t I_r = \alpha \delta_t [\beta \delta_c (I_{hs} + I_c)]. \tag{3.31}$$

将式(3.30)和(3.31)代入式(3.28)得到

$$I \approx I_h + \beta \delta_c (I_{hs} + I_c) - I_{hs} - \alpha \delta_t [\beta \delta_c (I_{hs} + I_c)]. \tag{3.32}$$

当灯丝的扫描电压使入射电子能量达到靶材的某一阈值时,出现两种效应:反弹电子突然减少,产生"消隐",即次级电子数减少;产生俄歇电子,使次级电子数增加.一般情况下,俄歇电子产额高于消隐电子数[18],总的效果是次级电子流有一微小增加,记为 ΔI_{hs}.这样,就有

$$\Delta I \approx \Delta I_h + \beta \delta_c (\Delta I_{hs} + \Delta I_c) - \Delta I_{hs} - \alpha \delta_t [\beta \delta_c (\Delta I_{hs} + \Delta I_c)]. \tag{3.33}$$

在阈值处,I_h 和 I_c 并没有突然改变,所以 $\Delta I_h = 0$,$\Delta I_c = 0$,于是

$$\Delta I \approx \beta \delta_c \Delta I_{hs} - \Delta I_{hs} - \alpha \delta_t \beta \delta_c \Delta I_{hs}. \tag{3.34}$$

由于俄歇电子的产生使次级电子流的增加,它与靶电子流定义的方向相反,那么式(3.34)可写为

$$\Delta I \approx -(1 - \beta \delta_c + \alpha \delta_t \beta \delta_c) \Delta I_{hs}. \tag{3.35}$$

由于 α 和 β 的数量级都约为 0.1,从而有 $\alpha \delta_t \beta \delta_c \ll 1$,该项与 $\beta \delta_c$ 相比可以忽略,因此

$$\Delta I \approx -(1 - \beta \delta_c) \Delta I_{hs}. \tag{3.36}$$

因为收集极的次级电子流发射的变化是由于靶电子流变化造成的,所以式(3.36)中的 $\beta \delta_c$ 满足

$$0 < \beta \delta_c < 1, \tag{3.37}$$

即在式(3.36)中,$\beta \delta_c$ 越小,ΔI 的绝对值越大.

对式(3.36)的物理解释是:在靶材的出现势阈值处,产生一个俄歇电子流

的阶跃 ΔI_{hs},那么入射到收集极的电子也就有了一个增量;相应地,收集极的次级电子发射也产生增量.于是,返回到靶的电子也产生增量,这个返回电子的增量将抵消一部分俄歇电子的阶跃.当收集极材料不同时,若收集极的次级电子发射越多,抵消越多;若收集极的次级电子发射越少,抵消越少,于是靶流的阶跃 ΔI 就越大,信号越强.

如果收集极电压为 1200 V,靶的俄歇电子的能量假设为 600 eV,那么俄歇电子到达收集极时的能量为 1800 eV.根据参考文献[17],在约 2000 eV 能量的电子轰击下,所产生的次级电子中能量高于 50 eV 的所有电子总和约占 28%.按照次级电子发射能量分布曲线,可以认为能量高于 1200 eV 的电子约占 5%~20%. β 对不同的材料是不同的,特别是其中弹性反射部分的高能电子随材料的原子序数增大而增大,因为这部分反弹电子是因初级电子和材料的原子核作用基本上不损失能量而逸出的.综合上述两个因素,作为一种估计,可以取 $\beta_{Ti} \approx 0.05, \beta_{Ta} \approx 0.2$.

可见,收集极材料的次级电子发射直接影响电子出现势阈值处电子流的变化,即用具有较小次级电子发射系数的材料做收集极,可以提高 AEAPS 的信号强度.

5. 二极式测量 AEAPS[19,20]

(1) 实验原理.

通常,测量 AEAPS 需要多电极,至少需要三个电极,即电子发射源、靶材(样品)以及电子收集极.如果缺少了收集极,靶材发射的次级电子打到样品管的玻璃壁上,玻璃又再次发射次级电子,产生的噪声将掩盖 AEAPS 的阶跃.为了解决这个问题,可以在电子发射源和靶材两电极的周围加入屏蔽套,样品接地,屏蔽套也接地,所以是同一个电极.屏蔽套并不是电子收集极,但它会产生"吸收效应".

当样品受到电子流 I_{in} 轰击时,将产生次级电子流 I_1;假设它们全部到达屏蔽套,那么屏蔽套受到 I_1 的轰击后也会有次级电子流 I_{21}, I_{21} 又要返回到样品.另外,样品和屏蔽套是经电流表(用于测量靶流)连通的,所以也有一部分电子流 I_{22} 经电流表流回样品,如图 3-23 所示.在正常情况下,电子流处于平衡状态,即

$$I_1 = I_{21} + I_{22}. \tag{3.38}$$

当电子源与样品之间的扫描电压变化到出现电势产生时, I_1 出现了微小的阶跃 ΔI_1.此时,原来平衡时电子流动的两条渠道中会产生不同的效应:一条渠道是经连通的电流表 (I_{22}).由于 I_{22} 的作用,电流表两端有一小的电势差,该电势差对微小增加的电子出现势 ΔI_1 有拒斥场作用.另外,样品与屏蔽套材料不同,会产生接触电势差,我们可以适当地选择屏蔽套基底材料,使产生的接触电势差对微小增加的 ΔI_1 也有拒斥场作用.这样,尽管从宏观上看样品和屏蔽套都接地,但微观上,瞬间微小的电子出现势 ΔI_1 是存在电势差的, ΔI_1 不易从这条渠道流过,即

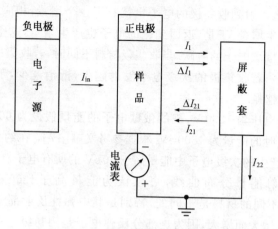

图 3-23　二极式结构测量 AEAPS 的实验原理

$$\Delta I_{22} \approx 0. \tag{3.39}$$

另一条电子流动渠道是屏蔽套受到 ΔI_1 的轰击而产生次级电子 ΔI_{21}, ΔI_{21} 返回样品会抵消 ΔI_1 的变化. 如果屏蔽套材料的次级电子发射系数小于 1, 那么

$$\Delta I_{21} < \Delta I_1. \tag{3.40}$$

这样, 返回样品的瞬间电子不能抵消掉 ΔI_1 的变化, 于是就可以测量到 AEAPS 的信号.

(2) 实验结果.

几种二极式样品管的结构示意图如图 3-24 所示. 屏蔽套材料可以是 Ti, 也可以在其他材料表面涂覆石墨, 关键是要使次级电子发射系数小于 1. 图 3-24(a) 的结构是由单个普通屏蔽套 (s) 组成的二极式结构, 灯丝 (f) 是热电子发射源; 图 3-24(b) 的结构是用两个屏蔽套把灯丝与靶 (t) 隔离开; 图 3-24(c) 的结构用于热场致发射, 在圆弧状的钨丝中部点焊了一段钼镧丝, 用电解方法把钼镧丝腐蚀成针尖.

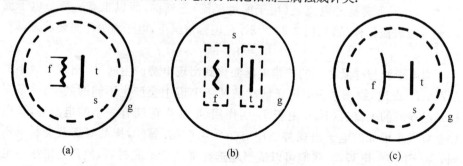

图 3-24　二极式样品管结构示意图

(a) 普通屏蔽套二极式结构; (b) 隔离式屏蔽套二极式结构; (c) 针尖热场致发射二极式结构

t 为靶, f 为灯丝, g 为玻璃壁, s 为屏蔽套.

测试条件是:锁定放大器灵敏度为 $10\,\mu V$,时间常数为 $1\,s$,扫描电压速率为 $0.2\,V/s$,靶流为 $40\,\mu A$.样品管中的屏蔽套若不接地,则测不到任何信号,只有噪声.靶材是以 Cr 为主要成分的不锈钢,当屏蔽套接地后,可以获得如图 3-25 所示的 AEAPS.这是 Cr 的 L_3 能级和 L_2 能级的出现电势.热场致发射二极式结构的 AEAPS,在 577 eV 和 586 eV 处出现峰值(与图 3-21 相比,有 1 eV 的物理位移).

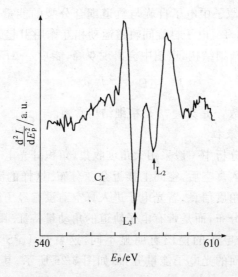

图 3-25　二极式结构测量 Cr 的 AEAPS

采用隔离式屏蔽套结构时,AEAPS 的信号强度比普通屏蔽套式结构的要大,信噪比得以提高.从二极式结构 AEAPS 的实验结果可以得到结论:仅仅存在一个电子源和一个样品靶的两电极结构,可以用来进行成分的表面分析.

§3.4　电子结构和原子态的表征

3.4.1　紫外光电子能谱学

1. UPS 的特点

XPS 的光源能量范围是 $100 \sim 10\,000$ eV,而 UPS 的光源能量范围只有 $10 \sim 40$ eV.因光子能量小,则所激发的光电子主要涉及原子中的价电子,且激发的光电子逸出的深度也小,因此 UPS 对浅层表面状态更灵敏.紫外光源自身的谱线宽度很窄(只有 0.01 eV 左右),因此 UPS 可以获得样品中电子结构信息,从而获得能带精细结构.

UPS 的紫外光源一般由惰性气体放电产生,He 的放电共振线是 21.22 eV 和 40.81 eV;Ne 的放电共振线是 16.85 eV 和 26.91 eV.

当原子中的一个电子被激发电离时,形成的离子处于非平衡状态.这个离子可能振动或转动,这种运动的能量仅 0.1 eV 左右,它要影响激发出来的光电子能量,在 XPS 中不能分辨这种影响,而在 UPS 中则可以分辨这种振动能量,即在结合能峰上会叠加一串振动峰,这就构成振动与转动能谱.

UPS 可以测量原子中电子自旋与轨道耦合分裂的能量,角动量 P_j 所对应的量子数为 $j=l\pm1/2$. 电子自旋同轨道运动相互作用引起旋进,这个附加运动的能量产生能级精细结构,谱图中会出现双峰,能量差 ΔE 为

$$\Delta E = \frac{3}{2}hc\rho, \tag{3.41}$$

式中 h 是普朗克常数,c 是光速,ρ 是精细结构常数.

2. 能带结构的表征

在光电子能谱分析中一般采用大角度收集(角积分光电子谱).通常,经过多次碰撞的光电子进入真空后,空间上接近余弦分布.这样的测量虽然信号强,但收集不到光电子的角度信息.若光电子进入真空前没有经历碰撞,发射到空间的光电子不遵从余弦分布,而是带有电子轨道的角动量特征.用窄角(2°)去收集光电子与全角收集光电子的谱图有明显不同,这就是 UPS 的 ARPES. 例如用 UPS 测量 W(100)面的光电子能量分布,如图 3-26 所示,其中用 2°收集的谱峰很多.

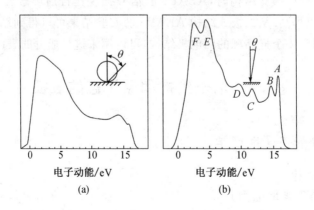

图 3-26 不同角度收集的 W(100)面光电子谱

(a) 全角收集光电子;(b) 窄角(2°)收集光电子

在光电子运动的 k 空间,波矢量 k 与能量之间满足以下关系:

$$k_f^{//} = (\sin\theta)h^{-1}\sqrt{2mE_f}, \tag{3.42}$$

$$k_f^{\perp} = h^{-1}\sqrt{2mE_f - h^2(k_f^{//})^2}, \tag{3.43}$$

式中 $k_f^{//}$ 和 $k_f^{\perp}$ 分别表示光电子波矢量 k 平行于和垂直于样品表面的分量,E_f 是表面处光电子的能量,通常它就是光电子能量 E,θ 是光电子的角度,m 是电子质量. 而波矢量 k 可表示为

$$k = (k^{//}, k^{\perp}). \tag{3.44}$$

用 UPS 测得光电子谱中的能量及其角度,就可以得到能量 E 与波矢 k 的关系 $E(k)$,即能带结构.

3.4.2 拉曼散射谱

当光入射材料时,可以有光的吸收、反射、散射等现象发生. 光子如果与样品材料发生非弹性散射,它们之间就有能量交换,若光子把一部分能量转移给了样品,设该散射光子的能量减少 ΔE,入射光的频率为 ν,那么从散射光中可以探测到频率为 $\nu - \Delta E/h$ 的谱线,即斯托克斯(Stocks)线. 反之,若入射光子从样品中获得能量,那么从散射光中可以探测到高于入射光频率的线,即反斯托克斯线. 这样的现象就是拉曼散射光谱,斯托克斯线或反斯托克斯线与入射光频率的差就是拉曼位移.

产生拉曼散射的原因是入射光子与固体样品的声子间有能量交换,声子的能量很小,所以引起的拉曼位移很小,谱线(波数)的改变在 $2000\ \text{cm}^{-1}$ 以下. 不同的固体样品结构不同,晶格振动能量不同,具有不同的声子能量. 因此,拉曼谱提供了分子振动频率信息,给出了样品结构特征. 不同的材料对应着不同的特征谱线.

采用激光束入射,激光束本身的束斑较小. 若进一步用透镜聚焦,可得到直径很小的入射光斑,因此可对样品微区进行分析,很适合于纳米材料样品.

一般的拉曼谱仪用氩离子激光器的波长 $514.6\ \text{nm}$(波数为 $19\,432\ \text{cm}^{-1}$)或 $488.9\ \text{nm}$ 作为入射光源. 为了提高分辨率,一般用双单色仪探测散射光;为了提高信噪比,双单色仪在相关波长范围进行多次扫描,由计算机对谱图进行处理.

光子与声子相互作用后,其能量和动量是守恒的,即

$$\omega_i = \omega_s \pm \omega_{ph}, \tag{3.45}$$

$$k_i = k_s \pm k_{ph}, \tag{3.46}$$

式中 $\omega_i, \omega_s, \omega_{ph}$ 分别是入射光子、散射光子、声子的角频率,k_i, k_s, k_{ph} 分别是入射光子、散射光子、声子的波矢,"$\pm$"号表示散射过程可以由光子给出或吸收一个

声子. 一般地, ω_{ph} 很小, ω_i 与 ω_s 差别很小, 因此波矢长度 $|k_i|$ 与 $|k_s|$ 很相近, 又因入射光子和散射光子的波矢方向相反, 因此声子波矢长度 $|k_{ph}|$ 的最大值是 $2|k_i|$. 若入射光波长为 500 nm, 则声子波矢长度是 $|k_{ph}|=4\times10^5$ cm^{-1}, 而布里渊(Brillouin)区的尺寸是晶格常数的倒数(约 10^8 cm^{-1}), 所以, 声子波矢大小比布里渊区的尺寸小 2～3 个数量级, 即参与散射的声子实际上仅限于布里渊区的中心.

3.4.3　电子出现势谱中的伴峰[21]

在电子能谱中常常存在伴峰, 所以在表面分析时, 需要确定谱图中相近的两个大小峰是同一种元素的伴峰还是另一种元素的谱峰. 本小节将以电子出现势能谱中的伴峰问题为例进行分析、探讨. 产生伴峰的机理是相当复杂和多样的, 这里采用较为简便的原子能级多重分裂理论和微扰理论来说明过渡金属的伴峰机理.

1. 实验结果

实验测试的 Ti 和 Ni 的 APS 如图 3-27 所示. Ti 的伴峰 SAT$_1$ 与主峰 L$_3$ 的劈裂值是 2.4 eV, 伴峰 SAT$_2$ 与主峰 L$_2$ 的劈裂值也是 2.4 eV; Ni 的伴峰 SAT 与主峰 L$_3$ 的劈裂值为 5.7 eV.

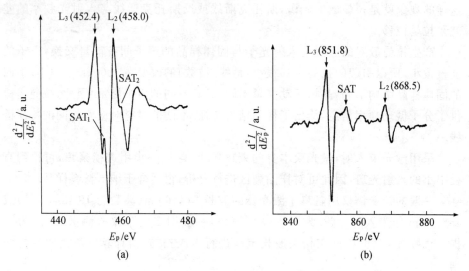

图 3-27　Ti(a) 和 Ni(b) 的电子出现势谱

2. 多重态

电子能谱学告诉我们[22], 主要有下列几种情况会产生多重态: 自旋与轨道角动量耦合; 电子的振起和振出; 多重分裂; 扬-特勒(Jahn-Teller)分裂; 组态相互作用等.

　　针对上面的实验,首先可以把后两种情况排除.因为扬-特勒分裂只发生在高度对称的分子中;在组态相互作用中,对于 Ti 和 Ni,价电子重排后只剩下 3d 壳层电子,然而 3d 壳层与 2p 壳层轨道的主量子数不同,电子云重叠较少,组态相互作用不明显.

　　至于电子的振起和振出,在轰击电子能量高于靶材某能级电离所需能量几倍以后,电子振出几率较大.当轰击电子能量接近靶材某能级电离能时,该能级电子振出几率很小,而出现势属于后一种情况,所以电子的振起和振出在此可以忽略.

　　自旋-轨道分裂早已被众多的实验事实和理论所证实.实验中,Ti 谱的 L_2 与 L_3 能级的能量差为 $5.6\,\mathrm{eV}$,Ni 谱的 L_2 与 L_3 的能量差为 $16.7\,\mathrm{eV}$,这些数据分别与一般资料给出的数据 $6\,\mathrm{eV}$ 和 $17\,\mathrm{eV}$ 相近.

　　Ti 和 Ni 是第一过渡族元素,3d 壳层分别有 2 个电子和 8 个电子,处于不满状态,必然会发生多重分裂.因此,可以用多重分裂理论来分析并计算 Ti 和 Ni 的出现势能谱中的伴峰.多重分裂理论是从自洽场导出的.

3. 初态的描述

　　在哈特里(Hartree)方法中,哈密顿算符为

$$\hat{H} = \sum_i f_i + \sum_{(i,j\text{取偶数})} g_{ij} \quad (i \neq j), \tag{3.47}$$

式中

$$f_i = -\nabla_i^2 - 2Z/r_i, \quad g_{ij} = 2/r_{ij}. \tag{3.48}$$

在式(3.47)中,等号右侧的首项为若干个单电子动能和核场势能的总和,末项为电子两两之间的相互作用,求和遍及每一对电子,且每对电子只计算一次.

　　哈密顿量的平均值,即能量的平均值为

$$(\hat{H})_{均} = \sum_i (i\,|\,\boldsymbol{f}\,|\,i) + \sum_{i,j\text{取偶数}} (ij\,|\,\boldsymbol{g}\,|\,ij)$$

$$= \sum_i I_{(n_i l_i)} + \sum_{i,j\text{取偶数}} F^0_{(n_i l_i ; n_j l_j)}, \tag{3.49}$$

式中 $I_{(n_i l_i)}$ 和 $F^0_{(n_i l_i ; n_j l_j)}$ 都代表与径向波函数有关的积分.

　　根据全同性原理,原子中电子的波函数需要对称化,这使式(3.49)中无微扰波函数的矩阵元发生了变化.对讨论多重分裂伴峰直接有影响的是矩阵元 g_{ij} 的变化,此矩阵元不仅含有库仑积分 $(ij\,|\,\boldsymbol{g}\,|\,ij)$,而且含有交换积分 $(ij\,|\,\boldsymbol{g}\,|\,ji)$.

　　库仑积分是第 i 个电子与第 j 个电子的电荷分布之间的静电相互作用,可以表示为

$$(ij\,|\,\boldsymbol{g}\,|\,ij) = \sum_{k=0}^{\infty} a^k_{(l_i m_{l_i}; l_j m_{l_j})} F^k_{(n_i l_i ; n_j l_j)}, \tag{3.50}$$

式中 a^k 是由 C-G（全称 Clebsch-Gordan）系数等组合成的特定系数，斯莱特
(Slater)将它制成表格[23]，而 F^k 代表积分

$$F^k_{(n_i l_i ; n_j l_j)} = R^k_{(ij;ij)} = \int_0^\infty \int_0^\infty R^*_{n_i l_i}(r_1) R^*_{n_j l_j}(r_2) R_{n_i l_i}(r_1) R_{n_j l_j}(r_2) \frac{2r^k_{(a)}}{r^{k+1}_{(b)}} r_1^2 r_2^2 \mathrm{d}r_1 \mathrm{d}r_2,$$

$$(3.51)$$

其中当 $r_1 > r_2$ 时，$r_{(b)} = r_1$，$r_{(a)} = r_2$；当 $r_2 > r_1$ 时，$r_{(b)} = r_2$，$r_{(a)} = r_1$.

交换积分是量子效应，可以表示为

$$(ij \mid g \mid ji) = \delta_{(m_{s_i}; m_{s_j})} \sum_{k=0}^\infty b^k_{(l_i m_{l_i}; l_j m_{l_j})} G^k_{(n_i l_i ; n_j l_j)},$$

$$(3.52)$$

式中 δ 是系数，b^k 与 a^k 类似，有表可查[23]；而 G^k 代表以下积分：

$$G^k_{(n_i l_i ; n_j l_j)} = R^k_{(ij;ji)} = \int_0^\infty \int_0^\infty R^*_{n_i l_i}(r_1) R^*_{n_j l_j}(r_2) R_{n_j l_j}(r_1) R_{n_i l_i}(r_2) \frac{2r^k_{(a)}}{r^{k+1}_{(b)}} r_1^2 r_2^2 \mathrm{d}r_1 \mathrm{d}r_2.$$

$$(3.53)$$

考虑交换作用后，哈特里方法就成为哈特里-福克（Hartree-Fock）方法；但
解决实际问题时，常用哈特里-福克-斯莱特（Hartree-Fock-Slater）近似方法，利
用它可以获得原子各壳层的结合能以及径向波函数.

Ti 原子的基态可以表示成 $1s^2 2s^2 2p^6 3s^2 3p^6 3d^2 4s^2$. 未满壳层 $3d^2$ 中的两个
电子可以呈现轨道-轨道（l-l）耦合和自旋-自旋（s-s）耦合，出现 5 种不同的
态：$^3F, ^3P, ^1G, ^1D, ^1S$. 在这些状态中，以 ^3F 能级为最低. 在室温下，可以认为 Ti
中 $3d^2$ 电子全部处于 ^3F 态中，而处于其他各态的几率为零. 这样，初态是
$3d^2(^3F), 3d^2(^3P), 3d^2(^1G), 3d^2(^1D)$ 和 $3d^2(^1S)$；而初基态是 $3d^2(^3F)$.

4. 多重分裂的微扰考虑

当 Ti 原子中的一个 2p 电子被激发时，留下一个空位，该原子就变到终态
$2p^5 3d^2$. 这个组态的能级劈裂与组态 $2p 3d^8$ 是一样的[23]①；终态较初态多了一个
未满壳层，则哈密顿量也要作相应的改变. 多重分裂是未满壳层之间的作用，这
时哈密顿算符可以表示成

$$\hat{H} = \hat{H}_0 + \hat{H}'_1,$$

$$(3.54)$$

式中 $\hat{H}_0$ 是无微扰基态 $3d^2$ 的哈密顿量，而微扰量 $\hat{H}'_1$ 就是未满壳层中 2p 电子
与所有未满壳层中的 3d 电子之间的静电相互作用.

另外，对于 2p 这样的较深内壳层，电子的自旋-轨道（s-l）耦合作用是较强
的，有必要加以考虑，作为微扰来处理，即

$$\hat{H}'_2 = \sum_i r_i (\boldsymbol{L}_i \cdot \boldsymbol{S}_i),$$

$$(3.55)$$

---

①　具体请参看文献[23]中第 1 卷第 321～322 页和第 2 卷第 100 页.

式中对 i 求和遍及所有未满壳层的电子，r_i 是与电子轨道波函数有关的系数[23]，L_i 和 S_i 分别是轨道和自旋角动量.

在 Gupta 和 Sen 的计算中[24]，对 $\hat{H}'_1$ 和 $\hat{H}'_2$ 这两个微扰量是先同时考虑而后分别计算的.然而，计算 $s\text{-}l$ 耦合涉及很多量子力学内容，计算量将大大增加.根据所得到的 Ti 谱的实验结果，L_2 与 L_3 能级的谱峰劈裂 $5.6\,\mathrm{eV}$，伴峰与主峰劈裂 $2.4\,\mathrm{eV}$；而且 L_2 和 L_3 能级都各有自己的伴峰，它们的结构很相似，就像是同一伴峰结构的重复出现.据此，自旋-轨道耦合和多重分裂是可以被认为分别考虑的.我们认为多重分裂导致伴峰的出现，而自旋-轨道耦合则只是使这样一组谱峰在高能端 $5.6\,\mathrm{eV}$ 处再次出现，这是一个近似，可使计算得到简化.

把式(3.54)中的微扰算符作用到组态 $2p3d^8$ 上，就可以求出能级劈裂，然而零级波函数必须慎重选取，它对运算过程的复杂程度影响甚大.

按照矢量模型，$2p$ 电子与组态 $3d^8(^3F)$ 等进行 $l\text{-}l$ 耦合和 $s\text{-}s$ 耦合，得到下列终态：

$$3d^8(^3F)p:\quad {}^4G^0, {}^4F^0, {}^4D^0, {}^2G^0, {}^2F^0, {}^2D^0;$$
$$3d^8(^3P)p:\quad {}^4D^0, {}^4P^0, {}^4S^0, {}^2D^0, {}^2P^0, {}^2S^0;$$
$$3d^8(^1G)p:\quad {}^2H^0, {}^2G^0, {}^3F^0;$$
$$3d^8(^1D)p:\quad {}^2F^0, {}^2D^0, {}^2P^0;$$
$$3d^8(^1S)p:\quad {}^2P^0.$$

以上一共是 19 个多重态，其中包括 2 个 ${}^4D^0$ 态，2 个 ${}^4G^0$ 态，3 个 ${}^2F^0$ 态，3 个 ${}^2D^0$ 态，3 个 ${}^2P^0$ 态和其他 6 个单一多重态.据此，可以建立 19 个行列式函数，并对这些函数进行对角化算符处理.完成这一步以后，让 $\hat{H}'_1$ 再作用于它们，解久期方程，就得到能级值.

从初基态 $3d^8(^3F)$ 可以耦合出 6 个终态，其中 ${}^4G^0$ 和 ${}^4F^0$ 是单一重态，由计算的最后结果各得到一个单一能级.而 ${}^4D^0$ 是一个与母态不同的重态，$3d^8(^3P)p$ 耦合也得到 ${}^4D^0$，因此，与初基态 $3d^8(^3F)$ 对应的终态 ${}^4D^0$ 的最后计算结果有 2 个能级.同理，对应终态 ${}^2G^0$ 的最后计算结果也有 2 个能级；对应终态 ${}^2F^0, {}^2D^0$ 的最后计算结果各有 3 个级能.这样，从初基态出发考虑，共得到 12 个能级，即可以有 12 条谱线.

写出矩阵元，就可以去求本征值和本征解.本征值决定谱线的位置，而本征解决定谱线的强度.

5. 多重分裂的谱线强度

一个母态不同的重态，例如 ${}^2F^0$ 态的最后计算结果的本征解可以表示成 $C_1^2 F^0(^3F)+C_2^2 F^0(^1G)+C_3^2 F^0(^1D)$（其中 C_1^2, C_2^2 和 C_3^2 是系数）.由于我们认为初态中只有初基态 ^3F 起主要作用，故 $C_1^2 F^0(^3F)$ 项对本征解有主要贡献，也就是

说,对谱线的强度有主要贡献. 该项出现的几率 P_1 为

$$P_1 = \frac{C_1^2}{C_1^2 + C_2^2 + C_3^2}.\qquad(3.56)$$

对于单一重态,$P_1 = 1$. 初态经过 l-l 耦合和 s-s 耦合得到终态. 最后计算结果的本征解的大小应该与 $(2L+1)(2S+1)$ 成正比. 这样,可以认为谱线强度与 P_1 $(2L+1)(2S+1)$ 成正比.

对 Ni 进行计算时,初态是 $3d^8$,终态是 $2p^5 3d^8$,原子能级分裂矢量耦合得到的终态与 Ti 的相同,只是 $\hat{H}'_1$ 的矩阵元与 Ti 组态 $2p^5 3d^2$ 的不一样,因此得到的能级劈裂值也不一样.

在 $\hat{H}'_1$ 中,我们未计及 2p 电子与其他满壳层电子的作用,这是因为满壳层只提供一个常值效果,这一效果可以加在 $(\hat{H})_{\text{均}}$ 中考虑,而不会影响多重分裂的能级劈裂值.

6. 多重分裂的计算结果及伴峰的理论曲线

按照上面的微扰方法,直接引用文献[23]中附录 21 给出的 pd^8 和 pd^2 组态的矩阵元. 这些矩阵元分别用积分 $F^2(dd)$,$F^4(dd)$,$F^2(pd)$,$G^1(pd)$ 和 $G^3(pd)$ 表示(F 积分是库仑积分,G 积分是交换积分). 在计算过程中,先利用 Herman 和 Skillman 由哈特里-福克-斯莱特自洽场方法计算出的原子径向波函数数值[25],列出各个矩阵;然后解久期方程,求出能级值;再求出各个本征函数,并按前面所述的方法求出各能级的相对强度.

利用计算机计算积分和求解久期方程时,积分用矩形公式法,误差用两次迭代结果之差来估计,结果列于表 3-4. 由表可见,积分误差不超过 7%,因此保证了积分值有两位有效数字. 将表 3-4 中的数据代入各矩阵元的表达式,求出各矩阵元数值,列于表 3-5. 解久期方程时,用牛顿(Newton)迭代法计算能级值,并最后得到相对强度,计算结果列于表 3-6.

表 3-4　计算得到的 5 个积分值和误差上限

	Ti		Ni	
	积分值(里德伯)	误差上限(里德伯)	积分值(里德伯)	误差上限(里德伯)
$F^2(3d3d)$	0.572 05	$0.328\,58 \times 10^{-1}$	0.798 77	$0.511\,49 \times 10^{-1}$
$F^4(3d3d)$	0.357 00	$0.135\,40 \times 10^{-1}$	0.499 59	$0.215\,58 \times 10^{-1}$
$F^2(2p3d)$	0.302 36	$0.187\,11 \times 10^{-1}$	0.477 29	$0.305\,21 \times 10^{-1}$
$G^1(2p3d)$	0.210 58	$0.132\,38 \times 10^{-1}$	0.352 97	$0.235\,52 \times 10^{-1}$
$G^3(2p3d)$	0.119 80	$0.561\,31 \times 10^{-2}$	0.203 77	$0.986\,07 \times 10^{-2}$

表 3-5　计算得到的矩阵元数值

终态	矩阵元			Ti(里德伯)			Ni(里德伯)		
$^4G^0$	$(^3F)\to(^3F)$			-0.1182			-0.2430		
$^4F^0$	$(^3F)\to(^3F)$			-0.0836			-0.1392		
$^4D^0$	$(^3F)\to(^3F)$　$(^3F)\to(^3P)$			$-0.130\,27$	$-0.077\,58$		$-0.056\,17$	$0.005\,60$	
	$(^3P)\to(^3F)$　$(^3P)\to(^3P)$			$-0.077\,58$	$0.016\,96$		$0.005\,60$	$-0.031\,80$	
$^2G^0$	$(^3F)\to(^3F)$　$(^3F)\to(^1G)$			$-0.063\,13$	$-0.014\,21$		$0.089\,66$	$-0.146\,37$	
	$(^1G)\to(^3F)$　$(^1G)\to(^1G)$			$-0.014\,21$	$0.137\,35$		$-0.146\,37$	$0.042\,41$	
$^2D^0$	$(^3F)\to(^3F)$　$(^3F)\to(^3P)$　$(^3F)\to(^1D)$	0.108 22	0.026 86	0.102 82		0.024 88	0.180 89	0.055 84	
	$(^3P)\to(^3F)$　$(^3P)\to(^3P)$　$(^3P)\to(^1D)$	0.026 86	0.091 85	0.025 11		0.180 89	0.174 31	$-$0.098 65	
	$(^1D)\to(^3F)$　$(^1D)\to(^3P)$　$(^1D)\to(^1D)$	0.102 82	0.025 11	0.017 29		0.055 84	$-$0.098 65	0.067 77	
$^2F^0$	$(^3F)\to(^3F)$　$(^3F)\to(^1G)$　$(^3F)\to(^1D)$	0.020 42	0.093 01	0.001 08		$-$0.044 04	$-$0.014 56	$-$0.137 71	
	$(^1G)\to(^3F)$　$(^1G)\to(^1G)$　$(^1G)\to(^1D)$	0.093 01	0.079 38	$-$0.028 28		$-$0.014 56	0.229 99	0.042 34	
	$(^1D)\to(^3F)$　$(^1D)\to(^1G)$　$(^1D)\to(^1D)$	0.001 08	$-$0.028 28	0.011 77		$-$0.137 71	0.042 34	0.000 42	

表 3-6　Ti 和 Ni 多重分裂计算结果

重　态	Ti 组态 $2p^5 3d^2$		Ni 组态 $2p^5 3d^8$	
	能级/eV	相对强度	能级/eV	相对强度
$^4G^0$	-1.6061	1.0000	-3.3022	1.0000
$^4F^0$	-1.1364	0.7780	-1.8921	0.7780
$^4D^0$	0.6834	0.0866	-0.4155	0.0244
	-2.2234	0.4690	-0.7799	0.5314
$^2G^0$	1.8802	0.0025	2.9123	0.2898
	-0.8716	0.4975	-1.1175	0.2102
$^2D^0$	-0.6792	0.0805	-1.9780	0.1431
	1.0681	0.0052	1.4282	0.0676
	2.5649	0.1704	4.1779	0.0671
$^2F^0$	-0.7156	0.2237	-2.2016	0.2225
	0.1792	0.0369	1.4135	0.1546
	2.0527	0.1271	3.3209	0.0118

　　以上所得到的能级值和相对强度仅仅是分立的线段,要把它们处理成理论谱图还需要考虑到谱线的增宽[26].造成谱线增宽的原因有:

　　(1) 调制电压的影响(实验中的调制电压为 1 V);

　　(2) 灯丝上有直流压降,造成电子源本身的能量分散(实验中的直流压降约 0.5 V);

　　(3) 仪器时间响应造成的增宽;

　　(4) 出现势本身的自然宽度(一般为 0.5 eV).

　　我们取峰的半高宽为 1 eV,并假定谱线为高斯型分布,即数学形式为 $f(x)=A\exp[-(x-x_0)^2/B]$,式中 A 和 B 为常数.先按照计算得到的能级位置和相对强度作图,得到图 3-28 和 3-29 中的虚线,再将虚线叠加,就得到一次微分谱(实线),然后微商一次,就得到二次微分谱.

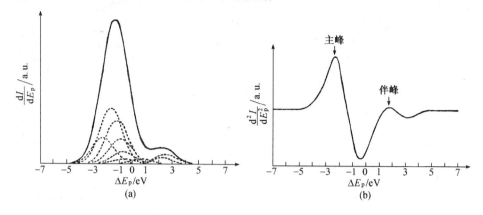

图 3-28 Ti 电子 APS 中伴峰的理论曲线

（a）一次微分曲线（虚线为各分立能级谱线,实线为各分立谱线叠加）；（b）二次微分曲线

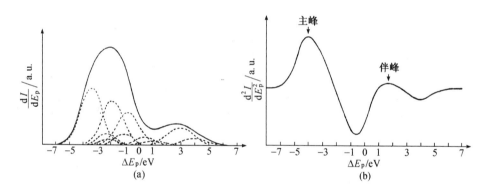

图 3-29 Ni 电子 APS 中伴峰的理论曲线

（a）一次微分曲线（虚线为各分立能级谱线,实线为各分立谱线叠加）；（b）二次微分曲线

在二次微分理论谱图中,Ti 的主峰高能端有一个伴峰存在,与主峰的劈裂值是 3.8 eV;Ni 的主峰高能端也有一个伴峰存在,与主峰的劈裂值是 5.8 eV.

Ni 的伴峰与主峰劈裂值的实验结果是 5.7 eV,可见理论值与实验值符合得很好.Ti 的伴峰与主峰劈裂值实验结果是 2.4 eV,理论值与实验值间的误差比 Ni 的大,但在允许范围之内.计算结果证实了多重分裂伴峰的存在,分析实验谱图时,需要考虑多重分裂造成的伴峰;同时也说明,利用原子多重分裂理论和微扰理论来解释伴峰是可行的.过渡元素伴峰主要是由于 2p 电子和 3d 电子间 l-l 耦合和 s-s 耦合引起的.

参 考 文 献

[1] 染野檀,安盛岩雄著. 表面分析. 郑伟谋译. 北京:科学出版社,1980

[2] Penn D R. J. Elec. Spec. , 1976, 9:29

[3] Roberts M W, Mckee C S. Chemistry of Metal-Gas Interface. Oxford: Clarendon Press, 1978

[4] Clarke L J. Surface Crystallography — An Introduction to Low Energy Diffraction. New York: Wiley, 1985

[5] 陆家和,陈长彦. 现代分析技术. 北京:清华大学出版社,1995

[6] 陆家和,陈长彦. 表面分析技术. 北京:电子工业出版社,1988

[7] 陈成钧著. 扫描隧道显微学引论. 华中一,朱昂如,金晓峰译. 北京:中国轻工业出版社,1996

[8] 白春礼. 扫描隧道显微术及其应用. 上海:上海科学技术出版社,1992

[9] 韩宝善. 物理,1997,26(10):617

[10] 李志远. 物理,1997,26(7):396

[11] 白春礼. 物理,1997,26(7):402

[12] 吴自勤,王兵. 薄膜生长. 北京:科学出版社,2001. p.403

[13] Palmberg P W, Bohn G K, Tracy J C. Appl. Phys. Lett. , 1969, 15(8): 254

[14] 王逊,赵兴钰,吴锦雷等. 真空,1983,1:9

[15] 吴锦雷,赵兴钰,齐彦. 真空科学与技术学报,1986,6(5):7

[16] Park R L. Surf. Sci. , 1979, 86: 504

[17] 刘学恕. 阴极电子学 北京:科学出版社,1980. pp.387~442

[18] 潘星龙. 真空科学与技术学报,1984,4:240

[19] 吴锦雷. 真空科学与技术学报,1988,8(3):178

[20] 吴锦雷. 电子显微学报,1995,1:47

[21] 吴锦雷,叶青,孙夏安. 电子科学学刊,1986,8(2):95

[22] Carlson T A 著. 光电子和俄歇能谱学. 王殿勋译. 北京:科学出版社,1983

[23] Slater J G. Quantum Theory of Atomic Structure. New York: McGraw-Hill, 1960

[24] Gupta R P, Sen S K. Phys. Rev. B, 1974, 10(1): 71

[25] Herman F, Skillman S. Atomic Structure Calculations. Englewood Cliffs, New Jersey: Prentice-Hall Englewood Cliffs, 1963

[26] Carlson T A, Carver J C, Vervon G A. J. Chem. Phys. , 1975, 62: 932

第四章　纳米光电薄膜的能带结构和电学特性

固体及薄膜材料的电学、光学、磁学等特性的理论解释都离不开材料中的电子输运或电子跃迁问题,而很多电子输运和跃迁问题都可以用能带理论来说明.

§4.1　能　带　理　论

能带理论是目前研究固态材料中电子运动的一个主要基础理论.20 世纪 20 年代末至 30 年代初期,在量子力学规律确立以后,能带理论是在用量子力学研究金属电导理论的过程中开始发展起来的. 能带理论最初的成就在于定性地阐明了晶体中电子运动的普遍性特点,例如说明固体为什么会有导体、非导体的区别,晶体中电子的平均自由程为什么会远大于原子的间距等. 正好在那个年代,半导体技术得到人们的极大重视并开始实际应用,能带理论提供了分析半导体问题的理论基础,有力地推动了半导体技术的发展.20 世纪 50～60 年代,由于固体研究实验工作的重大发展提供了大量的实验数据,再加上大型电子计算机的应用,使能带理论的研究从定性的普遍规律发展到对具体材料复杂能带结构的计算.

在固态材料中存在大量的电子,它们的运动是相互关联着的,每个电子的运动都要受其他电子运动的牵连,这种多电子系统的严格的解显然是不可能的. 能带理论是单电子近似的理论,它把每个电子的运动看成是在一个等效势场中的独立的运动. 在大多数情况下,人们最关心的是价电子. 在原子结合成固体的过程中价电子的运动状态发生了很大的变化,而内层电子的变化相对较小,因此可以把原子核和内层电子近似看成是一个离子实. 单电子近似也可用于研究多电子原子,又称为哈特里-福克自洽场方法(在一些量子力学的教科书中均有介绍).

能带理论的出发点是固体中的电子不再束缚于个别的原子,而是在整个固体内运动,称为共有化电子. 在讨论共有化电子的运动状态时,假定原子实处在其平衡位置,而把原子实偏离平衡位置的影响看成微扰. 对于理想晶体,原子规则排列成晶格,由于晶格具有周期性,因而等效势场也具有周期性. 晶体中的电子就是在一个具有晶格周期性的等效势场中运动的.

4.1.1　布里渊区与能带

了解三维情况的能带需要借助于布里渊区的概念. 如果在 k 空间中把原点

和所有倒格子的格矢 G_n 之间的连线的垂直平分面都画出来，k 空间就被分割成许多区域.在每个区域内电子能量 E 随波矢 k 是连续变化的，而在这些区域的边界处，函数 $E(k)$ 发生突变，这些区域称为布里渊区.图 4-1 是简单立方格子 k 空间的布里渊区二维示意图，图中心围绕原点的布里渊区称为第一布里渊区，标为"1"；其外面 4 个标为"2"的区域共同构成第二布里渊区；依此类推.同一个布里渊区(除第一布里渊区)在图中看来各分割为不相连的若干小区，但是实际上能量是连续的.属于一个布里渊区的能级构成一个能带，不同的布里渊区对应不同的能带.可以证明，每个三维布里渊区的体积是相等的，均等于倒格子原胞的体积.计入自旋，每个能带包含有 $2N$ 个量子态(N 为晶体原胞的数目).

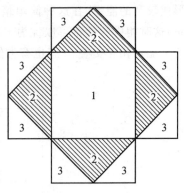

图 4-1 简单立方格子 k 空间的布里渊区二维示意图

三维和一维情况有一个重要的区别，即不同能带在能量上不一定分隔开，而可以发生能带之间的交叠.在图 4-2(a)中，B 点表示第二布里渊区的能量最低点；A 点是与 B 点相邻而在第一布里渊区中的点，它的能量和 B 点是断开的；C 点表示第一布里渊区中能量最高的点.图 4-2(b)表示从 O 点到 A，B 点联线上各点的能量，在 A，B 点间能量是断开的.图 4-2(c)表示沿 OC 各点的能量.由图 4-2(b)和(c)所示，C 点能量高于 B 点能量，则显然两个能带在能量上将发生交叠，如图 4-2(d)所示.也就是说，沿各个方向(如 OA，OC)在布里渊区界面的函数 $E(k)$ 是间断的，但不同方向断开时的能量取值不同，因而有可能使能带发生交叠[1].

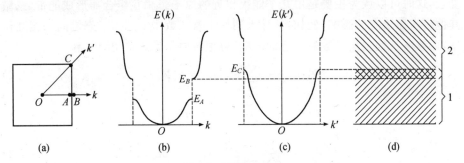

图 4-2 能带间的交叠

4.1.2 原子能级与能带

最简单的情况下，一个原子能级 E 对应一个能带，原子的不同能级在固体中将产生一系列相应的能带.图 4-3 是表示能级与能带对应的示意图.在图中特别表示出，能级越低的能带越窄，能级越高的能带越宽.这是由于能量最低的能带对应于最内层的电子,它们的电子轨道较小,在不同原子间很少相互重叠,因此能带较窄;能量较高的外层电子轨道,在不同的原子间将有较多的重叠,从而形成较宽的能带.在这种简单情况下,因原子能级与能带之间有简单的对应关系,这时相应的能带可以称为 s 带、p 带、d 带等.由于 p 态是三重简并的,对应的三个能带相互交叠;d 态也有类似的情况.

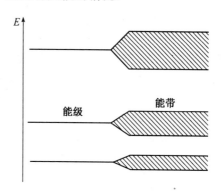

图 4-3　简单情况下的原子能级与能带的对应

有时,原子能级与能带之间并不存在上述简单的一一对应关系.在形成晶体的过程中,不同原子态之间有可能相互混合.在上面的讨论中只考虑了不同格点、相同原子态之间的相互作用,而略去了不同原子态之间的相互作用.这是一种近似,近似成立的条件是要求微扰作用远小于原子能级之间的能量差,通常可以用能带宽度反映微扰作用的大小.对于内层电子,能带较窄,能级与能带之间有简单的一一对应.对于外层电子,能带较宽,能级与能带之间的对应变得比较复杂,这时可以认为主要是由几个能级相近的原子态相互组合而形成能带,忽略其他较多原子态的影响.例如,只计入同一主量子数中 s 态与 p 态之间的相互作用,而忽略其他主量子数原子态的影响,可把各原子态组成 Bloch 和

$$\Psi_k^s = \frac{1}{\sqrt{N}} \sum_m e^{i\mathbf{k} \cdot \mathbf{R}_m} \phi_s(\mathbf{r} - \mathbf{R}_m),\tag{4.1}$$

$$\Psi_k^{p_x} = \frac{1}{\sqrt{N}} \sum_m e^{i\mathbf{k} \cdot \mathbf{R}_m} \phi_{p_x}(\mathbf{r} - \mathbf{R}_m),\tag{4.2}$$

$$\Psi_k^{p_y} = \frac{1}{\sqrt{N}} \sum_m e^{i\mathbf{k} \cdot \mathbf{R}_m} \phi_{p_y}(\mathbf{r} - \mathbf{R}_m),\tag{4.3}$$

$$\Psi_k^{p_z} = \frac{1}{\sqrt{N}} \sum_m e^{i\mathbf{k} \cdot \mathbf{R}_m} \phi_{p_z}(\mathbf{r} - \mathbf{R}_m),\tag{4.4}$$

式中 Ψ_k 是 Bloch 波函数,N 是原胞总数,ϕ 是原子波动方程的本征态,$\mathbf{R}_m$ 是布拉维(Bravais)晶格矢量,$\mathbf{r}$ 是晶格格点矢量.先取能带中的电子态为这四个 Bloch 和的线性组合

$$\Psi_k = a_{1k}\Psi_k^s + a_{2k}\Psi_k^{p_x} + a_{3k}\Psi_k^{p_y} + a_{4k}\Psi_k^{p_z},\qquad(4.5)$$

再将式(4.5)代入波动方程,即可解出组合系数和能量本征值.图 4-4 表示在简单立方晶格中 s 带与 p 带相互作用的结果[1],能带发生交叠.图中虚线表示没有计入相互作用的结果,实线表示计入了相互作用以后的结果,这时最下面一个能带既有 s 带的成分,也有 p 带的成分.

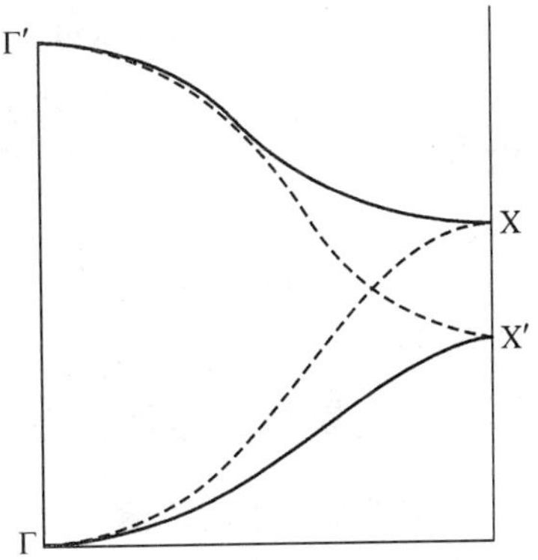

4.1.3 能态密度

在原子中,电子的本征态形成一系列分立的能级,可以具体标明各能级的能量,说明它们

图 4-4 s 带与 p 带的能带交叠

的分布情况.然而在材料中,电子能级是密集的,形成准连续分布,标明其中每个能级是没有意义的.为了表达这时的能级状况,需要使用能态密度的概念.

若考虑能量在 $E\sim E+\Delta E$ 之间的能态数目,用 ΔZ 来表示,则能态密度函数 $N(E)$ 为

$$N(E) = \lim\frac{\Delta Z}{\Delta E}.\qquad(4.6)$$

如果在 k 空间中根据 $E(k)$ 为常数来做等能面,那么在等能面 $E\sim E+\Delta E$ 之间的状态数目就是 ΔZ. 由于状态在 k 空间分布是均匀的,设 k 空间的体积为 V,则密度为 $V/(2\pi)^3$,ΔZ 就等于该密度乘以能量在 $E\sim E+\Delta E$ 的等能面之间的体积,如图 4-5 所示.两等能面间的体积可表示为对体积元 dSdk 在面上的积分:

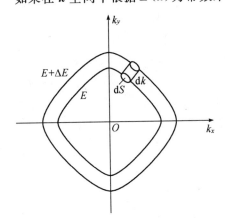

图 4-5 k 空间的等能面示意图

$$\Delta Z = \frac{V}{(2\pi)^3}\iint dSdk,\qquad(4.7)$$

式中 dS 是面积元,dk 表示两等能面间的垂直距离.若用 $|\nabla_k E|$ 表示沿等能面法线方向的能量变化率,则 $dk|\nabla_k E|=\Delta E$,因此

$$\Delta Z = \left[\frac{V}{(2\pi)^3}\int\frac{dS}{|\nabla_k E|}\right]\Delta E,\qquad(4.8)$$

从而得到能态密度的一般表达式为

$$(N)E = \left[\frac{V}{(2\pi)^3}\int\frac{dS}{|\nabla_k E|}\right].\qquad(4.9)$$

当一材料的 $E(\boldsymbol{k})$ 已知,就可以求出它的能态密度函数 $N(E)$.

若考虑电子可以取正、负两种自旋状态,则能态密度加倍:

$$(N)E = \frac{2V}{(2\pi)^3} \int \frac{\mathrm{d}S}{|\nabla_k E|}. \tag{4.10}$$

§4.2   薄膜的能带结构

4.2.1   金属与半导体接触

很多纳米光电功能薄膜是由金属纳米粒子与半导体介质材料构成的. 分立的金属与半导体有各自的能带结构,当它们接触后,电子发生转移,原来各自的能带结构受到对方的影响而发生变化. 在薄膜中,费米(Fermi)能级拉平.

在通常情况下,半导体的逸出功小于金属的逸出功. 当两者接触后,半导体中的电子流向金属,通过载流子的重新分配使两者的费米能级调整到同一水平. 这样,半导体一侧带正电荷,金属一侧带负电荷,形成的电场方向是由半导体指向金属. 金属中的电荷密度比半导体中的要大很多,电荷只分布在接触面很窄的范围(约 0.1 nm 的厚度区域)内,这一厚度实际上可以被忽略. 在半导体中,由于导电性能不是很好,电荷存在于接触面一侧较厚的区域内,有些材料的该区域厚度会达到微米数量级,电场引起的电势变化使半导体在界面附近的能带发生弯曲.

设 E_{m} 为金属和半导体接触后形成的界面电子势垒高度,eV_{D} 为半导体中导带底与界面的电子势垒高度,E_{c} 为半导体的导带底,E_{F} 为费米能级,则

$$E_{\mathrm{m}} = eV_{\mathrm{D}} + (E_{\mathrm{c}} - E_{\mathrm{F}}). \tag{4.11}$$

势垒高度 E_{m} 阻碍电子进一步交流,最后达到平衡状态. 图 4-6 是金属与半导体接触后形成的势垒能带图,半导体中的能带向下弯曲.

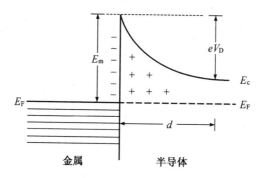

图 4-6   金属与半导体接触后形成的势垒能带图

半导体中空间电荷区的厚度 d 为[2]

$$d = \sqrt{2\varepsilon_s(V_D - V)/eN},\qquad(4.12)$$

式中 ε_s 是半导体的介电常数，N 为电荷密度，V 是某处的电势高度. 若在远离界面的平衡处，则 $V = 0$.

若金属的逸出功小于半导体的逸出功，这时电子从金属注入半导体，在半导体中出现负的空间电荷区，半导体中的能带将向上弯曲.

半导体中有两种载流子：电子和空穴. n 型半导体主要是电子导电，但是，有时也同时存在少量空穴. 在这种情况下，电子称为多数载流子（简称多子），空穴称为少数载流子（简称少子）. 在 p 型半导体中，空穴是多子，电子是少子. 在外界电场或光的作用下，电子浓度和空穴浓度偏离平衡态. 例如，光电发射薄膜受到光的激发，电子逸出表面，薄膜中空穴浓度增加，这就是非平衡载流子. 非平衡载流子需要由相应的电子或空穴来补充才能恢复平衡，这就产生了非平衡载流子的复合与寿命问题. 金属与半导体接触产生的电场方向对载流子的补充时间响应会有影响.

4.2.2　Ag-Cs$_2$O 薄膜的能带结构

Ag-Cs$_2$O 纳米光电薄膜的结构是 Ag 纳米粒子埋藏于半导体介质 Cs$_2$O 中形成的薄膜[3]. 图 4-7 是这种结构的示意图，在 Cs$_2$O 内部和表面都存在 Ag 纳米粒子.

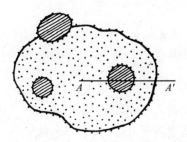

图 4-7　Ag-Cs$_2$O 薄膜粒子分布示意图

画面表示 Cs$_2$O 基质，阴影结构表示 Ag 粒子，小黑点表示杂质.

Ag-Cs$_2$O 薄膜是金属与半导体接触的体系. 两者接触前各自的能带图如图 4-8(a)所示，E_0 为真空能级，E_c 和 E_v 分别为半导体导带底和价带顶的能级；当接触后，因为 Cs$_2$O 的逸出功小于 Ag 的逸出功，Cs$_2$O 中的电子进入 Ag 粒子，在 Ag 粒子外围形成正空间电荷层（也称为耗尽层），如图 4-8(b)所示. 达到平衡后，原来 Ag 的费米能级 E_{Fm} 与 Cs$_2$O 的费米能级 E_{Fs} 一样高，拉平后的费米能级标为 E_F，Cs$_2$O 中空间电荷区的能带弯曲起到了降低界面势垒的作用，Ag 粒子中的电子等效势垒高度是 E_τ，如图 4-8(c) 所示[4].

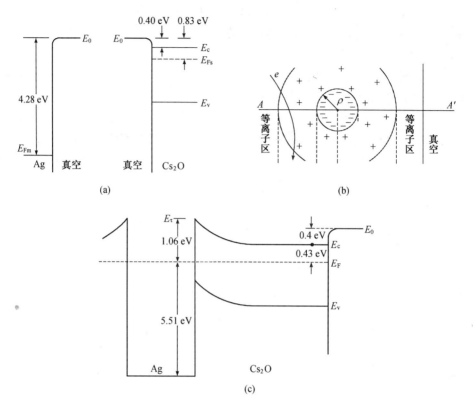

图 4-8　金属 Ag 粒子与半导体 Cs$_2$O 接触前后的能级图

（a）接触前两者各自的能级；（b）接触后形成的空间电荷区；（c）接触后薄膜沿 AA' 的能级图

　　由于 Ag 粒子外围存在正的空间电荷区，当 Ag 粒子中的电子受到光的激发时，就容易越过界面势垒进入 Cs$_2$O 层，成为 Cs$_2$O 导带中的电子；当它具有相应的动能时，就可以逸出真空界面，成为发射的光电子[5]. Ag 纳米粒子的直径很小（仅几纳米），因此表面处的电场很强，而界面势垒区很窄，电子可以通过隧道效应穿过势垒. 由于纳米粒子的直径远小于电子的平均自由程，被激发的电子第一次碰壁不能穿过界面势垒，但它还有多次机会再去碰壁穿过界面势垒，因此光电子逸出 Ag 纳米粒子有较高的几率.

4.2.3　Ag-BaO 薄膜的能带结构

　　Ag-BaO 薄膜与 Ag-Cs$_2$O 薄膜的结构类似，都是金属纳米粒子埋藏于半导体介质中构成的纳米光电功能薄膜[6]. 虽然在光电灵敏度方面不及 Ag-Cs$_2$O 薄膜，但它可以经历暴露大气的过程[7]，也可以承受较高温度（150℃）的工作环境，适于作为探测超短激光脉冲的光电功能薄膜.

　　Ag-BaO 薄膜的能带结构如图 4-9 所示[8]. 图中 E_0 表示真空能级,E_c 表示半导体 BaO 的导带底,E_v 表示 BaO 的价带顶,Ag 粒子中电子的等效势垒高度是 $E_\tau - E_F = 1.7$ eV,薄膜热电子的发射阈值取决于 $E_0 - E_F = 1.3$ eV,电子亲和势为 $E_A = E_0 - E_c = 0.7$ eV.

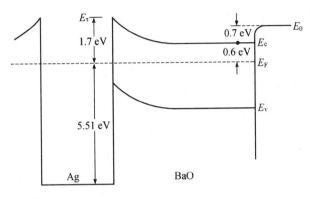

图 4-9　Ag-BaO 薄膜的能带结构

4.2.4　负电子亲和势

　　当薄膜表面吸附外来原子时,可能改变薄膜的表面势垒. 当半导体薄膜表面存在杂质原子时,对表面电子亲和势会产生影响. 如果表面存在的杂质给出电子,则称为 n 型表面杂质;如果接收电子,则称为 p 型表面杂质.

　　p 型半导体薄膜表面存在 n 型表面杂质时,表面杂质原子给出电子而带正电,半导体薄膜接收电子而带负电. 这样,在半导体表面形成空间电荷区,表面能带向下弯曲,薄膜材料表面的有效电子亲和势下降,如图 4-10(a)所示.电子亲和势下降有利于电子逸出表面进入真空,即有利于光电发射.实用的光电发射材料都被设计为 p 型半导体介质薄膜表面加 n 型表面杂质(如 Cs,Rb,O 等). 如果 n 型半导体薄膜表面存在 p 型表面杂质,则表面能带向上弯曲,如图4-10(b)所示.

　　作为光电发射材料,我们希望它的表面能带弯曲区要窄,这样光电子更容易穿过这个区域从表面逸出. 若近表面的能带弯曲区窄,就需要半导体材料内的表面层 p 型掺杂浓度大些,再加上 n 型表面杂质,有利于光电发射.Scheer 等人[9]在 1965 年成功设计了 GaAs 负电子亲和势光电材料,这种光电材料的积分灵敏度可超过 2000 $\mu A/lm$[①].

―――――――――

① "lm"是"流[明]"的单位符号.

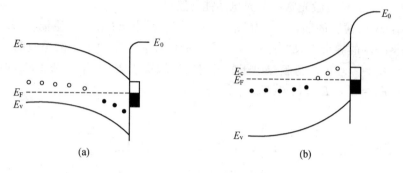

图 4-10　半导体薄膜表面能带弯曲
(a) p 型半导体薄膜表面存在 n 型表面杂质;
(b) n 型半导体薄膜表面存在 p 型表面杂质

图 4-11 是 GaAs-Cs$_2$O 的负电子亲和势光电发射阴极的能带结构图. 先在 p 型掺杂的Ⅲ-Ⅴ族材料 GaAs 表面制备一层 n 型的 Cs$_2$O,这个异质结使 GaAs 界面处的能带向下弯曲. 再在 Cs$_2$O 表面制备单原子的 Cs 层,Cs 原子对 Cs$_2$O 来说又是提供电子的 n 型杂质,使 Cs$_2$O 与 Cs 的界面处能带再次向下弯曲. 由于表面电子亲和势进一步下降,以至于它的高度低于 GaAs 的导带底,因此称为负电子亲和势. GaAs 中的电子受到光的激发,很容易逸出进入真空,光电发射灵敏度大大提高. 图中,这种光电薄膜的有效电子亲和势为 $E_A = E_0 - E_c = -0.5$ eV.

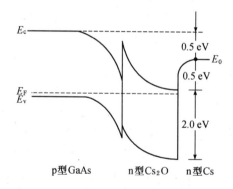

图 4-11　GaAs-Cs$_2$O 的负电子亲和势薄膜的能带结构图

§4.3　超晶格薄膜的能带结构

超晶格薄膜在量子阱激光器、高效双极型晶体管(high-efficiency bipolar transistor,简称 HBT)、高电子迁移率晶体管(high electron migration transistor,简称 HEMT)等器件中表现出非常好的性能,受到人们的重视[10~12]. 同时,它的红外光电发射性能也表现出优越性能,有着很好的应用前景.

4.3.1　超晶格薄膜的特点

超晶格薄膜的结构(参见图1-8)及其能带特点是:

(1) 它是多层薄膜,一般在十层以上,有时多达几百层.多层薄膜的界面对薄膜性能有很大影响.

(2) 每层薄膜的厚度控制在 $1\sim10\,\text{nm}$ 之间.这个尺度大于自然晶格常数,但小于电子平均自由程和德拜(Debye)长度.

(3) 它是严格周期性的多层薄膜,不同材料周期交叠,同种材料的薄膜厚度完全一致.

(4) 除了要求以上在结构方面的条件外,还必须使多层不同材料构造出周期势场.在这个周期势场中,能带强烈弯曲成为势阱或势垒.要满足这个条件,则需要选用晶格常数相近而禁带宽度不同的半导体薄膜交替构成.

由能带理论知道,布里渊区的大小与材料的晶格周期性有密切的关系.若在多层生长的薄膜厚度方向引入一个周期厚度 d(d 大于该层材料的晶格常数 a,而小于电子的德布罗意(de-Broglie)波长),那么在多层的周期晶格势场上会再加上一个人为的一维周期势,电子的运动状态发生很大变化,厚度方向上原来边界为 π/a 的布里渊区会分裂成许多边界为 k($k=\pi/d$)的小布里渊区.原来抛物线形的能带会分裂为许多子能带,这就是布里渊区的折叠.图 4-12 中的实线表示许多子能带,虚线表示原来的抛物线形能带[13].子能带中的电子在这种周期势方向的外加电场作用下,容易通过 $E(k)$ 曲线上满足 $\partial^2 E(k)/\partial k^2=0$ 的点,从正加速区进入负加速区,而在宏观上表现为负阻效应.此外,电子还有可能到达微小布里渊区的边界而出现 Bloch 振荡效应,其振荡频率可高达 10^{12} Hz.

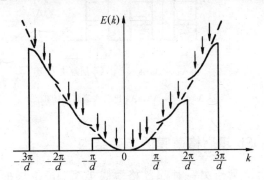

图 4-12　超晶格的微小布里渊区和子能带

4.3.2　GaAs-AlGaAs 超晶格薄膜的能带结构

在超晶格半导体薄膜中,电子在平行界面(即直角坐标系中的 Oxy 平面)内的运动不受影响.电子运动是准连续的,而电子在厚度方向(即 z 轴方向)的运动要受到界面势垒的限制,因此对给定的超晶格周期,某一能量的电子将具有隧穿几率.如果注入电子能量正好和势场中的量子化能量相等,那么电子由于发生共振而可能通过隧道穿越势垒.这种特殊的电子迁移性质首先是由量子力学计算预言的,后来被实验所证实[14].

　　GaAs-AlGaAs 体系是一种超晶格薄膜的类型.GaAs 薄膜层与 AlGaAs 层交替生长,AlGaAs 的禁带宽度 E_{g2} 大于 GaAs 的 E_{g1}.在 E-k 空间,超晶格周期是叠加在自然晶格周期上的,它使能带进一步分裂,形成量子化状态的子能带:在 GaAs 层的导带中分裂出 E_1,E_2 等;在价带中分裂出 H_1,H_2 等,在 H_1,H_2 中又会出现精细结构.超晶格的带隙为 $E_0 = E_1 - H_1$.GaAs 层的导带底边低于 AlGaAs 层,而价带顶边高于 AlGaAs 层,如图 4-13 所示.这样,电子被限定在 GaAs 层的导带,空穴被限定在 GaAs 层的价带,即超晶格薄膜中的电子和空穴都被束缚在 GaAs 层中,成为电子和空穴的势阱.

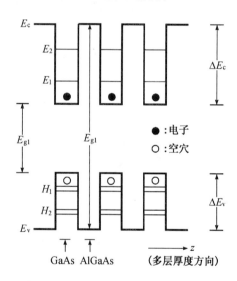

图 4-13　GaAs-AlGaAs 超晶格薄膜的能带图

4.3.3　InAs-GaSb 超晶格薄膜的能带结构

　　InAs-GaSb 体系属于另一种超晶格薄膜类型.InAs 层的导带底边位于比 GaSb 层的价带顶边还低的能级,如图 4-14 所示.于是 InAs 层成为电子的势阱,而 GaSb 层成为空穴的势阱,它们在空间上是分开的;但光子吸收仍是可能的,因为电子和空穴波函数稍有重叠.

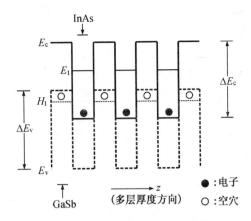

图 4-14　InAs-GaSb 超晶格薄膜的能带图

§4.4　薄膜电学特性的测量方法

　　纳米薄膜的电学特性由电子在薄膜中的输运情况决定. 与块体材料相比, 它主要有两个不同的特点: (1) 薄膜中的电子容易受到电场、热、光子等激发而逸出表面, 产生电子发射, 例如光电子发射、外电场作用下的外场致发射、内电场作用下的隧道发射等. (2) 当薄膜的厚度与电子运动平均自由程可比拟时, 薄膜的表面和界面将影响电子运动. 若薄膜很薄, 限定了电子平均自由程的有效值, 这就是薄膜几何结构所产生的导电特性尺寸效应.

　　薄膜的电学性能测量与普通导线有很大不同, 前者是面电阻, 后者是线电阻. 对于面电阻的测量往往用方块电阻 (指 $1\,cm^2$ 薄膜平面上的电阻) 来表征. 测量的方法是: 先在 $1\,cm^2$ 平面的正方形的对边制作电极, 如图 4-15(a) 所示, 然后测电流-电压曲线, 计算得到方块电阻. 另一简易的方法是: 先在薄膜平面的某部位制备电极, 使两个正、负电极间隙很小 (如 $1\,mm$), 正、负电极相对部位的宽度有 $5\,mm$ 以上, 把电子输运限定在狭缝内, 如图 4-15(b) 所示, 再将这样测到的

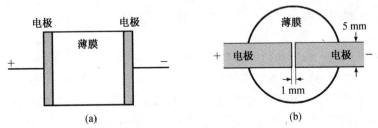

图 4-15　薄膜面电阻的测量

(a) 方块电阻测量法; (b) 狭缝测量法

电阻折算到方块电阻.

测量薄膜厚度方向的电学性能,应该在薄膜的上、下表面之间制备电极.为了避免上、下两个电极引线间的短路,最好把上、下面的电极从不同方位引出.引线不能简单地用鳄鱼夹之类的物品作为接触物,因为鳄鱼夹的接触点很小,压强太大会引起薄膜自身厚度方向的形变,甚至被压穿而造成短路;而应采用蒸镀的方法来制备电极,如图 4-16 所示.

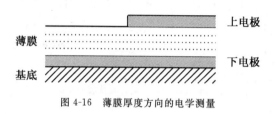

图 4-16　薄膜厚度方向的电学测量

若测量隧道电流,不论是在薄膜的平面方向还是厚度方向,只要存在隧道势垒即可.如图 4-17 所示,若图中两电极间存在由不直接导通的金属纳米粒子所形成的势垒,加上适当的电压,就可产生隧道电流.

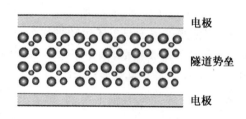

图 4-17　薄膜隧道电流的测量

测量薄膜的电学性能需要注意以下问题:

(1) 施加的电压不能太高,防止产生击穿;同时,在电路中应加入保护电阻或保护装置.

(2) 电极应与薄膜有良好的欧姆接触,不同的薄膜材料需选用不同的电极材料.

(3) 电极的引线不应破坏薄膜本身的结构.

(4) 由于薄膜很薄,本身不能自持,需要有基底材料支撑它;基底材料的电学性能可能会影响薄膜的电学性能测量,所以要求基底的影响越小越好,必要时,在实验数据的处理中要扣除这种影响所造成的误差.

§4.5　导电特性曲线的回路效应

在测量由金属纳米粒子与半导体介质所构成的复合介质薄膜的电学特性时,薄膜存在以下三种可能的导电状态:

(1) 半导体状态导电. 半导体介质和埋藏于其中的金属纳米粒子都起导电作用,以前者为主,但金属纳米粒子的导电也不应忽略. 此时金属纳米粒子产生的导电效应由两部分组成:一是金属纳米粒子中电子被热激发到周围半导体的导带产生的电子导电;另一是电子在金属纳米粒子之间的隧道穿透导电.

(2) 金属纳米粒子构成的迷津结构导电状态. 当金属纳米粒子在复合介质薄膜中的体积分数增大到一定程度后,金属纳米粒子之间形成迷津通道结构. 电子在这些金属纳米粒子的迷津通道中输运,导通状况比半导体状况好得多,但电子的平均自由程受迷津结构限制而小于块体金属中的平均自由程,此时的电导率小于块体金属的电导率. 它的电阻温度系数属于正温度系数,与块体金属的一样.

(3) 过渡状态导电. 当金属纳米粒子在复合介质薄膜中的体积分数处于临界成分时,薄膜的电阻温度系数在零值附近,这时的导电特性既不同于金属状态,也不同于半导体状态,称为过渡状态导电.

以上的导电性能均可能表现为电流-电压关系曲线的非线性变化.

通常,材料的电流-电压特性曲线表现为在电压上升或下降过程中同一电压对应同一电流,但金属纳米粒子与半导体构成的复合介质薄膜有时并不遵从这一规律,而表现出回路效应. 例如 Ag-Cs$_2$O 薄膜在无光照情况下的电流-电压关系曲线呈现出多样性和复杂性[15],如图 4-18 所示. 由此表现出的主要特点有:

(1) 当电压从上升到下降时,电流并不沿原来上升的路径而下降;

(2) 电流的下降曲线可以在上升曲线的上面(如图 4-18(a)和(g)),也可以在上升曲线的下面(如图 4-18(h));

(3) 电流下降曲线可以与上升曲线交叉(如图 4-18(b),(c),(d)和(f)),也可以不交叉(如图 4-18(a),(g)和(h));

(4) 电流下降曲线可能在某一区段与上升曲线重合(如图 4-18(e)和(f));

(5) 电流上升曲线往往是跳动变化(如图 4-18(g)和(h)),而下降曲线跳动较少.

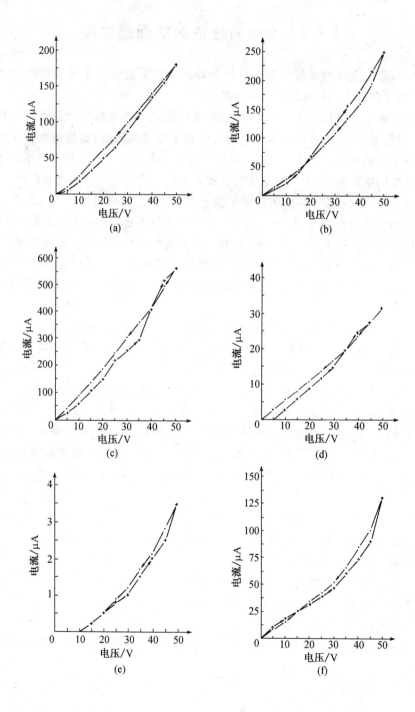

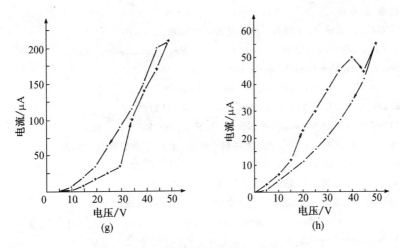

图 4-18　Ag-Cs$_2$O 薄膜表现的非线性导电特性

目前,对复合介质薄膜电流-电压关系曲线的回路效应没有统一的解释.不同的材料、不同的电压范围、不同的薄膜制备工艺,都可能产生不同的回路效应,对此大致有以下几种解释[16]:

(1) 焦耳热的影响.由于薄膜横向导电产生焦耳热,从而增加晶格点阵的振动,使薄膜中某些原来连通的通路被"烧断",薄膜电阻增加[17].

(2) 在外场作用下,薄膜内粒子分布不均匀,造成电场强度不均匀,从而引起薄膜各部分导电状态改变[18].

(3) 薄膜中有离子移动.

(4) 薄膜中存在空间电荷区.在外场作用下,空间电荷分布发生变化,从而改变了薄膜导电状况.

(5) 薄膜材料的电子态中的悬挂键被填充与否,会改变能态分布状况,使导电发生变化.

以上的每一种解释往往能说明某个实验现象,却说明不了另一个实验现象,甚至会产生矛盾,所以还有很多理论工作等待我们去做.

参 考 文 献

[1]　黄昆,韩汝琦.固体物理学.北京:高等教育出版社,1990

[2]　薛增泉,吴全德.薄膜物理.北京:电子工业出版社,1991

[3]　吴全德.物理学报,1979,28:553

[4]　吴全德.物理学报,1979,28:599

[5]　吴全德.物理学报,1979,28:608

［6］　张旭,薛增泉,吴全德. 物理学报,1988,37：924

［7］　吴锦雷,刘惟敏,吴全德等. 科学通报,1993,38(3)：210

［8］　Wu J L ,Zhang X，Xue Z Q，et al. Surf. Rev. Lett. 1996，3(1)：1077

［9］　Scheer J J，Van Laar J. Solid State Comm. ，1965，3：189

［10］　Tsang W T. IEEE J. Quan. Electr. ，1984，20：1119

［11］　Esaki L. IEEE J. Quan. Electr. ，1986，22：1611

［12］　Miller D A B，Chemla D S，Schmitt R S. Phys. Rev. B，1986，33(10)：6976

［13］　陈光华,邓金祥. 新型电子薄膜材料. 北京：化学工业出版社,2002

［14］　Esaki L，Chang L L. Thin Solid Films，1976，36：285

［15］　吴锦雷，吴全德. 无线电电子学汇刊,1983,2：29

［16］　刘惟敏，薛增泉 吴锦雷等. 无线电电子学汇刊,1982,3：19

［17］　Borziak P，et al. Proc. 7th Inter. Vac. Cong. & 3rd Inter. Conf. Solid Surface，Austria：Vienna，1977，p. 2083

［18］　Christy R W，et al. J. Non-Crystalline Solids，1975，17：407

第五章 纳米光电薄膜的光学特性

§5.1 纳米粒子的光吸收

5.1.1 金属纳米粒子的光吸收

最通常的光学特性是材料对光的吸收、反射等性能.光学的最初形成,是试图回答人为什么能够看见周围物体这样一个问题.例如,古希腊的一些哲学家认为,眼睛之所以能识别物体,在某种程度上类似于手对物体的触摸,按照他们的观点,从人的眼睛向被观察的物体伸展着某些好像是"触须"的东西.看来,这种观念是一切先天意识所常有的,像"视线探索"、"眼光透过"这类流行的比喻,就可以说明这一点.但同样是在古希腊,也曾有这样的见解:光是从物体发出的.某些物体在一定条件下是光源,它们发出的光射入我们的眼睛而引起视觉;另一些物体则是靠捕捉光或改变光的传播方向(反射、散射)才成为可见的.于是,"光"这个词就用来表示发生于我们周围的那种客观现象.后来,物理学推广了这个概念,光学问题涉及光的波动、吸收、反射、折射、辐射、衍射、干涉、偏振以及光的微粒性等.

生活中的光指可见光,可见光的波长在 $400\sim760\,\mathrm{nm}$ 的范围.在这个范围内,不同波长的光呈现不同的颜色,如表 5-1 所示.波长范围为 $400\sim430\,\mathrm{nm}$ 的光呈紫色,$430\sim450\,\mathrm{nm}$ 的呈蓝色,$450\sim500\,\mathrm{nm}$ 的呈青色,$500\sim550\,\mathrm{nm}$ 的呈绿色,$550\sim600\,\mathrm{nm}$ 的呈黄色,$600\sim650\,\mathrm{nm}$ 的呈橙色,$650\sim760\,\mathrm{nm}$ 的呈红色.波长小于 $400\,\mathrm{nm}$ 的光称为紫外光,大于 $760\,\mathrm{nm}$ 的光称为红外光.波长单一的光称为单色光,白光由各种波长的光混合而成.

表 5-1　光的颜色与光波长

波长/nm	视觉颜色	波长/nm	视觉颜色
<400	不可见	550~600	黄色
400~430	紫色	600~650	橙色
430~450	蓝色	650~760	红色
450~500	青色	>760	不可见
500~550	绿色		

当光照射物质时,或多或少地会被吸收.光的吸收通常带有波长选择性,即不同波长的光的被吸收程度不同.因为波长决定着颜色,一般说来,在物质内,不同颜色的光被吸收的量也不同.对所有波长的可见光都很少吸收的物体就是无色透明体,例如厚度为 1 cm 的玻璃对可见光只吸收约 1%(但普通玻璃对紫外线却有较强的吸收).若一个透光体在可见光范围内表现出选择性吸收时,则呈现为有色透过体.例如对红光吸收得很少而对绿光、蓝光及紫光吸收得很多的玻璃,若将白光照射在这种玻璃上,白光中波长较短的光线都被吸收,则只有波长较长的光才能透过而引起红色的视觉;当用绿光或蓝光照射这种玻璃时,玻璃呈现"黑色",因为它吸收了这些光线.

人眼对不同波长的光的敏感性不同:在观察黄色和绿色光时,敏感性最好;对红色和蓝色光的敏感性差;而对紫外光和红外光,人眼视而不见,完全没有敏感性.白天的日光由各种波长的光线组成,人眼的感觉是白色的,如果光线很弱,人眼的感觉是灰色的.白天,人眼的视觉敏感性好;黑夜,人眼对暗适应,即瞳孔放大后,相对视觉敏感性曲线向短波的方向偏移,而对红光的敏感性降低,红色的物体往往被看成黑色.

大块金属具有不同颜色的光泽,这表明它们对可见光范围的各种波长的反射和吸收能力不同.当粒子的尺寸减小到纳米数量级时,粒子的颜色要发生变化.金属纳米粒子对可见光的反射率很低.虽然 Au 的颜色是金黄色,Ag 的颜色是银白色,但当它们若以纳米微粒形式存在时都呈现相同的灰黑色.Au 纳米粒子的反射率小于 8%,Pt 纳米粒子的反射率仅为 4%,这种低反射率、强吸收率导致人眼对金属纳米粒子的视觉效果都是灰黑色的.一般地,金属纳米微粒对光的反射率低于 10%.

5.1.2 纳米粒子分散系的丁铎尔效应

纳米粒子分散于溶胶介质中形成分散物系(溶胶),这时纳米粒子又称为胶体粒子或分散相.由于在溶胶中胶体的高分散性和不均匀性,使得分散物系具有特殊的光学特征.例如,让一束聚集的光线通过这种分散物系,在入射光的垂直方向可看到一个发光的圆锥体,如图5-1所示.这种现象是在 1869 年由英国物理学家丁铎尔(Tyndal)发现的,称为丁铎尔效应,这个圆锥称为丁铎尔圆锥.丁铎尔效应与分散粒子的大小及入射光的波长有关.当分散粒子的直径(简称粒径)大于入射光波长时,光入射

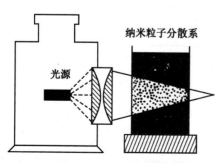

图 5-1　纳米粒子分散系的丁铎尔效应

到粒子上就被反射;如果粒子直径小于入射光的波长,光可以绕过粒子而沿各方向传播,发生散射(这里的散射光也被称做乳光).由于纳米粒子的直径比可见光的波长要小得多,所以丁铎尔效应中的纳米粒子分散系以散射为主.它具有以下特点[1]:

(1)散射光强度(即乳光强度)与粒子体积的平方成正比.对分子溶液,因分子体积太小,虽有乳光,但很微弱.若悬浮体的粒子尺寸大于可见光波长,则没有乳光,只有反射光.只有纳米粒子形成的溶胶才能产生丁铎尔效应.

(2)散射光强度与入射光波长的4次方成反比.入射光的波长越短,散射越强.如果照射在溶胶上的是白光,则其中蓝光与紫光的散射较强,所以侧面的散射光呈现淡蓝色,而正面的透射光呈现橙红色.

(3)分散相与分散介质的折射率相差越大,粒子的散射光越强.对分散相和介质间没有亲和力或亲和力很弱的溶胶,由于分散相与分散介质间有明显界限,两者折射率相差很大,散射光很强,丁铎尔效应很明显.

(4)散射光的强度与单位体积内的胶体粒子数成正比.

5.1.3 蓝移和红移现象

与大块材料相比,纳米粒子的光吸收谱有时蓝移,有时红移.蓝移和红移是指一种材料不同形态的光吸收谱峰所处位置(简称峰位)的变化,即以通常块体形态的光吸收峰为基准,另一种形态的光吸收峰位向短波方向移动称为蓝移,向长波方向移动称为红移.

光表现有波动性,也表现有粒子性.1900年,普朗克首先提出一个假说:光是一份一份发射出的,每一份的能量等于$h\nu$,这里的ν是光波的频率,h是常数,后来称为普朗克常数.1905年,爱因斯坦提出光电发射理论,假设光以$E=h\nu$的能量份额被物质吸收,光电现象的各种基本规律都得到解释.具有这样能量份额的光就是光线中的最小单位,称为光子.光子能量E与光波长λ的关系如下:

$$E = h\nu = hc/\lambda = 1239.84/\lambda, \tag{5.1}$$

式中c是光在真空中传播的速度,λ的单位是nm,E的单位是eV.由式(5.1)可以计算λ与E的对应数值,列于表5-2.不同波长的光子具有不同的能量,在可见光波段,紫光的光子能量较大(2.9~3.1 eV),而红光的光子能量较小(1.6~1.9 eV).

表 5-2 光波长与光子能量的对应数值

λ/nm	300	400	450	500	550	600	650	700	760	1000
E/eV	4.13	3.10	2.75	2.48	2.25	2.07	1.91	1.77	1.63	1.24

光照射到物质时有些光被吸收,这时吸收的光子能量被传递给物质,物质中的原子、电子接收这些能量后会产生运动;电子还可能从一种能量状态被激发到高一级的能量状态.光与物质的相互作用经常表现为光子与电子之间的能量交换.

SiC 纳米粒子的红外光吸收波长是 12 285 nm,它比块体 SiC 的吸收波长 12 594 nm 蓝移了 309 nm.

图 5-2 给出了 CdS 纳米粒子在不同尺寸下的光吸收谱[2].随着粒子平均直径(即粒径)由 6 nm 变化到 1 nm,吸收谱曲线由Ⅳ变化到Ⅰ,吸收谱明显蓝移.

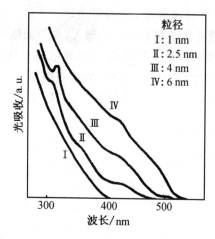

图 5-2 CdS 溶胶纳米粒子在不同尺寸下的吸收谱

NiO 纳米粒子的吸收谱峰位比较复杂[3].单晶 NiO 在 200～1400 nm 波长范围中呈现 8 个吸收带,它们的峰位分别为 3.52 eV,3.25 eV,2.95 eV,2.75 eV, 2.45 eV,2.15 eV,1.95 eV 和 1.13 eV.粒径为 54～84 nm 的 NiO 纳米粒子不出现 3.52 eV 的吸收带,其他 7 个吸收带的峰位分别为 3.30 eV,2.99 eV,2.78 eV, 2.25 eV,1.92 eV,1.72 eV 和 1.03 eV,其中前 4 个吸收带的峰位发生蓝移,后 3 个吸收带的峰位发生红移.造成这种现象的原因在于,光吸收带的位置是由影响峰位的蓝移因素和红移因素共同作用的结果.如果前者的影响大于后者, 吸收带蓝移;反之,吸收带红移.纳米粒子的尺寸减小会导致电子能级间距加大,于是产生吸收带的蓝移;同时,粒径的减小使粒子内部应力增加.内应力 P 的公式为

$$P = 2B / r, \tag{5.2}$$

式中 B 为表面张力,r 为粒子半径.这种内应力的增加会导致纳米粒子内部电子能级的变化.电子能级间距变窄,电子吸收能量较小的光子就可以产生电子在能

级间的跃迁,这就使吸收峰位发生红移.

5.1.4 纳米粒子的紫外光吸收特性

当粒子尺寸小到纳米数量级,粒子表面的原子与内部的原子在数量上可比拟,这样,处于表面的电子产生表面效应,加上粒子内部的电子运动平均自由路程受到粒子尺寸的限制而产生的尺寸效应,纳米粒子所表现出的光学特性与同样材质大块物体有很大不同.

有时,由纳米粒子构成的薄膜会出现块体材料所没有的光吸收带.例如普通块体 Al_2O_3 只有两个吸收带,峰位分别为 5.45 eV 和 4.84 eV,而粒径为 80 nm 的 Al_2O_3 有 7 个吸收带[4],峰位分别为 6.02 eV,5.34 eV,4.84 eV,4.21 eV,3.74 eV,2.64 eV 和 2.00 eV.这是因为在大量纳米粒子的界面中存在很多缺陷(如空位、夹杂等),这些界面形成了高浓度的色散中心,使纳米粒子薄膜呈现新的光吸收带.

Al_2O_3 纳米粒子粉体对波长为 250 nm 以下的紫外线有很强的吸收能力,这个特性可以应用于日光灯管.日光灯管是利用水银蒸气的紫外线来激发灯管壁的荧光粉发出白光的,水银蒸气的紫外线泄漏对长期在日光灯下工作的人体有损害.现在,人们把 Al_2O_3 纳米粒子掺到稀土荧光粉中,既不降低荧光粉的发光效率,又可吸收掉有害的紫外线.

目前,将纳米粒子与树脂混合用于紫外光吸收的例子很多,例如防晒霜和化妆品等.大气中的紫外线主要在 300～400 nm 波段,太阳光对人体有伤害的紫外线也在此波段,对于防晒霜和化妆品就是选择添加对这个波段有强吸收的纳米粒子.最近研究表明,TiO_2,ZnO,SiO_2,Al_2O_3 和 Fe_2O_3 等纳米粒子都具有在这个波段吸收紫外光的能力.但这里需要强调的是,护肤品中所添加的纳米粒子的粒径不能太小,否则会将人体皮肤的汗孔堵死,不利于身体健康,而粒径太大,紫外吸收又会偏离这个波段.为了解决这个问题,应该在具有强紫外吸收的纳米粒子表面包敷一层对身体无害的高聚合物,将这种复合体加入到防晒霜和化妆品中,既发挥了纳米粒子的作用,又改善了护肤品的性能.

塑料制品在紫外线照射下很容易老化、变脆.如果在塑料表面上涂一层含有纳米粒子的透明涂层,这种涂层对波长为 300～400 nm 的紫外光有较强的吸收性能,就可以防止塑料老化.汽车、舰船的表面都需涂油漆,先在表面涂底漆,再在其上涂面漆.底漆主要以氯丁橡胶、双酚树脂或者环氧树脂为主要原料,这些树脂和橡胶类的高聚合物在阳光的紫外线照射下很容易老化、变脆,加速油漆脱落.如果在油漆中加入能强烈吸收紫外线的纳米粒子,就可起到保护底漆的作用,因此研究添加纳米粒子而具有紫外吸收的油漆是十分重要的.

5.1.5 纳米粒子的红外光吸收和反射

红外吸收材料在日常生活中和军事上都有广泛的应用. 一些纳米粒子具有较强的吸收红外光的特性, 例如 Al_2O_3, SiO_2 和 Fe_2O_3 等纳米粒子的复合粉就具有这种功能. 把它们添加到纤维中制成衣服, 对人体自身发射的红外线有较强的吸收作用, 同时又反射回人体, 这就增加了保暖性能, 于是可以减轻衣服重量(有人估计可减轻 30%). 不过, 也应指出的是, 随着衣服的穿着和洗涤, 这种衣服的保暖性能会有很大的减弱.

人体释放的红外线大多在 $4\sim16\ \mu m$ 波段. 在军事上, 这个波段的红外线容易被高灵敏度的夜视仪探测到, 尤其是在夜间, 以为对方看不见自己, 其实已被探测看到, 因此研究屏蔽人体红外线的衣服是很必要的. 由添加纳米粒子的纤维制成的衣服就有这种作用, 可以防止人体被红外探测器发现, 起到红外隐身效果.

纳米粒子薄膜材料在照明工业也有很好的应用. 高压钠灯和用于拍照摄影的碘弧灯都要求强照明, 但是约有 2/3 的电能转化为红外线而成为热能, 仅有少部分电能转化为光能来照明. 如何提高发光效率, 增加照明度是一个研究课题. 20 世纪 80 年代, 人们用 SiO_2 纳米粒子和 TiO_2 纳米粒子制成多层干涉膜, 衬在灯泡罩的内壁, 利用这些纳米粒子很强的红外线反射能力, 保持灯泡中的灯丝温度, 节约电能约 15%. 表 5-3 给出了具有外线反射膜的灯泡的特性[5].

表 5-3 具有红外线反射膜的灯泡特性

灯泡型号	消耗电的功率/W	节约电能/(%)	照度/lm	效率/lm·W^{-1}
75W, JD100V, 65WN-E	65	13.3	1120	17.2
100W, JD100V, 85WN-E	85	15.0	1600	18.8
150W, JD100V, 130WN-E	130	13.3	2400	18.5

§5.2 纳米光电薄膜的光吸收谱

5.2.1 纳米光电薄膜的光吸收实验现象

材料的光吸收与入射光的波长有关,即与入射光子能量有关.光吸收系数随入射光波长变化的关系就构成光吸收谱.不同材料的光吸收谱是不同的,它反映了在光子激发下材料中的电子跃迁和运动情况.纳米光电功能薄膜的光吸收谱与薄膜体系的成分、结构、纳米粒子尺寸、纳米粒子形状等因素有关,它反映了金属纳米粒子中和半导体中的电子在其能带间的跃迁,也反映了半导体中杂质能级的状况.

这里,将以金属纳米粒子-半导体复合介质薄膜为例说明纳米光电薄膜的光吸收谱.

将沉积在玻璃基底上的被测薄膜样品置入吸收谱仪,并在参考光路中放入同样规格的玻璃片,以扣除玻璃基底对光吸收的影响,便可以测得薄膜的光吸收谱线.

图 5-3 为 Ag-BaO 薄膜(未经 Ba 激活)的吸收光谱.在波长为 502 nm(对应的入射光子能量为 2.47 eV)附近有一个明显的吸收峰,峰的半高宽约为 160 nm.实验上测得 Ag 纳米粒子的平均直径为 10 nm.

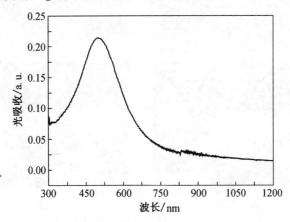

图 5-3　Ag-BaO 薄膜(未经 Ba 激活)的光吸收特性

依次增加 Ag 在 BaO 半导体基质中的体积分数,并经退火处理,得到 Ag 粒子尺寸逐渐增大的一组 Ag-BaO 薄膜样品,光吸收谱如图 5-4 所示.图中曲线Ⅰ~Ⅳ分别对应 Ag 粒子的平均直径为 10 nm,15 nm,20 nm 和 30 nm,可见光区吸收峰随 Ag 纳米粒子的粒径增大,出现明显的峰位红移和吸收带的展宽.图 5-5 为该组样品的 TEM 形貌像.

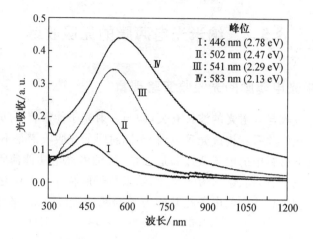

图 5-4 不同粒径的 Ag 纳米粒子构成的 Ag-BaO 薄膜的光吸收特性

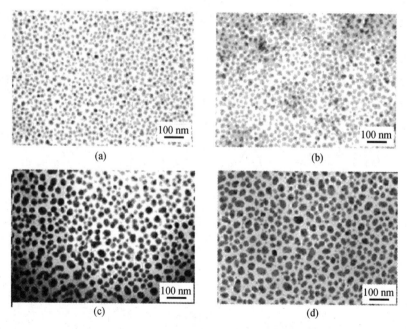

图 5-5 不同粒径的 Ag 纳米粒子构成的 Ag-BaO 薄膜 TEM 形貌像

(a)～(d) 所显示的 Ag 纳米粒子平均粒径分别为 10 nm, 15 nm, 20 nm, 30 nm.

　　采用与 Ag-BaO 薄膜相同的制备工艺, 可得到一组不同 Au 体积分数的 Au-BaO 薄膜样品, 其吸收光谱示于图 5-6. 图中曲线 I～IV 对应的 Au 含量依次增加. Au-BaO 薄膜在可见光至近红外波段与 Ag-BaO 薄膜的光吸收特性非常相近; 但在近紫外波段, 当入射光子能量高于 2.43 eV 时, 表现出吸收强度逐渐增加的趋势,这一点与 Ag-BaO 薄膜完全不同.图 5-7(a)～(d)给出了该组薄膜样品的 TEM 形貌像,随 Au 纳米粒子体积分数的增加,相应的粒子尺寸逐渐增大.曲线Ⅰ～Ⅲ分别对应于 Au 纳米粒子直径为 5 nm,10 nm 和 15 nm.由图中还可以看到,虽然 Au 在 BaO 半导体基质中也能形成纳米粒子,但其形状不够规则,且在 Au 含量较大时容易形成迷津结构.

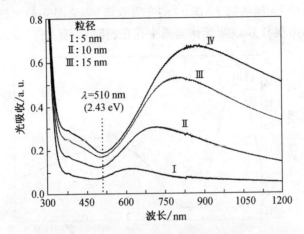

图 5-6　不同粒径的 Au 纳米粒子构成的 Au-BaO 薄膜的光吸收特性

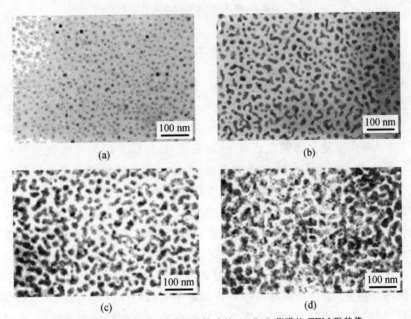

图 5-7　不同粒径的 Au 纳米粒子构成的 Au-BaO 薄膜的 TEM 形貌像

(a)～(c) 所显示的 Au 纳米粒子平均粒径分别为 5 nm,10 nm,15 nm;

(d) 为由 Au 纳米粒子构成的迷津结构.

在 Ag-BaO 光电发射薄膜的制备过程中,为了降低薄膜表面的逸出功,通常采用在薄膜表面蒸积少量 Ba 的方法进行表面激活处理.超额 Ba 的引入,一方面会降低薄膜表面的逸出功,另一方面也会对 BaO 半导体基质的结构产生影响.图 5-8 为经超额 Ba 激活的 Ag-BaO 薄膜的光吸收特性,除了在可见光区有一个明显的吸收峰外,还在近红外波段出现一个次吸收峰(中心波长在 861 nm 处).通过与未经 Ba 激活的 Ag-BaO 的光吸收谱(参见图 5-3)比较,可以推断这个次吸收峰的出现与 BaO 半导体基质中存在超额 Ba 有关[6].

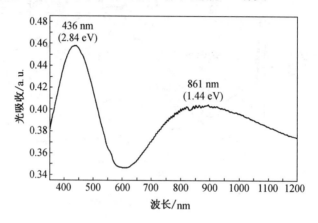

图 5-8 超额 Ba 激活的 Ag-BaO 薄膜的光吸收特性

5.2.2 金属纳米粒子的表面等离子激元共振吸收

从图 5-3 和 5-4 可以看到,Ag-BaO 复合薄膜在可见光至近红外波段有很强的选择性光吸收,这与块体 Ag 膜的光学特性有很大不同.

当半导体基质选择为碱金属或碱土金属氧化物等宽禁带材料时,金属纳米粒子-半导体介质复合薄膜在近紫外-可见光-近红外波段的光吸收主要来自于金属粒子内自由电子和束缚电子的贡献.半导体中杂质能级电子的带际跃迁会对复合薄膜体系在近红外波段的光吸收特性产生一定的影响.下面,我们从导带自由电子引起的表面等离子激元共振吸收[7,8]、束缚电子的带间跃迁吸收和杂质能级电子对光吸收的影响等三个方面讨论金属纳米粒子-半导体介质复合薄膜的光吸收特性.

考虑一个粒径足够小,以致与入射光波长可比拟的球形金属粒子置于电磁场中的物理模型,假设金属导带中的自由电子在微粒体内均匀分布,当交变电场出现后,微粒体内的自由电子会在交变电场作用下出现局域密度起伏.由于电子之间的库仑作用是长程力,电子分布的局域密度起伏将会引发整个电子系统沿电场方向的集体运动.在金属纳米粒子中,这些自由电子作为整体(电子气)相对于正离子背景的运动因受到微粒边界的限域而最终导致正、负电荷中心的分离，并沿电场方向在表面建立起极化电荷，如图 5-9 所示. 调节外部电场的交变频率，沿电场建立起来的表面极化电荷所提供的回复力将使微粒体内电子气在某一个合适的频率附近形成密度振荡共振. 这种限域在金属微粒体内的自由电子气所产生的密度振荡共振与金属体内的等离子体振荡的诱发机理类似，称为表面等离子激元共振. 就金属纳米粒子复合体系的光吸收而言，如果微粒体内自由电子气在某一合适的频率处发生密度振荡共振，就会产生强烈的共振光吸收而出现峰值，限域在金属微粒体内的导带中自由电子气在光场作用下发生的集体振荡直接导致了金属纳米粒子体系的选择性光吸收. 粒子的大小、形状、分布及表面特性等因素都会对这一吸收的吸收峰位、峰值高度和峰的半高宽产生影响.

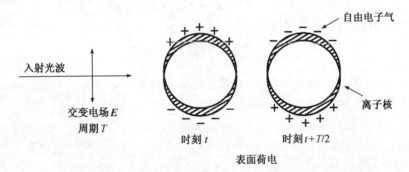

图 5-9　在光场作用下金属纳米粒子体内正、负电荷中心分离的示意图

5.2.3　薄膜光吸收的有效介质理论

米氏(Mie)理论[9]和 Maxwell-Garnett 有效介质理论(简称 M-G 理论)[10]最早描述了金属纳米粒子-介质复合体系的光学特性. 该理论假设一个金属粒子孤立于介质中，光波长远大于粒子直径. 当金属粒子在介质中的体积分数较小，且粒子近似为球形时，该理论可以很好地反映实验结果；但随着金属体积分数的增加，当金属纳米粒子的粒径相应增大，且粒子形状偏离球形时，M-G 理论与实验结果之间会出现相当大的偏差. Cohen 等人[11]在米氏理论和 M-G 理论的基础上考虑了微粒的形状效应，通过引入能反映金属微粒几何形状特点的退极化因子 L_m，给出了与实验结果相符较好的修正的 M-G 理论

$$\frac{\varepsilon_{eff} - \varepsilon_i}{L_m \varepsilon_{eff} + (1 - L_m)\varepsilon_i} = p \frac{\varepsilon_m - \varepsilon_i}{L_m \varepsilon_m + (1 - L_m)\varepsilon_i}, \tag{5.3}$$

式中 ε_{eff} 为金属纳米粒子-介质复合体系的有效复介电常数：$\varepsilon_{eff} = \varepsilon_{eff1} + i\varepsilon_{eff2}$，$\varepsilon_i$ 为介质的介电常数，ε_m 是金属微粒的复介电常数：$\varepsilon_m = \varepsilon_{m1} + i\varepsilon_{m2}$，$p$ 为金属微粒在介质复合体系中所占的体积分数(或称为体积填充因子).

　　在利用 M-G 理论处理金属纳米粒子复合体系的光吸收问题时，ε_i 通常只考虑其实数部分，其原因在于，金属微粒赖以埋藏的介质一般选择为宽禁带材料（如 SiO_2 或 Al_2O_3 等），在可见光至近红外波段的带际激发跃迁吸收近似为零，且杂质吸收亦为一个小量，因此与光吸收相关的复介电常数或复折射率虚数部分的值很小，可以忽略不计. 在上述实验中，碱金属氧化物和碱土金属氧化物半导体均具有较宽的禁带宽度[12,13]（如 BaO 的禁带宽度为 $3.8\,eV$），也可以只考虑其介电常数 ε_i 的实部.

　　当金属微粒近似为球形时，$L_m \approx 1/3$[14]. 由式（5.3）可得此时复合体系的有效介电常数为

$$\varepsilon_{eff} = \varepsilon_i + 3p\varepsilon_i \frac{\varepsilon_m - \varepsilon_i}{(1-p)\varepsilon_m + (2+p)\varepsilon_i}. \tag{5.4}$$

在 $p \ll 1$ 的情况下，上式简化为

$$\varepsilon_{eff} = \varepsilon_i + 3p\varepsilon_i \frac{\varepsilon_m - \varepsilon_i}{\varepsilon_m + 2\varepsilon_i}. \tag{5.5}$$

式（5.5）为一般的金属纳米粒子-介质复合体系有效介电常数的表达式. ε_{eff} 取极值的条件为

$$\varepsilon_m(\omega) + 2\varepsilon_i(\omega) = 0, \tag{5.6}$$

即

$$\left[\varepsilon_{m1}(\omega) + 2\varepsilon_i(\omega)\right]_{\omega=\omega_0} = 0, \quad \varepsilon_{m2} = 0, \tag{5.7}$$

式中 ω 为入射光角频率，ω_0 为等离子激元共振角频率.

　　在球形粒子尺寸足够小的情况下，基于 M-G 理论的金属纳米粒子-介质复合体系的总光吸收系数 α_{abs} 可以表示为[15]

$$\alpha_{abs} = 9p \frac{\omega}{c} \varepsilon_i^{3/2} \frac{\varepsilon_{m2}}{(\varepsilon_{m1} + 2\varepsilon_i)^2 + \varepsilon_{m2}^2}, \tag{5.8}$$

式中 c 为光速. 当式（5.6）表示的频率条件满足时，光吸收在频率 ω_0 处出现峰值. 由 M-G 理论计算所得到的光吸收峰值就是金属微粒体内导带电子的表面等离子激元共振吸收峰值.

5.2.4　纳米粒子复合薄膜的光吸收系数

　　一般地，金属的复介电常数 ε_m 由两部分组成[16]：自由电子的贡献 ε_{mf} 和束缚电子的贡献 ε_{mb}，记为

$$\varepsilon_m = \varepsilon_{mf} + \varepsilon_{mb}. \tag{5.9}$$

根据德鲁德（Drude）自由电子理论，ε_{mf} 可表示为[17]

$$\varepsilon_{mf} = 1 - \frac{\omega_p^2}{\omega(\omega + i\gamma)}, \tag{5.10}$$

式中 γ 为与自由电子弛豫过程相对应的阻尼常数：$\gamma = 1/\tau$，τ 为自由电子的平均

弛豫时间,ω_p 为金属的等离子激元角频率:

$$\omega_p^2 = N_0 e^2 / m_0 \varepsilon_0, \tag{5.11}$$

N_0 为导带电子密度,ε_0 为真空介电常数:$\varepsilon_0 = 8.85 \times 10^{-12} \, \text{F/m}$,$e$ 和 m_0 分别为电子的电量和有效质量.

为讨论方便,将 $\varepsilon_{mf} = \varepsilon_{mf1} + \mathrm{i}\varepsilon_{mf2}$ 中的实部和虚部分别表示为

$$\varepsilon_{mf1} = 1 - \frac{\omega_p^2}{\omega^2 + \gamma^2}, \tag{5.12}$$

$$\varepsilon_{mf2} = \frac{\omega_p^2 \gamma}{\omega(\omega^2 + \gamma^2)}. \tag{5.13}$$

在可见光至近红外波段,若满足条件 $\omega \gg \gamma$,则以上两式可简化为

$$\varepsilon_{mf1} \approx 1 - \frac{\omega_p^2}{\omega^2}, \tag{5.14}$$

$$\varepsilon_{mf2} \approx \frac{\omega_p^2 \gamma}{\omega^3}. \tag{5.15}$$

由束缚电子带间跃迁导致的 ε_{mb} 可由洛伦兹谐振子模型给出,表示为[18]

$$\varepsilon_{mb} = \sum_j \frac{f_j \omega_{pj}^2}{\omega_j^2 - \omega(\omega + \mathrm{i}\gamma_j)}, \tag{5.16}$$

式中 f_j 为第 j 个带间跃迁振子强度,ω_{pj} 为第 j 个带间跃迁对应的等离子激元角频率,γ_j 是与第 j 个带间跃迁电子弛豫过程相对应的阻尼常数.

考虑到 Ag 和 Au 的第一带间跃迁能量阈值分别为 $3.9 \, \text{eV}$[19] 和 $2.4 \, \text{eV}$[20],均偏离实验中所观察到的 Ag-BaO 薄膜和 Au-BaO 薄膜的表面等离子激元共振吸收带,因此这两个金属纳米粒子复合体系在可见光至近红外波段的表面等离子激元共振吸收中,束缚电子对金属介电常数的贡献很小,可以只考虑金属微粒体内自由电子的贡献.据此,将式(5.14)和(5.15)代入式(5.8),可得到金属粒子体积分数足够小($p \ll 1$)的情况下金属纳米粒子-介质复合体系的总光吸收系数

$$\alpha_{abs} = \frac{9 p \gamma \varepsilon_i^{3/2} \omega_p^2}{c(1 + 2\varepsilon_i)^2} \frac{\omega^2}{(\omega^2 - \omega_0^2)^2 + \gamma^2 \omega_0^4 / \omega^2}, \tag{5.17}$$

式中

$$\omega_0 = \omega_p / \sqrt{1 + 2\varepsilon_i}. \tag{5.18}$$

将式(5.14)代入表示极值条件(5.7),可直接得到与式(5.18)完全一致的 ω_0 的表达式.因此,这里的 ω_0 即为光吸收极大时对应的角频率,称为表面等离子激元共振角频率.

由式(5.17)给出的吸收光谱峰值位于 ω_0,半高宽约等于 γ.假设等离子激元角频率 ω_p 在尺寸不同的金属纳米粒子中的差别可以忽略不计,由式(5.18)可知,金属纳米粒子复合体系的光吸收峰位与粒子尺寸无依赖关系.至于阻尼常数 γ(即吸收带的半高宽),则与自由电子在金属微粒中的散射过程有关,可以表示为

$$\gamma = 1/\tau = u_F/L_{\text{eff}}, \tag{5.19}$$

式中 u_F 为电子的费米速度，L_{eff} 为自由电子散射的有效平均自由程. 当粒子尺寸小于电子的平均自由程时，Kreibig[21] 给出 $L_{\text{eff}} = 4r/3$（r 为金属微粒的半径），代入式(5.19)，可得自由电子弛豫过程阻尼常数，即表面等离子激元共振吸收带半高宽为

$$\gamma = 3u_F/4r. \tag{5.20}$$

此式表明，金属纳米粒子复合体系表面等离子激元共振吸收带的半高宽 γ 与粒子半径 r 成反比.

需要指出的是，式(5.18)不仅给出金属纳米粒子复合体系表面等离子激元共振吸收峰的位置，而且还揭示了金属纳米粒子与块体金属之间存在迥异光学性质的物理本质，即金属纳米粒子的表面等离子激元共振角频率 ω_0 要比金属的等离子激元角频率 ω_p 小很多. 以 Ag 为例，取 $N_0 = 5.85 \times 10^{22}/\text{cm}^{3[22]}$，由式(5.11)可以计算得到 Ag 的体等离子激元能量为 $\hbar\omega_p = 8.99\,\text{eV}$（$\hbar = h/2\pi$）. 当 Ag 埋藏在 BaO 半导体基质中形成纳米粒子时，取 BaO 的介电常数为 $\varepsilon_i = 4$，由式(5.18)可得 Ag 纳米粒子的表面等离子激元共振能量为 $2.99\,\text{eV}$. 可见，对波长范围为 $300\sim1200\,\text{nm}$、相应光子能量为 $1\sim4.1\,\text{eV}$ 的入射光而言，只能激发样品的表面等离子激元，而不能激发其体等离子激元. 因此，在上述波长范围的光场作用下，Ag 纳米粒子中的自由电子行为可以由一个振荡系统描述，而块体 Ag 中的自由电子则由一个弛豫系统描述. 这就是在可见光至近红外波段 Ag-BaO 复合薄膜存在明显的吸收峰（参见图 5-3），而连续的 Ag 膜却很难观察到选择性光吸收的物理原因.

5.2.5 吸收峰位红移和吸收带展宽效应

传统的 M-G 理论关于金属纳米粒子复合体系光吸收问题的讨论（如式(5.8)给出的光吸收系数表达式）都是在假设金属纳米粒子具有单一尺寸且体积分数很小（$p \ll 1$）的情况下展开的，并得出表面等离子激元共振吸收峰位与粒径无关以及吸收带半高宽与粒径成反比的结论. 实验表明，当金属微粒所占的体积分数较大时，金属纳米粒子复合体系的表面等离子共振吸收将与理论计算结果出现相当大的偏离：其一，表现为实验所得吸收峰的半高宽要比理论值大许多；其二，如果金属微粒体积分数的增加导致金属粒子的长大，在实验中光的吸收峰位在一定程度上表现出与粒子尺寸的依赖关系（如图 5-4 和 5-6 所示）.

出现这种偏离的原因在于，当金属微粒的体积分数较大时，由式(5.4)得到的 ε_{eff} 取极值的条件变为

$$(1-p)\varepsilon_m(\omega) + (2+p)\varepsilon_i(\omega) = 0, \tag{5.21}$$

即

$$\left[(1-p)\varepsilon_{m1}(\omega) + (2+p)\varepsilon_i(\omega)\right]_{\omega=\omega_0} = 0, \quad \varepsilon_{m2} = 0. \tag{5.22}$$

将式(5.14)代入上式,可得此时的吸收峰值角频率 ω_0 为

$$\omega_0 = \omega_p \left/ \left(1 + \frac{2+p}{1-p}\varepsilon_i\right)^{1/2} \right. , \tag{5.23}$$

式中 p 取值在 0~1 之间. 式(5.23)表明,随着 p 增大,ω_0 减小. 这就意味着,金属纳米粒子复合体系的吸收峰位随金属微粒在薄膜中的体积分数的增加而向长波方向移动(即光吸收红移),这与如图 5-4 和 5-6 所示的实验结果是相吻合的. 就 Ag-BaO 薄膜而言,取 $\hbar\omega_p = 2.99\,\mathrm{eV}$,$\varepsilon_i = 4$,理论计算得到的吸收峰位 $\hbar\omega_0$ 随体积分数 p 变化的关系曲线如图 5-10 所示. 图中曲线清楚地显示了 $\hbar\omega_0$ 随 p 的增大而减小的趋势;A,B,C,D 点分别与图 5-4 中曲线 I~IV 的体积分数和共振吸收峰相位对应.

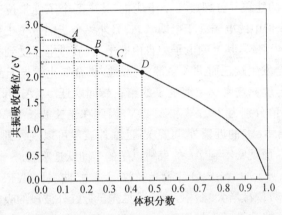

图 5-10　Ag-BaO 薄膜表面等离子共振吸收峰位与 Ag 纳米粒子
所占体积分数的理论计算关系曲线

Ag-BaO 薄膜表面等离子激元共振吸收带的展宽现象也与实际体系中 Ag 的体积分数较大有关. 随着金属元素体积分数的增加,半导体基质中将会出现部分由小金属粒子相互连接聚集而成的较大尺寸的粒子,同时保留有部分未长大的小金属粒子,这将使得粒子尺寸的分布更加不均匀,导致金属纳米粒子复合体系表面等离子激元共振吸收峰的展宽. 如图 5-5 和 5-7 所示的 TEM 形貌像显示了金属微粒体积分数对粒子尺寸分布的影响,可以看到,金属微粒尺寸分布的不均匀性在金属微粒体积分数较大时表现尤为明显.

M-G 理论关于金属粒子尺寸越大,其光吸收带越窄的结论(见式(5.20))虽与实验结果不符,但并不矛盾. 其原因在于,M-G 理论在讨论粒径对光吸收峰带宽的影响时,并未计入粒子尺寸分布因素,换言之,当复合体系中金属微粒的体积分数增加时,吸收峰带宽会出现因粒径增大而变窄与粒子尺寸分布不均匀导致的展宽效应之间的竞争. 当后者对吸收带宽的影响占优势时,表现为表面等离子激元共振吸收峰随粒子平均尺寸的增加而展宽. 因此,实验中所观察到的金属

纳米粒子复合体系表面等离子激元共振吸收随粒子平均尺寸增大而表现出的峰位红移和吸收带展宽现象,其本质是金属微粒体积分数增加及其诱发的粒子尺寸分布不均匀对光吸收特性的影响.

5.2.6　束缚电子的带间跃迁吸收

当考虑到金属纳米粒子-半导体介质复合薄膜在近紫外波段的吸收特性时,还必须计入金属微粒体内束缚电子带间跃迁吸收产生的影响.束缚电子的受激带间跃迁吸收与金属微粒体内能带结构密切相关.

就贵金属而言,其体内能带结构[23,24]可以简单地描述为:原子最外层的 d 电子和 s 电子所在的能级共分裂成 6 个子能带,其中 5 个子能带位于费米能级下方构成平滑 d 带,d 带中的电子处于束缚状态;另外一个子能带位于费米能级附近构成导带(或称为 s-p 带),其上的电子为自由电子.当 d 带电子受到具有一定能量的光子激发时,将会发生跃迁而进入导带.一般地,贵金属束缚电子到导带费米面附近的高阶带间跃迁,只需考虑束缚电子的第一带间跃迁.对 Ag 和 Au,d 带电子第一带间跃迁的阈值分别为 3.9 eV 和 2.4 eV,因此在光波波长为 350～1000 nm(对应能量为 1.2～3.6 eV)的近紫外-可见光-近红外波段可以观察到 Au 的束缚电子的带间跃迁吸收,而观察不到 Ag 的束缚电子的带间跃迁吸收.

在如图 5-6 所示的 Au-BaO 薄膜光吸收谱线中,曲线 I～IV 依次对应于 Au 纳米粒子的体积分数依次增大.图中,位于可见光至近红外波段的吸收峰为表面等离子激元共振吸收,峰位及吸收带宽随 Au 纳米粒子体积分数的变化与前述结论一致;在近紫外波段,当入射光子能量高于 2.43 eV(即 Au 的 d 电子第一带间跃迁阈值)时,薄膜的光吸收强度逐渐增加,对应于束缚电子的带间跃迁吸收.

5.2.7　杂质能级电子的跃迁吸收

在 Ag-BaO 光电发射薄膜的制备过程中,以超额 Ba 进行表面激活的直接目的是获得较低的表面逸出功,这在很大程度上决定着薄膜的光电积分灵敏度及波长阈值.图 5-8 给出经超额 Ba 激活的 Ag-BaO 薄膜的光吸收谱,除了在可见光区有一个明显的吸收峰外,还在近红外波段出现了一个次吸收峰.这是由于超额 Ba 在改善薄膜表面状况的同时,也会向薄膜体内渗入并使 BaO 介质的电子结构发生变化,进而对薄膜的光吸收特性产生影响.

已有的研究结果表明[25～27],超额 Ba 在 BaO 介质中以杂质形态存在,并形成以肖特基(Schottky)缺陷(即氧离子缺位)为主的点缺陷.为了保持电中性,每个 O 缺位有两个电子陷落其中,形成 n 型 BaO 半导体中的施主型杂质能级.图 5-11 是超额 Ba 存在时 Ag-BaO 复合体系的体内能带结构示意图[28].图中,E_s 为 Ag 纳米粒子和 BaO 介质间的界面势垒,E_c 和 E_v 分别为 BaO 半导体的导带底和价带顶,

E_g 为禁带宽度,E_F 为费米能级;虚线为 O 缺位在 BaO 半导体中形成的杂质能级,以 E_d 表示,它位于 BaO 半导体禁带中比 E_c 低 1.4 eV 左右的位置.

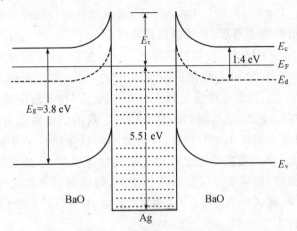

图 5-11　Ag-BaO 复合薄膜的体内能带结构示意图
虚线表示 O 缺位在 BaO 半导体中形成的杂质能级 E_d.

与半导体的本征光吸收类似,杂质能级上的电子也可以通过吸收光子能量跃迁到导带,形成杂质吸收.引起杂质吸收的最低光子能量等于杂质能级上电子的电离能,因此杂质吸收光谱也具有长波吸收限.与带间跃迁吸收不同的是,随着波矢对能带极值的偏离,杂质波函数迅速下降,杂质能级上束缚电子跃迁到较高导带能级的几率逐渐变得很小,即杂质吸收光谱主要集中在吸收限附近[29].因此,根据 Ag-BaO 复合体系的体内能带结构,可以认为图 5-8 中 Ag-BaO 薄膜在 1.44 eV(对应波长为 861 nm)处的次吸收峰就是由 BaO 半导体介质中束缚在杂质能级上的电子跃迁产生的.受到制备过程中环境参量、超额 Ba 在半导体介质中的浓度分布以及 Ag 纳米粒子和 BaO 半导体接触时在界面处的电荷交换等因素影响,BaO 介质中的缺陷结构是复杂多样的,这种缺陷结构的复杂性会导致 BaO 半导体中杂质能级在光吸收限附近的展宽,并在吸收谱图上表现为吸收峰的半高宽较大.

由于 O 缺位上的束缚电子所产生的杂质能级位于 BaO 半导体禁带中靠近导带底的位置,并可以引起杂质吸收,超额 Ba 的掺入在客观上会提高 Ag-BaO 复合薄膜在近红外区的光电灵敏度.

§5.3　金银纳米粒子-稀土氧化物薄膜光吸收谱

把金属纳米粒子与半导体介质构成的复合材料与稀土元素相结合,可形成性能优越的新型光电功能材料.下面,将讨论 Ag-La$_2$O$_3$,Ag-Nd$_2$O$_3$,Ag-Sm$_2$O$_3$,

Au-La$_2$O$_3$,Au-Nd$_2$O$_3$,Au-Sm$_2$O$_3$这6种金银纳米粒子-稀土氧化物介质薄膜的光吸收特性.

先在高真空(优于4×10^{-4}Pa)条件下,通电加热装在钨螺旋中的纯稀土丝,在玻璃基底上沉积稀土薄膜.当薄膜白光透过率为50%,颜色为灰黑色(厚度约为200nm)时,加热KMnO$_4$分解得到高纯O$_2$.再在O$_2$气压约为10Pa条件下加热(温度为300℃),使稀土氧化成稀土氧化物薄膜,其白光透过率恢复到近100%.然后关闭O$_2$,当真空度恢复到4×10^{-4}Pa后,在室温下通电加热装在钨螺旋中的贵金属(Ag,Au)丝,真空蒸发沉积一定量的贵金属元素到稀土氧化物薄膜上,通过对贵金属沉积量的控制,可得到不同贵金属粒子含量的样品.最后经150℃热处理,使金属粒子埋藏在稀土氧化物薄膜中,形成金属纳米粒子-稀土氧化物介质薄膜.随着贵金属沉积量的增加,薄膜对白光的透过率下降.在以下光吸收实验中,薄膜中Ag和Au含量的"多"、"中等"和"少"的不同,分别对应着薄膜白光透过率为50%,60%和80%.

5.3.1　金银纳米粒子-稀土氧化物薄膜的光吸收

图5-12为La$_2$O$_3$介质薄膜及Ag-La$_2$O$_3$薄膜的光吸收谱[30].其中,曲线Ⅰ是纯La$_2$O$_3$薄膜样品的光吸收谱,曲线Ⅱ是较少量Ag与La$_2$O$_3$构成的薄膜样品光吸收谱,曲线Ⅲ是中等量Ag与La$_2$O$_3$构成的薄膜样品光吸收谱,曲线Ⅳ是较多量Ag与La$_2$O$_3$构成的薄膜样品光吸收谱.与曲线Ⅱ～Ⅳ分别对应的Ag粒子粒径为20nm,40nm和70nm.

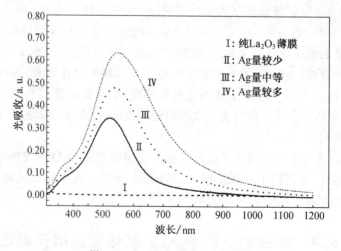

图5-12　Ag-La$_2$O$_3$薄膜的光吸收谱

从图中可以看到,在光波长为310～1200nm的范围内,纯La$_2$O$_3$薄膜样品没有吸收峰出现,光吸收曲线平坦.沉积了 Ag 纳米粒子后的薄膜有光吸收峰出现,并且随着 Ag 粒子数量和尺寸的增加引起光吸收的增加,曲线Ⅱ～Ⅳ的光吸收峰值比为 1∶1.4∶1.9.同时,随着 Ag 量的增加,Ag-La$_2$O$_3$ 介质薄膜的光吸收峰位向长波方向移动,即从 520 nm 左右移动到 535 nm 左右,再移动到 550 nm 左右.

图 5-13 为 Au-La$_2$O$_3$ 薄膜的光吸收谱.其中,曲线Ⅱ是较少量 Au 与 La$_2$O$_3$ 构成的薄膜样品光吸收谱,曲线Ⅲ是中等量 Au 与 La$_2$O$_3$ 构成的薄膜样品光吸收谱,曲线Ⅳ是较多量 Au 与 La$_2$O$_3$ 构成的薄膜样品光吸收谱.与曲线Ⅱ～Ⅳ分别对应的 Au 粒子粒径为 10 nm,30 nm 和 60 nm.

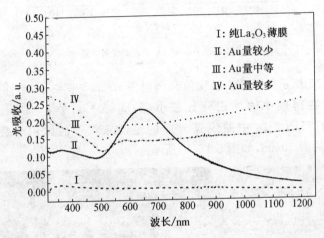

图 5-13 Au-La$_2$O$_3$ 薄膜的光吸收谱

从图中可以看到,由于 Au 量的增加,Au-La$_2$O$_3$ 介质薄膜的光吸收发生明显的变化:当 Au 量较少,薄膜光透过率为 80% 时,在光波长 645 nm 附近有吸收峰;当 Au 量较多,透过率为 60% 时,吸收峰消失,在光波长 505 nm 附近光吸收最小;当 Au 量再增加,透过率为 50% 时,在光波长 510 nm 附近光吸收最小.曲线Ⅲ与Ⅳ的光吸收谷值比为 1∶1.3.

图 5-14 中的曲线Ⅰ是纯 Nd$_2$O$_3$ 薄膜样品的光吸收谱,曲线Ⅱ是较少量 Ag 与 Nd$_2$O$_3$ 构成的薄膜样品光吸收谱,曲线Ⅲ是中等量 Ag 与 Nd$_2$O$_3$ 构成的薄膜样品光吸收谱,曲线Ⅳ是较多量 Ag 与 Nd$_2$O$_3$ 构成的薄膜样品光吸收谱[31].由于 Ag 粒子的体积分数和粒径的增加,Ag-Nd$_2$O$_3$ 介质薄膜的光吸收峰向长波方向移动,即先从 470 nm 左右移动到 530 nm 左右,再移动到 580 nm 左右.在光吸收区域内,Ag 粒子数量和尺寸的增大引起薄膜光吸收的增加,曲线Ⅱ～Ⅳ的光吸收峰值比为 1∶6∶12.7.

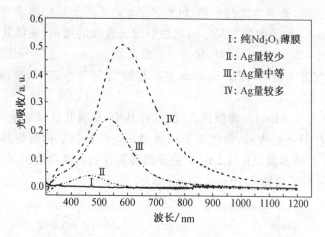

图 5-14　Ag-Nd$_2$O$_3$ 薄膜的光吸收谱

　　由图 5-15 所示的 TEM 形貌像和衍射图可知，与图 5-14 中曲线 II 对应的是，Ag 粒子在薄膜中的体积分数较小（约为 20%），粒径约为 20 nm，如图 5-15(a)所示；与图 5-14 中曲线 IV 对应的是，Ag 粒子的体积分数较大（约为 40%），粒径约为 70 nm，如图 5-15(b)所示.

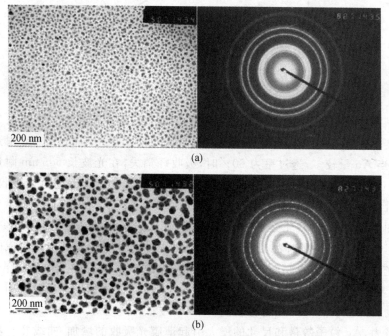

图 5-15　Ag-Nd$_2$O$_3$ 薄膜的 TEM 形貌像和衍射图

(a) Ag 量较少；(b) Ag 量较多

　　图 5-16 是 Au-Nd₂O₃ 薄膜样品的光吸收谱. 其中, 曲线 Ⅱ 是较少量 Au 与 Nd₂O₃ 构成的薄膜样品光吸收谱, 曲线 Ⅲ 是中等量 Au 与 Nd₂O₃ 构成的薄膜样品光吸收谱, 曲线 Ⅳ 是较多量 Au 与 Nd₂O₃ 构成的薄膜样品光吸收谱. 随着 Au 粒子的体积分数和粒径的增加, Au-Nd₂O₃ 介质薄膜的光吸收发生明显的变化: 当 Au 量较少, 薄膜透过率为 80% 时, 在光波长 630 nm 附近有吸收峰; 当 Au 量中等, 透过率为 60% 时, 吸收峰消失, 在光波长 500 nm 附近光吸收最小; 当 Au 量再增加, 透过率为 50% 时, 在光波长 520～610 nm 范围有一个吸收平台, 在波长 535 nm 附近光吸收达到谷值, 但吸收率比曲线 Ⅲ 大. 曲线 Ⅱ 与 Ⅳ 的光吸收谷值相比为 1 : 1.7.

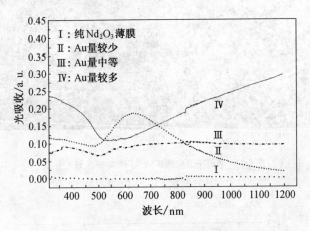

图 5-16　Au-Nd₂O₃ 薄膜的光吸收谱

　　图 5-17 是 Au-Nd₂O₃ 薄膜的 TEM 形貌像和衍射图. 由图 5-17(a) 可以看到, Au 粒子的体积分数较小(约为 10%), 粒径大小约为 10 nm, 与图 5-16 中的曲线 Ⅱ 对应; 图 5-17(b) 反映出, 当 Au 量的增加, 形成迷津结构的准连续 Au 膜时, 样品接近 Au 薄膜的多晶衍射, 对应于图 5-16 中的曲线 Ⅳ.

　　图 5-18 中的曲线 Ⅰ 是纯 Sm₂O₃ 薄膜样品的光吸收谱. 由于真空蒸发沉积的 Sm 较多, 氧化后形成的 Sm₂O₃ 薄膜的透过率没有恢复到 100%, 造成薄膜有少量光吸收, 表现为曲线 Ⅰ 没有接近零. 曲线 Ⅱ 是较少量 Ag 与 Sm₂O₃ 构成的薄膜样品光吸收谱, 曲线 Ⅲ 是中等量 Ag 与 Sm₂O₃ 构成的薄膜样品光吸收谱, 曲线 Ⅳ 是较多量 Ag 与 Sm₂O₃ 构成的薄膜样品光吸收谱.

　　从图中可以看到, 随着 Ag 量的增加, Ag-Sm₂O₃ 介质薄膜的光吸收峰向长波方向移动, 即先从 480 nm 左右移动到 540 nm 左右, 再移动到 590 nm 左右. Ag 粒子数量和尺寸的增大引起光吸收的增加, 曲线 Ⅱ～Ⅳ 的光吸收率峰值比为 1 : 1.7 : 2.1.

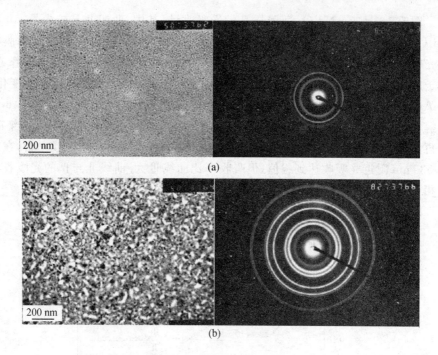

图 5-17　Au-Nd$_2$O$_3$ 薄膜的 TEM 形貌像和衍射图

(a) Au 量较少；(b) Au 量较多

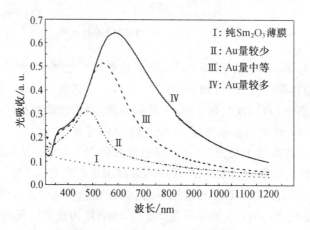

图 5-18　Ag-Sm$_2$O$_3$ 薄膜的光吸收谱

图 5-19 是 Au-Sm$_2$O$_3$ 薄膜样品的光吸收谱. 其中,曲线Ⅱ是较少量 Au 与 Sm$_2$O$_3$ 构成的薄膜样品光吸收谱,曲线Ⅲ是中等量 Au 与 Sm$_2$O$_3$ 构成的薄膜样品光吸收谱,曲线Ⅳ是较多量 Au 与 Sm$_2$O$_3$ 构成的薄膜样品光吸收谱.

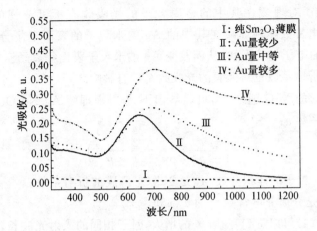

图 5-19 Au-Sm₂O₃ 薄膜的光吸收谱

从图中可以看到,随着 Au 量的增加,Au-Sm₂O₃ 介质薄膜的光吸收峰向长波方向移动,即先从 650 nm 附近移动到 690 nm 左右,再移动到 700 nm 附近,移动值分别为 40 nm 和 10 nm,移动幅度渐小. Au 粒子数量和尺寸的增大引起光吸收的增加,曲线 Ⅱ～Ⅳ 的光吸收峰值比为 1 : 1.1 : 1.7.

5.3.2 金银纳米粒子与稀土氧化物相互作用

上文已提到,当光照射到固体材料表面时,由于光子与固体内原子(离子)或电子之间的相互作用,可以发生光子的吸收,金属纳米粒子在可见光波段展现出很强的光吸收特性[32]. 现在将以 Ag-Nd₂O₃ 为例,讨论金银纳米粒子与稀土氧化物间的相互作用.

在图 5-14 中,Nd₂O₃ 薄膜在光波长 310～1200 nm 区域中没有光吸收峰出现(曲线 Ⅰ);沉积 Ag 纳米粒子后,在 470 nm 左右出现吸收峰(曲线 Ⅱ). 对比曲线 Ⅰ 和 Ⅱ,可以认为吸收峰的出现是由 Ag 纳米粒子出现引起的. 由于 Ag 粒子的出现,光子作用在薄膜表面导致了 Ag 纳米粒子表面等离子激元共振吸收.[33]

随着 Ag 粒子体积分数的增加和尺寸的增大,光吸收峰向长波方向移动;同时,吸收峰随着 Ag 粒子体积分数和尺寸的增加而变宽、变高(曲线 Ⅱ～Ⅳ). 当 Ag 粒子的体积分数很小(小于 5%)时,可以忽略体积分数对光吸收峰的影响,只考虑介质的折射系数和金属粒子的等离子激元频率对光吸收峰的影响;但是当 Ag 粒子的体积分数大于 5% 时,由于体积分数的增大使光吸收峰的位置和强度产生较为明显的变化,需要考虑粒子体积分数对光吸收的影响.文献[34]报道了由于 Ag 粒子大小和数量的增加而导致光吸收峰向长波方向移动的现象.

　　然而,介质对埋藏在其中的金属粒子的光吸收有不可忽视的作用.介质 Nd₂O₃ 的介电常数影响埋藏在其中的 Ag 纳米粒子的表面电场分布,改变 Ag 纳米粒子表面电子气的形状,从而改变 Ag 纳米粒子表面等离子激元共振吸收. Nd₂O₃ 的光折射系数也对薄膜的光吸收系数有影响.

　　根据修正的 M-G 理论[11],可以导出下式[35]来理解 Ag-Nd₂O₃ 复合介质薄膜的光吸收系数 α:

$$\alpha = \frac{18\pi p n_0^3}{\lambda(1-p)^2}\varepsilon_2\left(\varepsilon_1 + \frac{2+p}{1-p}n_0^2\right)^2 + \varepsilon_2^2. \tag{5.24}$$

式中 p 是 Ag 粒子的体积分数,n_0 是 Nd₂O₃ 薄膜的折射系数,λ 是入射光波长, ε_1 和 ε_2 分别是介质介电常数 ε_i 的实部和虚部.

　　由式(5.24)可以看到,随着 p 的增大,对于相同的入射光波长,α 增大.这与实验结果是一致的.但是,Ag 量不可能无限制地增大,如果继续增大,Ag 粒子将连在一起,不再以孤立的岛状埋藏在介质中,这时的光吸收将不再是 Ag 粒子的光吸收,而是 Ag 块体的光吸收了.

　　Ag 纳米粒子中的等离子激元所产生的强电场加强了 Nd₂O₃ 薄膜的光吸收[36];同时,粒子尺寸分布不均匀等因素是造成光吸收峰展宽的原因.由于 Nd₂O₃ 介质在光波长 310~1200 nm 范围内没有吸收峰,所以不存在介质中的电子从价带顶到导带底之间的带际激发,而且杂质激发较小,因此介质复折射率的虚部较小,可以只取实数部分.

　　已知 $\hbar\omega_p = 9.07\,\mathrm{eV}$ [37].从图 5-15(a)估算得 $p = 20\%$;再设 $\varepsilon_i = 3.1$,由式 (5.23)计算可得到 $\hbar\omega_0 = 2.63\,\mathrm{eV}$,对应于光波长 472 nm,这与实验结果 (470 nm)基本吻合.从图 5-15(b)估算得 $p = 40\%$,再由计算得到 $\hbar\omega_0 = 2.48\,\mathrm{eV}$, 对应于光波长 501 nm,与实验结果(580 nm)相差较大.这是因为当粒子的尺寸超过 30 nm 后,光散射效应将不可忽略.根据 M-G 理论,光散射系数 S 可以表述为[38]

$$S = p\,\frac{4\pi n_s}{\lambda}\left(\frac{2\pi r n_s}{\lambda}\right)^3 |a|^2, \tag{5.25}$$

式中

$$a = \frac{N_m^2 - n_s^2}{N_m^2 + 2n_s^2}, \tag{5.26}$$

n_s 为介质复折射率的实部,N_m 为金属纳米粒子的复折射率.

　　对式(5.25)进行以下分析,可比较粒子半径 r,λ 和 p 对光散射的影响程度:

　　(1) 对于相同的 r 和 λ,不同的 p,取与 $p = 20\%$ 对应的光散射系数为 S_1,与 $p = 40\%$ 对应的散射系数为 S_2,得到 $S_1/S_2 = 0.5$,即 r 和 λ 不变时,p 增加 100%,S 增加 100%;

（2）对于相同的 r 和 p，不同的 λ，取与 $\lambda = 470\,\text{nm}$ 对应的光散射系数为 S_1，与 $\lambda = 580\,\text{nm}$ 对应的散射系数为 S_2，得到 $S_1/S_2 = 1.9$，即 r 和 p 不变时，λ 增加 25%，S 减小 47%；

（3）对于相同的 λ 和 p，不同的 r，取与 $r = 20\,\text{nm}$ 对应的光散射系数为 S_1，与 $r = 70\,\text{nm}$ 对应的散射系数为 S_2，得到 $S_1/S_2 = 0.023$，即 λ 和 p 不变时，r 增加 250%，S 约增加 4200%.

从上面的分析看到，金属纳米粒子半径（尤其是在大粒子的情况下，即当粒子尺寸超过 30 nm 时）对光散射系数的影响是最主要的因素；同时还看到，金属纳米粒子半径对光波长短波段的光散射系数的影响比对长波段的影响相对要大. 光散射增大，使光吸收减弱. 考虑到光散射效应，对共振吸收峰取一个修正值 g，并令 $g = 0.86$，重新计算得到：

（1）对 Ag 量中等的 Ag-Nd$_2$O$_3$ 薄膜样品，取 Ag 粒子的体积分数为 $p = 30\%$，计算得到 $\hbar\omega_0^* = g\hbar\omega_0 \approx 2.33\,\text{eV}$，$\hbar\omega_0$ 为修正前的光吸收峰对应的能量，$\hbar\omega_0^*$ 为修正后的光吸收峰对应的能量，对应于 $\lambda \approx 530\,\text{nm}$. 理论计算与实验结果吻合.

（2）对于 Ag 量较多的 Ag-Nd$_2$O$_3$ 薄膜样品，取 $p = 40\%$，计算得到 $\hbar\omega_0^* = g\hbar\omega_0 \approx 2.13\,\text{eV}$，对应于 $\lambda \approx 580\,\text{nm}$. 理论计算与实验结果吻合.

从上面的分析和计算可以看到，考虑光散射效应后，理论计算结果能更好地符合实验结果. 这表明，当粒子的尺寸超过 30 nm 后，光散射效应对金属纳米粒子的光吸收有不可忽视的影响.

Au 与 Ag 纳米粒子有类似的性质. 对于金属纳米粒子与稀土氧化物介质构成的薄膜，其光吸收不仅与金属粒子的等离子激元频率有关，还与金属粒子所埋藏的介质的介电常数、金属粒子体积分数、粒子尺寸大小等密切相关. 实验所得到的不同薄膜的光吸收曲线是这些因素综合作用的结果.

总之，通过光吸收实验研究得知，Ag 或 Au 纳米粒子的稀土氧化物复合薄膜（如 Ag-La$_2$O$_3$，Ag-Nd$_2$O$_3$，Ag-Sm$_2$O$_3$，Au-La$_2$O$_3$，Au-Nd$_2$O$_3$ 和 Au-Sm$_2$O$_3$ 等）在光波长为 310～1200 nm 的范围内出现吸收峰；Ag 纳米粒子-稀土氧化物薄膜和 Au-Sm$_2$O$_3$ 薄膜的光吸收峰位随 Ag 或 Au 粒子大小、数量的增加向长波方向红移；而 Au-La$_2$O$_3$ 和 Au-Nd$_2$O$_3$ 薄膜的光吸收随 Au 量的增大变为金属性光吸收. Ag 或 Au 粒子与稀土氧化物之间的相互作用是影响薄膜光吸收特性的主要原因.

§5.4　金属纳米粒子-半导体薄膜在电场作用下的光吸收特性

在薄膜厚度方向加一个直流电压，在电场作用下的薄膜光吸收特性会发生变化. 对该问题的研究,有助于加深我们对薄膜材料的能带结构、光对薄膜中电子的激发过程以及第七章将讨论的内场助光电发射现象的理解. 本节将以 Ag-BaO 薄膜为例来说明金属纳米粒子-半导体薄膜在电场作用下的光吸收特性.

5.4.1 薄膜在电场作用下的近紫外波段光吸收增强现象

在带有 SnO_2 透明导电层的玻璃基底上真空蒸发沉积制备一层厚度约为 $100\,nm$、经超额 Ba 激活的 Ag-BaO 复合薄膜,并在其上沉积一薄层 Ag 薄膜,得到 SnO_2/Ag-BaO/Ag 三明治结构(示意图参见图 7-16(第 198 页)). 其中,Ag 薄膜和 SnO_2 层分别作为上、下电极,引出后与外电路连接以向薄膜提供垂直表面电场. 一般地,Ag 薄膜电极的厚度控制在既能通过该电极使复合薄膜表面加载电场,电极本身又具有较好的光透过率.

采用与上述基本相同的方法,把 BaO 薄膜(厚度在 100 nm 左右)制备在带有 SnO_2 透明导电层的玻璃基底上,并经超额 Ba 激活后,在 BaO 半导体表面真空蒸发沉积一薄层 Ag 薄膜,得到 SnO_2/BaO/Ag 三明治结构,其中 Ag 薄膜和 SnO_2 层分别作为上、下电极.

样品暴露于大气后置入光吸收谱仪,并在参考光路中放入沉积有 Ag 薄膜的导电玻璃,以扣除玻璃基底和上、下电极对光吸收的影响.

图 5-20 为 Ag-BaO 薄膜在电场作用下的光吸收特性,与曲线 I～III 对应的电场强度大小分别为 $0,1.5\times10^6$ V/cm,3.0×10^6 V/cm. 为了看得清楚,将电场作用下复合薄膜在近紫外波段的吸收谱线放大后示于图 5-21. 由图可见,随着电场强度的增大,复合薄膜在近紫外波段的光吸收逐渐增强,而在近红外波段的光吸收则呈减小趋势.

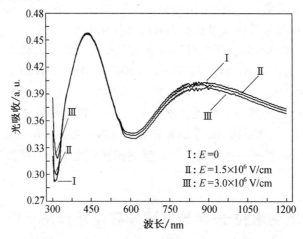

图 5-20 Ag-BaO 薄膜在内电场作用下的光吸收特性

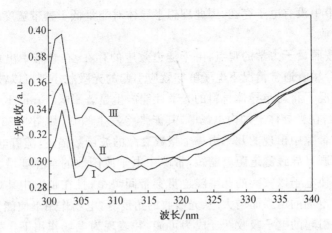

图 5-21　Ag BaO 薄膜在内电场作用下的近紫外波段光吸收特性

张琦锋[39]对 BaO 半导体薄膜在电场作用下的光吸收特性进行了测试. 图 5-22 为加垂直表面内电场作用下的近紫外光吸收谱. 图中, 曲线 Ⅰ 为不加电场的吸收光谱, 曲线 Ⅱ ～ Ⅳ 为加内电场作用时的吸收谱, 相应的电场强度大小分别为 2×10^6 V/cm, 2.5×10^6 V/cm 和 3.16×10^6 V/cm. 实验结果表明, BaO 半导体薄膜在近紫外波段的光吸收随电场强度的增大而增强.

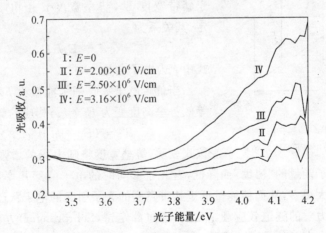

图 5-22　BaO 半导体薄膜在垂直表面内电场作用下的近紫外波段光吸收特性

在电场作用下, BaO 薄膜在近紫外波段的光吸收增强与如图 5-21 所示的 Ag-BaO 薄膜的光吸收相似. 因此, 通过考查 BaO 半导体薄膜, 可以理解这类薄膜在垂直表面内电场作用下近紫外波段光吸收的行为机理.

当光照射到半导体材料表面时, 材料体内价带电子受到能量高于禁带宽度的光子激发后, 将产生带间跃迁而进入导带, 此过程即本征吸收. 准经典理论认为,由于禁带中没有电子存在,因此理想半导体对能量低于禁带宽度的光子不能产生本征吸收.

然而,按照量子力学的观点,由于隧道效应的存在,在禁带中出现电子的几率并不为零.尽管通常情况下电子隧穿效应引起的光吸收小到可以被忽略不计,但在某些情况下将对半导体材料的光学性能产生显著影响.Franz-Keldysh 效应指出[40,41],当在半导体上加内电场时,其能带将发生倾斜,如图 5-23 所示.价带中的电子在带隙中出现的几率由一个指数衰减的波函数描述;随着电场的增强,能带倾斜加剧且导致隧道距离缩短,带隙中电子波函数的重叠度增大.因此,电场的存在将使电子以较大的几率隧道贯穿带间势垒,且在带隙中某处发现电子的几率随着电场的增强而增大.从光吸收的角度看,电场作用下使能量低于禁带宽度的光子引起的电子吸收跃迁成为可能,并表现为电场作用下半导体的本征吸收限向低光子能量方向红移.由此可见,电场存在时,半导体对能量低于禁带宽度的光子的吸收是由于隧道效应发挥了较大作用[42].

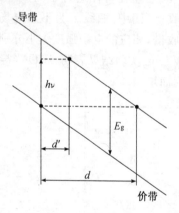

图 5-23　BaO 薄膜在内加垂直表面电场作用下的能带倾斜

由于电场作用下电子在带隙中出现的几率用指数衰减函数描述,价带电子进入导带则必须隧道贯穿一个如图 5-23 所示的三角形势垒.无光子参与时,该三角形势垒高度在数值上等于禁带宽度 E_g,势垒宽度 d 由电场强度 E 决定,其关系为

$$d = E_g/eE, \qquad (5.27)$$

式中 e 为电子电量.

当价带电子吸收一个能量为 $h\nu$ 的光子时,等效势垒高度变为 $E_g - h\nu$,相应的势垒宽度为

$$d' = (E_g - h\nu)/eE. \qquad (5.28)$$

该式表明,势垒宽度将随电场的增强而减小,势垒高度因光子能量的"协助"而降低,有光子参与时的电子隧穿几率比无光子作用时的几率大得多,从而使能量低于禁带宽度的光子引起的电子跃迁成为可能.

从量子力学的隧道效应理论出发,通过薛定谔(Schrödinger)方程求解电场作用下禁带中电子的衰减波函数,可以得到光吸收系数与入射光子能量及电场强度之间的关系表达式.当 $h\nu < E_g$ 时,Franz 和凯尔迪什(Keldysh)给出了按下述规律变化的允许直接跃迁吸收系数[43]

$$\alpha(h\nu, E) = \beta \exp\left[-\frac{8\pi\sqrt{2m_r}(E_g - h\nu)^{3/2}}{3heE}\right] + \alpha_0(h\nu), \qquad (5.29)$$

式中 β 为比例系数,α_0 为零场作用时的光吸收系数;α_0 与半导体中存在的杂质和缺陷引起的局域电场、杂质能级和价带电子的热激发等因素有关,m_r 是电子的折合质量，它由电子的有效质量 m_e^* 和空穴的有效质量 m_h^* 共同决定：

$$1/m_r = 1/m_e^* + 1/m_h^*. \tag{5.30}$$

因此，有电场作用时，半导体材料对能量低于禁带宽度 E_g 的光子的吸收随着 $h\nu$ 的降低近似按指数规律减小.而当样品受到某一固定能量的光子激发时，其吸收将随电场的增强而增大，图 5-22 所示实验曲线的变化趋势基本上体现了这一规律.

BaO 样品属于金属氧化物半导体薄膜材料，其禁带宽度为 3.8 eV，样品暴露大气后将与 CO_2 和水汽作用而部分地生成 $BaCO_3$ 和 $Ba(OH)_2$，相应的禁带宽度会有所增大，取 $E_g = 4$ eV.考虑 BaO 薄膜样品对能量为 3.76 eV（对应的波长为 330 nm）的光子的吸收情况，此时条件 $h\nu < E_g$ 成立，电场作用下直接跃迁吸收系数 α 随电场的变化由式(5.29)描述，其中 β 与 α_0 由该激发条件下的实验数据得到，取值分别为 $\beta = 0.64$ 和 $\alpha_0 = 0.255$.为讨论问题方便起见，取 m_r 近似等于电子的静止质量.图 5-24 为吸收系数随电场强度的变化情况，图中按近似指数规律增长的曲线为理论拟合结果，与实验数据基本吻合.可见，在光子能量小于禁带宽度的光谱范围内，电场对 BaO 半导体薄膜光吸收性能的影响可由 Franz-Keldysh 效应得到很好的解释.文献[44]～[51]分别报道了 Si，Ge，GaAs，CdS，GaP，ZnSe，InP 和 GaInAsP 等半导体材料中的 Franz-Keldysh 效应.这里所观察到的 BaO 薄膜的电致吸收边红移现象也是金属氧化物半导体中存在 Franz-Keldysh 效应的一个例子.

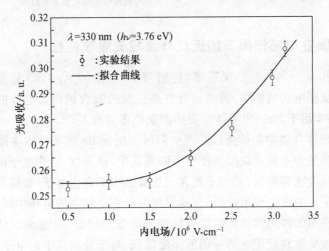

图 5-24　BaO 薄膜光吸收系数随内电场强度变化的关系曲线

若半导体样品受到能量为 $h\nu > E_g$ 的光子激发，将产生电子从价带到导带的带间跃迁，此时电场对吸收系数的影响比较复杂.斯塔克(Stark)效应表明[52]，半导体材料处于强电场时会因电子云的极化而出现能级分裂,其电子能谱由一系列等距离的能级组成,且分裂间隔大小与电场强度成正比.因此,当 $h\nu > E_g$ 时,光吸收过程会涉及电子在这些分裂能级间的跃迁,从而使吸收系数与光子能量的关系曲线包含有起伏变化的成分.由于能级分裂程度与电场强度直接相关,因此电场强度的增大将会导致吸收谱中起伏幅度和宽度的增加.图 5-25 为不同电场强度作用下 BaO 薄膜样品在 $h\nu > E_g$ 波段的吸收谱图,其中实线所对应的场强为 3.16×10^6 V/cm,虚线所对应的场强为 2×10^6 V/cm.为突出电场的影响,纵坐标选取为垂直电场作用时的吸收系数与零场时的吸收系数之差 $\Delta\alpha$.

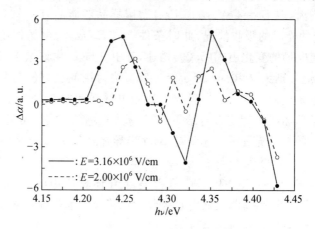

图 5-25　BaO 薄膜在电场作用下与零场时的吸收系数之差关系曲线

5.4.2　薄膜在电场作用下的近红外波段光吸收特性

如图 5-20 所示的实验结果表明,经超额 Ba 激活的 Ag-BaO 复合薄膜的长波吸收性能受到电场的影响,薄膜在近红外波段的吸收随内加电场的增强而减小.这与强场作用下 BaO 半导体介质中的杂质电离有关[53].

BaO 半导体介质中杂质能级的产生归因于超额 Ba 在半导体中形成以氧离子(负离子)缺位为主的点缺陷而使电子陷落其中.图 5-26(a)为电子陷落于负离子缺位中的等效物理模型,相当于处在三维势阱中的自由电子,势阱深度由束缚电子与正离子间的库仑作用决定.当薄膜样品处在足够强的电场中时,电场势与库仑势相互作用的结果使得势阱沿着电场方向发生倾斜,如图 5-26(b)所示.势阱的倾斜导致势阱靠近正电势一侧的深度降低,对于处在其中的电子而言,跳出势阱或隧穿势阱壁垒的几率增加,部分电子有可能最终脱离正离子的束缚而成为自由电子.这种半导体中施主能级上的束缚电子与正离子间的离解,即我们常说的杂质电离,其物理本质是负离子缺位中的束缚电子与正离子间的作用随电场的增强而减弱.

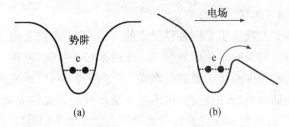

图 5-26　电子陷落于负离子缺位中的等效物理模型(a)

及电场作用下的势阱倾斜(b)

当厚度为 100 nm 左右的 Ag-BaO 薄膜被施加几伏至几十伏的表面偏压时，Ag-BaO 复合体系便处在强度为 $10^5 \sim 10^6$ V/cm 数量级的电场中，该强电场足以使 BaO 半导体基质中的杂质发生电离，进而导致陷落于氧缺位的电子浓度下降；相应地，由杂质能级电子跃迁引起的光吸收也会因此而减小，即薄膜在近红外波段的吸收随内加电场的增强而减小.

§5.5　Ag$_2$O 纳米粒子的光致荧光

5.5.1　纳米粒子的动态光致荧光

一般情况下提到纳米粒子薄膜的光致发光(photoluminescence，简称 PL)是指整体薄膜的发光. 发光现象是由众多纳米粒子构成薄膜后产生的群体效应；而观察单个纳米粒子的发光是非常困难的，一是发光强度弱到难以检测，二是检测的分辨率难以达到纳米尺度.

Peyser 等人[54]报道了 Ag$_2$O 纳米粒子受激荧光现象的研究，观察到原本不发荧光的 Ag$_2$O 纳米粒子，如果用波长为 450~480 nm 之间的高压汞灯蓝光激活 5 min，可以发出绿色和红色的荧光，如图5-27①所示，而且具有动态闪烁的特点. 根据 Ag$_2$O 纳米粒子的特殊化学性质[55~60]，他们把这种现象解释为光激发使 Ag$_2$O 粒子表面光化学还原生成一些由 2~8 个原子组成的中性或带正电的 Ag 原子团簇，而这些 Ag 原子团由于自身大小和荷电情况的

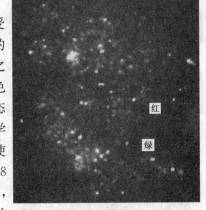

图 5-27　Ag/Ag$_2$O 纳米粒子的荧光现象

① 由于本书中该图是黑白图，只好仅在图中两处用文字标明颜色. 图 5-35(第 141 页)也作类似处理.

不同,发出不同颜色的"闪烁"的荧光[61~63].

　　纳米粒子的荧光现象引起很多科学家的兴趣. 我们可以先用一种波长的强光作为写入信号激活薄膜的某一区域使 Ag_2O 纳米粒子发光,再用另一波长的较弱的光作为读出信号去探测该区域的受激荧光,这使得 Ag_2O 纳米薄膜可能被用做一种新型光学存储材料. 人们想到,利用单个纳米粒子发光作为数据的存储,可以大大提高存储密度. 红色和绿色两种荧光分别类似于数字信号"0"和"1". 如果按照一定数据要求排列红、绿两种荧光的顺序,就相当于存储了纳米级的数据信号,它的密度高达 10^{12} bit/cm^2,比目前最高的磁盘存储密度提高了 100 倍.

　　Ag_2O 纳米粒子的荧光包括两种颜色. 用它作为一种光学存储材料时,每一个存储点本身又可以存在三种状态(即三进制):不发光、发红光和发绿光,从而使得信息存储密度进一步提高 50%. Ag_2O 纳米薄膜每层的厚度很小,如果用上述机理设计成多层薄膜的三维光学存储介质,那么在第三维上也可以做到相当高的集成度.

　　从激发光源的角度来说,Ag_2O 纳米粒子的受激荧光还有一个优点,即激发光强的阈值小,采用普通的高压汞灯即可(功率密度在 1 W/cm^2 数量级),因此它可以成为一种很好的近场光学存储材料(近场光源一般都不强). 如果结合Tominaga 等人[64~68] 开发的超高分辨近场结构(super resolution near-field structure,简称 Super-RENS)技术,Ag_2O 纳米薄膜存储材料的数据传输率将可以达到 15 MHz/s 以上[68],比现有的 52 倍速光驱的数据传输率还高一倍多.

　　张西尧等人[69,70] 报道了用真空蒸发沉积法或化学置换法获得 Ag 纳米粒子;用放电氧化法或化学法获得 Ag_2O 纳米粒子,纳米粒子的直径控制在 20 nm以下,薄膜的厚度控制在 30 nm 以下. 他们还报道了用氩离子激光器的绿光(波长为 515 nm)或蓝光(波长为 450 nm)去激发薄膜:起初,Ag_2O 纳米粒子不出现荧光;若干秒钟后,荧光慢慢出现,不同的纳米粒子会呈现不同颜色的荧光. 同一个纳米粒子也会变化颜色,在蓝光持续激发下,表现出多彩闪烁荧光. 这种现象用汞灯激发也可以观察到荧光.

5.5.2　Ag_2O 纳米粒子的制备

　　采用固相的超声粉碎法[71]、液相的均匀沉淀法[72] 和气相的真空蒸发沉积法等虽然均可制备 Ag 或 Ag_2O 纳米粒子,但通过这几种方法的实验比较,发现后者是较理想的制备方法. 固相的超声粉碎法很难使 Ag_2O 微粒粉碎到纳米尺寸,而液相的均匀沉淀法虽然可得到比较均匀、粒径较小的 Ag 纳米粒子,但溶液中的杂质离子和有机成分使得纯度达不到要求,另外加热氧化的效果也不够令人满意. 真空蒸发沉积配合辉光放电氧化法得到了很好的实验结果,该方法制备的Ag_2O 纳米粒子在玻璃基底上分布均匀,平均粒径小于 20 nm,且较易控制,团聚情况出现得很少,同时还保证粒子有较高的纯度.

制备 Ag₂O 纳米粒子薄膜的过程分为真空蒸发沉积 Ag 薄膜、辉光放电氧化和真空中退火处理三个步骤,具体过程如下:

(1) 在优于 2×10^{-4} Pa 的高真空条件中,在玻璃基片上沉积 Ag(纯度为 99.99%),沉积速率要低些(约为 0.2 nm/s),保证粒子生长较缓慢,使得粒子的粒径较小.通过光透过率方法监测沉积 Ag 的量,即通过探测薄膜沉积过程中玻璃透过率的改变,控制薄膜厚度.当透过率降为初始值的 80% 时,停止蒸 Ag,此时薄膜为灰色,厚度约为 15 nm.

(2) 通入纯度为 99.9%、压强为 10 Pa 的 O₂,利用真空检漏枪使 O₂ 产生辉光放电来氧化 Ag 薄膜,直至薄膜的颜色基本变为透明,这样就获得了 Ag₂O 纳米粒子薄膜.

(3) 关闭 O₂ 源,待系统恢复高真空度后,在 80 ℃下退火 30 min.此时薄膜仍然保持基本透明.

在样品制备过程中,需要特别考虑 Ag₂O 的化学稳定性对制备工艺提出的一些要求,因为 Ag₂O 见光和受热均存在分解的可能性.一方面,在制备和保存 Ag₂O 纳米粒子薄膜的时候,都应该尽量使样品避光.另一方面,根据参考文献[73],当温度超过 250 ℃时,Ag₂O 大部分会分解;当温度超过 300 ℃时,它会完全分解;只有温度低于 100 ℃,才只有少量分解,所以实验中应选择在 80 ℃对样品进行退火.

图 5-28 是用上述方法制备的 Ag₂O 纳米粒子薄膜样品的 TEM 形貌像.大多数小粒子的粒径在 5 nm 以下,粒子分布较均匀;少数粒子在退火过程中形成团聚,其粒径在 10 nm 左右.图 5-29 是较厚薄膜样品的 TEM 形貌像,其中大多数小粒子和极少数较大团聚粒子的平均粒径分别为 10 nm 和 25 nm.

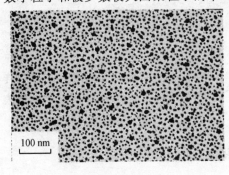

图 5-28 平均粒径为 5 nm 的 Ag₂O 纳米
粒子 TEM 形貌像

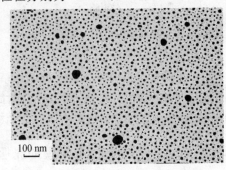

图 5-29 平均粒径为 10 nm 的 Ag₂O 纳米
粒子 TEM 形貌像

Ag 和 O 的化合可能有多种形式,常见的有 Ag₂O,AgO,Ag₂O₃ 和 Ag₃O₄ 等.为了确定样品中 Ag 和 O 的化合形式,需对其成分进行了 XPS 分析.出于分析元素成分的需要,基底应导电而又不与 O 化合,因此在玻璃上先蒸积少量的

Au 作为 XPS 样品的基底. 图 5-30 是经过计算机平滑处理的样品中 Ag 的 3d 轨道结合能峰. 用 C 的 1s 结合能(284.6 eV)标准峰位对样品谱图进行荷电校正后, 发现 Ag 的 $3d_{5/2}$ 峰为 367.8 eV, $3d_{3/2}$ 峰为 373.7 eV, 由参考文献[74]给出的数据可判断该样品的成分是 Ag_2O. 实际上, 纯 Ag, Ag_2O 和 AgO 之间的化学位移并不大(约为 0.3～0.4 eV), 为了避免仪器误差导致的错误判断, 需进一步分析样品中 Ag 和 O 的原子比. 由于 XPS 分析的是表面化学成分, 在分析含 O 量时不可避免地受到 O 吸附的影响; 而一般来说, O 吸附主要来自于样品表面吸附的 OH^- 和 CO_3^{2-}. 对如图 5-31 所示的 O 的 1s 轨道结合能峰进行拟合, 它是由结合能分别为 529.3 eV 和 531.1 eV 的两个峰叠加而成的, 其中 531.1 eV 接近 OH^- 和 CO_3^{2-} 中 O 的 1s 结合能, 而 529.3 eV 正是 Ag_2O 中 O 的 1s 轨道结合能. 根据 Ag 和 O(529.3 eV)的峰面积和灵敏因子计算出原子数之比为 Ag: O=1.97≈2.0, 由此可以确定薄膜样品成分是 Ag_2O.

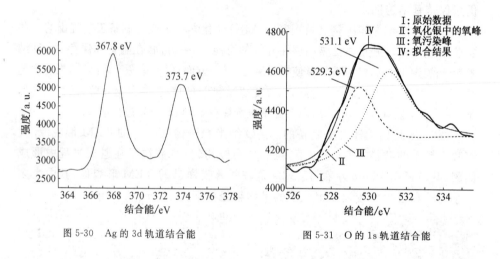

图 5-30　Ag 的 3d 轨道结合能　　　　　图 5-31　O 的 1s 轨道结合能

　　为了确定 Ag_2O 纳米粒子的晶体结构, 可对沉积在 Si 单晶基底上的薄膜样品进行 X 射线衍射(X-ray diffraction, 简称 XRD)分析. 如图 5-32 所示的结果表明, 样品的强衍射峰分别对应 Ag_2O 的(111)面、(110)面、(200)面和(211)面.

5.5.3　Ag_2O 纳米粒子薄膜的光吸收

　　在同样条件下制备两个 Ag_2O 纳米粒子薄膜样品 I 和 II, 其平均粒径均为 15 nm: 样品 I 在制备好之后一直避光保存, 直至进行光吸收谱测试; 而样品 II 则在进行测试光吸收谱之前, 先被用来观察荧光, 即被高压汞灯发出的蓝光照射将近 1 h. 将这两个 Ag_2O 纳米粒子薄膜分别置入光谱仪; 同时测试另外一块相同规格空白玻璃片的光吸收谱, 以它作为参考信号进行样品光谱本底扣除, 便得

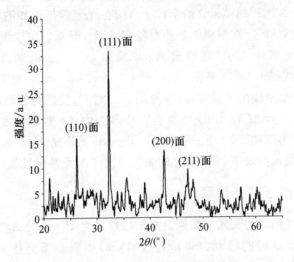

图 5-32　Ag₂O 纳米粒子薄膜的 XRD

到样品Ⅰ和Ⅱ的光吸收谱图.

　　图 5-33 和 5-34 分别是样品Ⅰ和Ⅱ在可见光至近红外波段的光吸收谱. 可以看出, 两者最重要的区别就在于样品Ⅱ在波长为 460 nm 的位置存在一个半高宽为 100 nm 的吸收峰. 根据文献[75]的描述, 我们知道这个吸收峰不是样品的本征吸收, 因为 Ag₂O 纳米粒子薄膜的本征吸收应该在紫外波段, 而不在波长 460 nm 处. 样品Ⅰ的吸收谱中的陡峭下降正是其本征吸收边, 由此可知, Ag₂O 纳米粒子本征光吸收的长波吸收限为 450 nm, 将这个波长换算为光子能量, 可计算出 Ag₂O 的禁带宽度为 2.8 eV, 这与前人的研究结果 2.78 eV[76]一致.

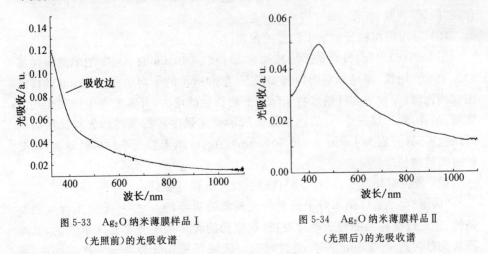

图 5-33　Ag₂O 纳米薄膜样品Ⅰ
（光照前）的光吸收谱

图 5-34　Ag₂O 纳米薄膜样品Ⅱ
（光照后）的光吸收谱

那么,为什么同样的 Ag_2O 纳米粒子薄膜在光照后出现如图 5-34 所示的光吸收峰呢?虽然 Ag_2O 在室温下是相对稳定的[56],但是它在较强光线照射下产生的热效应会使部分 Ag_2O 还原出 Ag 单质和 O_2[57],此时的薄膜是由 Ag 和 Ag_2O 构成,形成 Ag-Ag_2O 薄膜.将图 5-34 中波长 460 nm 处的吸收峰与传统的 Ag-BaO 复合介质薄膜的光吸收谱(参见图 5-3)对照,发现两者非常相似,由此可以推断,由于产生类似于 Ag-BaO 复合介质薄膜中 Ag 粒子的表面等离子激元共振吸收,从而出现图 5-34 中的吸收峰.Librardi[77]研究 Ag 和氧化界面的光吸收时也发现了类似的现象,并用 Ag 的表面等离子激元共振吸收给出解释.

5.5.4　纳米粒子的光致荧光

用带有汞灯光源的荧光显微镜观察平均粒径为 15 nm 的 Ag_2O 纳米粒子薄膜,最初,荧光显微镜的视野($180~\mu m \times 180~\mu m$)中观察不到任何荧光现象,即 Ag_2O 纳米粒子不发光.但是,当它们被蓝色汞灯光(波长范围为 450~480 nm,功率密度为 4 W/cm^2)持续照射 30 s 后,原本漆黑的视野中逐渐出现一些黄色和绿色的"闪烁"着的光点.光点依次出现的过程持续了约 3 min,之后尽管仍有少量光点出现,但总的来说,光点数量已经基本趋于饱和,如图 5-35(a)所示.如果继续用蓝光照射样品超过 20 min,其纳米粒子发光的强度反而会减弱,且光点的数目也会减少.

(1) 不同波段的光激发下的荧光.

当 Ag_2O 纳米粒子样品被蓝色汞灯光持续照射后,视野中出现的"闪烁"光点为黄色和绿色.待光点数量基本稳定后,换用绿色汞灯光(波长范围为 510~550 nm,功率密度为 32 W/cm^2)激发样品的同一区域,发现其荧光为红色,同样存在"闪烁"现象,如图 5-35(b)所示.

(2) 不同平均粒径的纳米薄膜的荧光.

图 5-35(c)和(d)分别是平均粒径为 25 nm 和 40 nm 的 Ag_2O 纳米薄膜样品的光致荧光图像.将这两幅图像与如图 5-35(a)所示的平均粒径为 15 nm 的样品图像相比较,发现 Ag_2O 纳米粒子随着平均粒径的增大,其激发产生的荧光逐渐变弱.另外,对于这三个样品,达到图像所示荧光强度所需的蓝光持续照射的时间也不同(分别为 1 min,3 min 和 8 min),Ag_2O 纳米粒子平均粒径越大,需要的时间就越长.

(3) 较长时间范围(约 0.5 h)内动态荧光的强度变化.

"闪烁"是 Ag_2O 纳米粒子激发荧光现象的重要特点之一.无论是改变激发条件,还是改变样品的粒子平均粒径,观测到的大多数荧光都是间歇式的,其间隔从几秒钟到 1~2 min 不等.通过对固定区域每隔几分钟曝光一次的办法,可记录平均粒径为 15 nm 的 Ag_2O 纳米粒子薄膜的荧光在较长时间范围内动态变

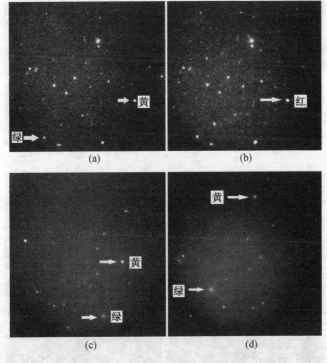

图 5-35 Ag$_2$O 纳米薄膜的受激荧光

(a) Ag$_2$O 粒子的平均粒径为 15 nm，蓝光入射；

(b) Ag$_2$O 粒子的平均粒径为 15 nm，绿光入射；

(c) Ag$_2$O 粒子的平均粒径为 25 nm，蓝光入射；

(d) Ag$_2$O 粒子的平均粒径为 40 nm，蓝光入射

化的情况. 对这些闪烁的光点拍照时需要的曝光时间通常在 1 min 左右.

图 5-36 的一系列 6 幅图像分别是在蓝光照射后第 1 min，3 min，7 min，13 min，20 min 和 30 min 拍摄的. 首先，让我们看图中的 A 区：在图 5-36(a)中，它附近没有光点；在图 5-36(b)中却出现了一个绿色的暗点；到了图 5-36(c)和(d)，这个暗点进一步变亮，而且在它左边还出现了另外一个新的光点；而 20 min 以后的图 5-36(e)中，则又看不到这两个点了. 然后看图中的 B 区：B 区则不同，随着时间的推移，它附近的光点是越来越亮的，只是在 30 min 后的图 5-36(f)中才开始有变弱的趋势. 最后发现 C 区与 A 区光点的变化规律大致相同，区别在于 C 区在 3 min 时就达到了其亮度的峰值. 就样品整体而言，荧光强度随时间的变化也有这样的趋势，即蓝光照射一段时间后先达到最大值，然后则会开始变弱.

(4) 黑白荧光 CCD 记录下的闪烁现象.

从图 5-35 看到，除了亮点之外，图像中还存在着一定强度的背景. 采集一幅

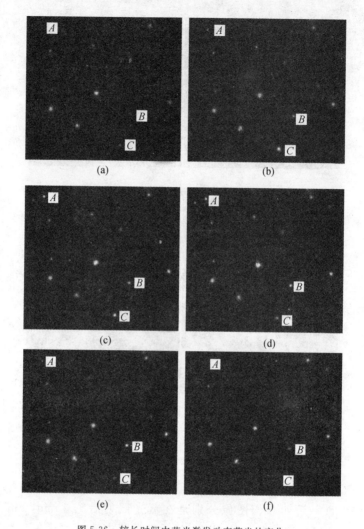

图 5-36 较长时间内蓝光激发动态荧光的变化

(a)~(f)分别是蓝光激发后第 1 min, 3 min, 7 min, 13 min, 20 min 和 30 min 拍摄的图像.

图的曝光持续时间短(仅为 50 ms),而且荧光 CCD 的灵敏度有限,荧光点有可能湮没在背景中. 为了获得高反差的荧光图像,可以先取得一幅背景图,利用设计好的计算机自动功能,再从获得的荧光数据中扣除该背景. 对于一个平均粒径为 10 nm 的 Ag_2O 纳米薄膜,在绿光激发下每隔 4 s 采集的一系列荧光图像如图 5-37 所示.

从图 5-37(a)~(h)中可以看出几个不同区域的闪烁情况:图 5-37(a)中的 A 区是发光的,但从图 5-37(b)~(g)的近 0.5 min 时间内,这个光点却消失了,直到在图 5-37(h)中才又重新亮起来. B 区的两个点虽然一直存在,但其强度却

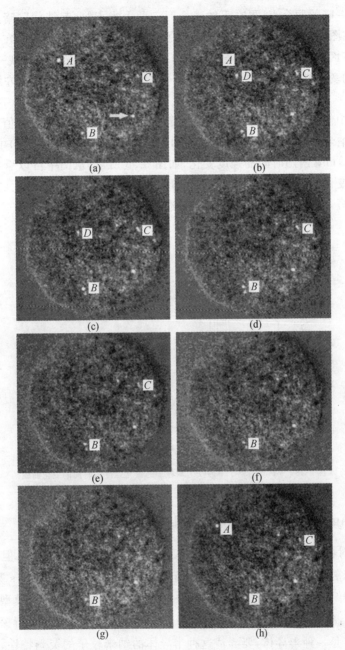

图 5-37　平均粒径 10 nm 的 Ag₂O 纳米薄膜绿光激发下的荧光"闪烁"

蓝光持续激活 8 min 后换用绿光激发,每隔 4 s 采集一幅图.

有不同程度的变化,而在图 5-37(a)和(h)中甚至只剩一个点还亮着.C 区的两个
点随时间的变化过程比较复杂,在图 5-37(a)中该区只有一个暗点,下一幅中变

成了一亮一暗的两个点,再在下的一个时刻两个光点"此起彼伏",暗点变亮,亮点变暗,在图 5-37(d)和(e)中又只剩下了一个亮点且正在变暗,而在图 5-37(f)和(g)中该区的两个亮点干脆全部消失,在最后一幅图中又恢复出现一个较暗的点.D 区的变化规律较简单,它只在图 5-37(b)和(c)中出现了 10 s 左右,然后消失.

实验中使用的黑白荧光 CCD 可以记录下图像中每一点的亮度值,以此对应于 Ag$_2$O 纳米粒子的荧光强度.按照每 4 s 采样一次,记录图 5-37(a)中箭头所指荧光点在 8 min 内随时间的强度变化,如图 5-38 所示.从图中可以看出,荧光强度随时间变化曲线的上升沿和下降沿都比较陡,光点从出现到最大的亮度所用的时间很短,这是 Ag$_2$O 粒子荧光强度随时间变化的一个普遍规律.

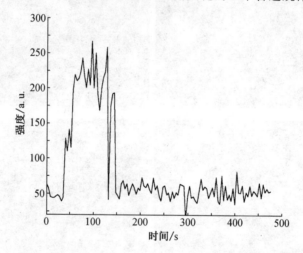

图 5-38　8 min 内单个 Ag$_2$O 纳米粒子的荧光强度随时间的变化曲线

5.5.5　Ag$_2$O 纳米粒子光致荧光机理的探讨

人们对各种纳米粒子的光致发光现象已经进行过很多研究,但是对于像 Ag$_2$O 纳米粒子这样最初没有荧光,在蓝光持续照射一段时间(10^2 s 数量级)后却开始发出不同色彩的动态荧光的现象,还没有一个系统的理论模型来解释其机理.这里,将对定性解释 Ag$_2$O 纳米粒子光致荧光现象的机理进行探讨.

Ag$_2$O 是一种半导体,要弄清这种半导体的纳米粒子的荧光特性,首先应该了解其能带基本参数.Ag$_2$O 材料中的电子吸收入射光子的能量先跃迁到高能级,再由高能级跃迁回某能级释放能量而发出荧光.通过上文对于薄膜光吸收谱的分析,得到 Ag$_2$O 纳米粒子的禁带宽度为 2.78 eV.Ag$_2$O 是一种间接带隙半导体,在波长为 450~480 nm(对应光子能量为 2.58~2.75 eV)的蓝光激发下,

Ag₂O 纳米粒子内发生从导带底到价带顶的带间跃迁受到选择定则的限制,所以几率很小,而从导带其他位置到价带顶的辐射跃迁所需吸收的光子能量则大于激发蓝光所能提供的最大能量 2.75 eV,如图 5-39 所示. 因此,Ag₂O 纳米粒子本身在蓝光的激发下并不是一种荧光材料[78].

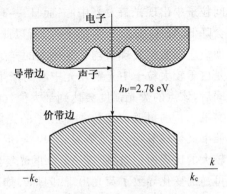

图 5-39　Ag₂O 纳米粒子的能带结构示意图

然而,在蓝光的持续照射下,情况会发生变化. 激发所用的汞灯蓝光的功率密度为 4 W/cm²,这样的强度已经足以使 Ag₂O 纳米粒子的化学成分和晶格结构发生变化[79]. Kötz 等[57] 和 Wang 等[58] 在进行拉曼散射研究时,发现 Ag₂O 纳米粒子在光照时会引起光化学反应,还原出 Ag 原子团簇(中性或带正电,由 2~3 个原子组成)[80]. Voll[81] 通过进一步的光谱研究发现:Ag₂O 纳米粒子中的 Ag 离子将和残留的一部分 O 结合,其晶格将发生重构[82,83],从而产生各种光解发光中心(例如 Ag₂⁺O,Ag₃⁺O,Ag₃O 等);不同的光解中心具有不同的电子结合能. 文献[81]根据 Ag 和 O 的电子亲和势以及各种光解中心的电子态分布,估计出 Ag₂⁺O,Ag₃⁺O 和 Ag₃O 的电子结合能分别为 2.15 eV,2.3 eV 和 1.8 eV.

Ag₂O 纳米粒子的化学成分和原子结构的变化将导致其电子结构的相应变化. 根据能带理论,光解中心的出现将在 Ag₂O 的禁带中引入若干个缺陷能级,破坏原来的跃迁选择定则的限制,从而使得 Ag₂O 纳米粒子的受激荧光效率提高. 图 5-40 是 Ag₂O 纳米粒子在蓝光持续照射后,由光解发光中心 Ag₂⁺O,Ag₃⁺O 和 Ag₃O 引入缺陷能级后的能带结构示意图. 在蓝光激发下,与所发出的绿光和黄光对应的正是电子从导带底分别到 Ag₂⁺O 和 Ag₃⁺O 能级的跃迁(2.15 eV 对应于波长为 578 nm 的黄光,2.3 eV 对应于波长为 540 nm 的绿光);而在绿光激发下,主要是电子从导带底到 Ag₃O 能级的跃迁(1.8 eV 对应于波长为 690 nm 的红光). 因此,Ag₂O 纳米粒子的光致发光就是自由载流子陷落到不同光解发光中心,辐射出不同能量光子的过程.

从实验现象来看,激发光入射厚度为 15 nm 的 Ag₂O 纳米粒子薄膜并使其发出荧光,需要大约 30 s

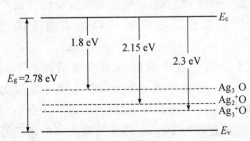

图 5-40　蓝光持续照射后 Ag₂O 纳米粒子中的电子在能带间跃迁的示意图

的时间,这和一般光化学反应的耗时一致.对于单个荧光点来说,发出荧光的动态过程可以叙述为:蓝光照射的初期使纳米粒子发出的荧光不断变亮,在此期间粒子中出现光解发光中心;而且,一旦这种光解发光中心出现,晶格的重构将会降低 Ag_2O 分解所需的条件,所以此后的光解反应将越来越快,呈现某种"雪崩效应".实验发现平均粒径越大的样品,所需要持续激发照射的时间越长,这正是由于较大粒子中光解发光中心的产生需要更长的激活时间造成的.在一定时间后,该点的荧光强度会达到最大值,此时光解发光中心的数目饱和.另外,根据文献[84]的报道,Ag_2O 纳米粒子的光解并非是单向的,即光解产生的 Ag 在光照下又会被氧化,故光解发光中心不但可能产生,而且可能消失.纳米粒子具有较大的比表面积,这使得 Ag_2O 的光解反应的可逆性更容易表现出来,正是这种可逆的变化导致了荧光出现"闪烁".如果继续照射样品,Ag_2O 纳米粒子会被过度光还原,使其大部分成为 Ag.因此,用蓝光或绿光持续照射样品时间过长,纳米粒子的荧光强度反而会减弱,光点数目也会不断减少,部分荧光点甚至消失.

§5.6　Ag 纳米粒子埋藏于 BaO 中的光致荧光增强

5.6.1　实验现象

近年来,Ⅱ-Ⅵ族超晶格材料、纳米 Si 等纳米材料在室温条件下可激发出可见光(甚至蓝光),引起人们对纳米材料的特殊荧光性质的关注.到目前为止,人们所研究的固体纳米发光材料可分为有机材料和无机材料两大类:有机材料容易获得短波长的光致荧光,但材料的寿命不长,尚需改进;而无机材料易得到绿光以上的长波长的光致荧光,获得蓝光等短波长的光致荧光难度较大.为突破各类材料在光致荧光全色显示和光学存储等方面给应用造成的限制,人们正在不断探索新的发光材料.

金属纳米粒子-介质复合薄膜因其优良的光电特性和超快时间响应而成为应用背景很强的光电功能薄膜.在室温条件下测试红光和蓝紫光波段的光致荧光发射谱,发现 Ag 纳米粒子的光致荧光在其埋藏于 BaO 后有显著的增强[85,86].

实验采用的光源是超快染料激光器的二次谐波同步泵浦被动锁模 Nd:YAG 激光,经倍频得到波长为 323.5 nm 的紫外激光输出,激光脉冲宽度为 150 fs,光脉冲重复频率为 76 MHz,激光功率为 200 mW.此激光通过一个石英凸聚焦透镜(焦距为 5 cm)聚于样品上,光斑直径为 20 μm.样品的荧光发射谱信号是在室温下测得的,荧光信号经光电倍增管接收并经信号平均器处理后到达记录仪.

Ag 纳米粒子薄膜和 Ag 纳米粒子埋藏于 BaO 中构成的薄膜的光致荧光谱如图 5-41 所示. 两种薄膜中的 Ag 量是相同的. 图中显示, Ag-BaO 薄膜在可见光区有两个荧光谱峰, 谱峰中心分别位于红光波段的 1.7 eV(对应的波长为 729 nm)和蓝紫光波段的 3.0 eV(对应的波长为 410 nm)处. Ag 纳米粒子薄膜的光致荧光发射谱虽然与 Ag-BaO 薄膜的光致荧光发射谱有类似的光谱特征, 但荧光强度弱得多. 由此可见, Ag-BaO 薄膜的室温光致荧光发射相对于纯 Ag 纳米粒子薄膜有显著增强, 即在 1.7 eV 处增强约 9 倍, 在 3.0 eV 处增强约 19 倍.

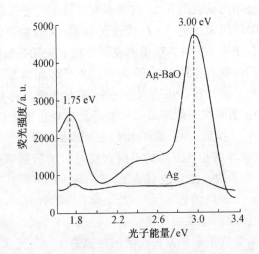

图 5-41　Ag 纳米粒子薄膜和 Ag-BaO 纳米薄膜的光致荧光谱

5.6.2　光致荧光增强机理

Ag 纳米粒子是荧光发射的"主角", Ag 纳米薄膜与 Ag-BaO 薄膜的光致荧光都主要来自于薄膜中 Ag 纳米粒子的贡献. Ag-BaO 薄膜的光致荧光产生于两个基本过程: 第一带间间接跃迁辐射以及等离子激元非平衡弛豫辐射. 实际上, 带间跃迁辐射复合包括两种复合过程: 辐射复合和无辐射复合. 表面等离子激元的振荡也分为两种形式: 发射型表面等离子激元振荡和非发射型表面等离子激元振荡. 文献[87]的研究结果表明, 表面等离子激元振荡有妨碍表面自由电子运动的作用, 荧光的增强和淬灭主要取决于 Ag 表面局域场的增强与金属表面的无辐射能量转移跃迁这两个过程的相互竞争.

第一带间间接跃迁辐射复合作为一种电子-空穴对复合, 它引起的发光效率是由内量子效率和外量子效率的乘积决定的. 其中, 内量子效率取决于发光复合与非发光复合的竞争, 外量子效率(即发射光子数的百分比)主要由薄膜表面的电磁反射条件决定,并受表面形貌等因素制约.内、外两种量子效率的共同影响决定最终的荧光效率,这体现了一种非线性关系.Hanamura 等人[88]曾指出,由于量子约束限制的结果,非线性光学极化率可以被极大地增强.当 Ag 纳米粒子埋藏于介质中时,一方面,Ag-BaO 薄膜的表面具有纳米数量级的起伏度,使得表面的镜面反射系数较相对平滑的 Ag 纳米粒子薄膜大为减小,光吸收增大,电子的量子跃迁几率增大,于是发光复合的几率也就增大,内量子效率增加;同时 Ag 纳米粒子的表面效应使得表面局域场增强,发射光子数增多,外量子效率也增加.另一方面,Ag 纳米粒子与 BaO 界面层中电子陷阱引起的约束效应减少载流子被无辐射复合中心捕获的几率.这些因素导致了红光区的荧光增强.

无论是 Ag-BaO 薄膜还是 Ag 纳米粒子薄膜,它们在蓝紫光波段的光致荧光发射主要都来自于由 Ag 纳米粒子的表面等离子激元共振吸收所引起的等离子激元与光子之间的耦合作用.发射型表面等离子激元振荡可与光波发生耦合,非发射型表面等离子激元振荡在适当条件下(满足色散条件)也可与光波发生耦合.相对平滑的 Ag 纳米粒子薄膜表面很难满足这种色散条件,但 Ag-BaO 薄膜却不然.Kano 等人[89]指出,为了实现光子与金属表面等离子激元的色散匹配条件,复合体系中所选择的相互接触的不同介质材料的折射率必须满足合适的条件.由于 Ag 纳米粒子的表面效应以及 Ag 与 BaO 介质所具有的不同的介电常数(Ag 的约为 -5.2,BaO 的约为 -2.6)[90]和不同的折射率,增加了色散匹配的可能性,这不但使得发射型表面等离子激元振荡与光波发生耦合的几率增大,也使得非发射型表面等离子激元振荡在满足色散条件时与光波发生耦合的几率增大.由于 Ag 纳米粒子引起的 Ag-BaO 薄膜在蓝紫光区的强烈选择吸收,发射型表面等离子激元振荡对荧光辐射的贡献,加上非发射型表面等离子激元振荡对荧光辐射的贡献,这种非线性叠加使得 Ag-BaO 薄膜在蓝紫光区有显著的光致荧光增强.

从图 5-41 可以看到,Ag 纳米粒子薄膜在红光、蓝紫光两个波段的荧光强度并无明显差别,但 Ag-BaO 薄膜荧光谱在蓝紫光区的荧光强度更强(约为红光区荧光强度的两倍).可见,当 Ag 以纳米粒子的形式埋藏于 BaO 介质后,蓝紫光区和红光区的荧光发射并非同等程度地增强,蓝紫光区的光致荧光增强更为显著.究其原因,这主要是在介质复合薄膜中第一带间跃迁辐射复合和等离子激元非平衡弛豫辐射两者之间的竞争加剧造成的.具体来说,埋藏于 BaO 介质中的 Ag 纳米粒子的界面作用增加了对光致荧光发射有利的因素,但与此同时,也增加了对光致荧光发射不利的无辐射复合的因素.红光区的荧光产生辐射复合过程伴随着声子的参与,而荧光激发的空间是受多声子过程的非线性和空间不均匀性等因素限制的,因而这些不利因素的限制使得红光荧光发射更容易受到削弱.另外,Ag 纳米粒子在增加复合中心的同时,也使得借助于复合中心的非发光复合过程（如激子无辐射复合、表面复合和俄歇复合等）几率增加,这些过程严重地限制辐射复合效率,从而减弱了红光荧光发射.蓝紫光区的荧光发射并不是来自于带间间接辐射复合过程,而主要来自于 Ag 纳米粒子的等离子激元的贡献.介质复合薄膜中 Ag 纳米粒子的界面作用带来的荧光增强的因素远远大于不利因素,所以相对于红光区,蓝紫光区的光致荧光增强更为显著.Gersten 等人[91]指出,Ag 纳米粒子的等离子激元的能量是 Ag 纳米粒子的尺寸、形状及其周围介质折射率的函数.此外,从 Ag-BaO 薄膜的光吸收谱中可以看到,Ag-BaO薄膜在可见光区的不同波段有强烈的选择吸收,其中蓝紫光区的光吸收强,红光区的光吸收弱.显然,光吸收越强,荧光发射也越强.在蓝紫光区,Ag 纳米粒子的等离子激元的共振带与光吸收带重叠,荧光容易得到增强.

参 考 文 献

[1] 张立德,牟季美. 纳米材料和纳米结构. 北京:科学出版社,2001. pp.84～85

[2] Nieman G W, Weertman J R, Siegel R W. Mat. Res. Symp. Proc. , 1991, 206:493

[3] Newman R, Chrenko R M. Phys. Rev. , 1959, 114(6):1507

[4] Mo C M, Yuan Z, Zhang L D. Nanostructured Matter, 1995, 5(1):95

[5] 张立德,牟季美. 纳米材料和纳米结构. 北京:科学出版社,2001. p.515

[6] 张琦锋,侯士敏,吴锦雷等. 真空科学与技术学报,2001,21(6):423

[7] Kreibig U, Vollmer M. Optical Properties of Metal Clusters. Berlin, New York, Heidelberg:Springer-Verlag, 1995. p.23

[8] Priestley E B, Abeles B, Cohen R W. Phys. Rev. B, 1975, 12(6):2121

[9] Mie G. Ann Physik, 1908, 25:377

[10] Maxwell-Garnett J C. Phil. Trans. Roy. Soc. , London A, 1904, 203:385

[11] Cohen R W, Cody G D, Coutts M D, et al. Phys. Rev. B, 1973, 8(8):3689

[12] Tyler W W, Sproull R L. Phys. Rev. , 1951, 83(3):548

[13] Franz C J. Phys. Rev. , 1957, 107(5):1261

[14] Hale D K. J. Mater. Sci. , 1976, 11:2105

[15] Halperin W P. Rev. Mod. Phys. , 1986, 58(3):533

[16] Genzel L, Kreibig U. Z. Physik B, 1980, 37:93

[17] Ashcroft N W, Mermin N D. Solid State Physics. New York:Holt, Rinehart & Winston, 1976. Chapt. 1

[18] Bohren C F, Huffman, D R. Absorption and Scattering of Light of Small Particles. New York:John Wiley & Sons, 1983. p.258

[19] Rosei R. Phys. Rev. B, 1974, 10(2):474

[20] Rosei R, Antonangeli F, Grassano U M. Surf. Sci. , 1973, 37:689

[21] Kreibig U. J. Phys. F:Metal Phys. , 1974, 4:999

［22］　Kittel C. Introduction to Solid State Physics. New York：John Wiley & Sons，1986. p. 134. Chapt. 15

［23］　Ashcroft N W，Mermin N D. Solid State Physics. New York：Holt，Rinehart Winston，1976. Chapt. 15

［24］　Christensen N E，Seraphin B O. Phys. Rev. B，1971，4(10)：3321

［25］　Sproull R L，Bever R S，Libowitz G. Phys. Rev.，1953，92(1)：77

［26］　Zhang G M，Wu Q D. Chin. J. Elec.，1998，7：279

［27］　Pell E M. Phys. Rev.，1952，87：457

［28］　Wu J L，Wang C M，Wu Q D，et al. Thin Solid Films，1996，281-282(1-2)：249

［29］　沈学础. 半导体光学性质. 北京：科学出版社，1992. p. 240

［30］　吴锦雷，刘盛. 贵金属，2003，24（3）：1

［31］　刘盛，许北雪，吴锦雷等. 真空科学与技术学报，2002，22(2)：85

［32］　Kreibig U，Genzel L. Surf. Sci.，1985，156：678

［33］　C. 基泰尔著. 固体物理导论. 杨顺华，金怀诚，王鼎盛等译. 北京：科学出版社，1979. p. 322

［34］　Saito Y，Imamura Y，Kitahara A. Coll. & Surf. B：Biointerfaces，2000，19(3)：275

［35］　Sei T，Takatou N，Kineri T，et al. Mater. Sci. & Eng. B，1997，49：61

［36］　Wen C，Ishikawa K，Kishima M，et al. Solar Energy Materials & Solar Cells，2000，61：339

［37］　Rosei R，Lynch D W. Phys. Rev. B，1972，5：3883

［38］　薛增泉，吴全德. 薄膜物理. 北京：电子工业出版社，1991. p. 438

［39］　张琦锋，刘惟敏，吴锦雷等. 物理学报，2000，49(10)：2089

［40］　Franz W. Z. Naturforsch，1958，13：484

［41］　Keldysh L V. Sov. Phys. JETP，1958，34：788

［42］　Keldysh L V. Transl. Sov. Phys. JETP，1965，20：1307

［43］　沈学础. 半导体光学性质. 北京：科学出版社，1992. p. 143

［44］　Vavilov V S，Britsyn K I. Fizika Tverdogo Tela in Russin，1960，2：1936

［45］　Frova A，Handler P. Phys. Rev. A，1965，137：1857

［46］　Paige E G S，Ress H D. Phys. Rev. Lett.，1996，16(11)：444

［47］　Gasakov O，Nasledov D N，Slobodchikov S V. Physica Status Solidi A，1969，35：139

［48］　Bujatti M. J. Appl. Phys.，1969，40(7)：2965

［49］　Tyagai V A，Kas′yan V A，Popov V B，et al. Fizikai Tekhnika Poluprovodnikov，1974，8：2335

［50］　Kovalevskaya G G，Alyushina V I，Metreveli S G，et al. Fizikai Tekhnika Poluprovodnikov，1976，10：2196

［51］　Kingston R H. Appl. Phys. Lett.，1979，34(11)：744

［52］　Callaway J. Phys. Rev. A，1964，134：998

［53］　张琦锋，张耿民，吴锦雷等. 物理学报，2001，50(3)：561

[54]　Peyser L A, Vinson A E, Bartko A P, et al. Science, 2001, 291: 103

[55]　Marchetti A P, Muenter A A, Baetzold R C, et al. J. Phys. Chem. B, 1998, 102: 5287

[56]　Varkey A J, Fort A F. Solar Energy Materials & Solar Cells, 1993, 29: 253

[57]　Kötz R, Yeager E. J. Elec. Chem., 1980, 111: 105

[58]　Wang X Q, Wen H, He T J, et al. Spectrochim Acta A, 1997, 53: 2495

[59]　Brandt E S. Appl. Spec., 1993, 47(1): 85

[60]　Watanabe T, Kawanami O, Honda K, et al. Chem. Phys. Lett., 1983, 102(6): 565

[61]　Fedrigo S, Harbich W, Buttet J. J. Chem. Phys., 1993, 99(8): 5712

[62]　Félix C, Sieber B, Harbich W, et al. Chem. Phys. Lett., 1999, 313(1-2): 105

[63]　Rabin I, Schulze W, Ertl G. J. Chem. Phys., 1998, 108(12): 5137

[64]　Kuwahara M, Nakano T, Tominaga J, et al. Jpn. J. Appl. Phys., Part II, 1999, 38: 1079

[65]　Tominaga J, Fuji H, Sato A, et al. Jpn. J. Appl. Phys., Part I, 2000, 39: 957

[66]　Fuji H, Tominaga J, Men L, et al. Jpn. J. Appl. Phys., Part I, 2000, 39: 980

[67]　Nakano T, Yamakawa Y, Tominaga J, et al. Jpn. J. Appl. Phys., Part I, 2001, 40: 1531

[68]　Tominaga, Mihalcea C, Büchel H, et al. Appl. Phys. Lett., 2001, 78(17): 2417

[69]　张西尧, 张琦锋, 吴锦雷等. 物理化学学报, 2003, 19(3): 203

[70]　Pan X Y, Zhang X Y, Wu J L, et al. Chin. Phys. Lett., 2003, 20(1): 133

[71]　张敬畅, 刘慷, 曹维良. 石油化工高等学校学报, 2001, 14(2): 21

[72]　Chou K S, Ren C Y. Mate. Chem. & Phys., 2000, 64(3): 241

[73]　徐绍龄, 徐其亨, 田应朝等. 铜分族. 无机化学丛书. 北京: 科学出版社, 1995

[74]　PHI5300 Instrument Manual. USA: Perkin-Elmer Corporation, 1988

[75]　沈学础. 半导体光学性质. 北京: 科学出版社, 1992

[76]　Pettersson L A A, Snyder P G. Thin Solid Films, 1995, 270(1-2): 69

[77]　Librardi H, Grieneisen H P. Thin Solid Films, 1998, 333(1-2): 82

[78]　Nirmal M, Brus L. Acc. Chem. Res., 1999, 32: ,407

[79]　Vanheusden K, Warren W L, Seager C H, et al. J. Appl. Phys., 1996, 79(10): 7983

[80]　Brandt E S. Appl. Spec., 1993, 47(1): 85

[81]　Voll V A. Semiconductors, 1995, 29(11): 1081

[82]　Koller A, Fiedlerová, Králové. Thermochimica Acta, 1985, 92: 445

[83]　Pettinger B, Bao X, Wilcock I, et al. Chem. Int. Ed. Engl., 1994, 33(1): 85

[84]　Osborne D H, Haglund R F, Gonella F, et al. Appl. Phys. B, 1998, 66(4): 517

[85]　林琳, 吴锦雷. 物理学报, 1999, 48(3): 491

[86]　林琳, 吴锦雷. 真空科学与技术学报, 2000, 201(1): 5

[87]　Weitz D A, Garoff S, Gersten J, et al. J. Chem. Phys., 1983, 78: 5324

[88]　Hanamura E. Phys. Rev. B, 1998, 37(3): 1273

[89]　Kano H, Kawata S. Opt. Lett., 1996, 21: 1848

[90]　李丽君, 吴锦雷. 光学学报, 1998, 18(11): 1551

[91]　Gersten J I, Weitz D A, Gramila T J, et al. Phys. Rev. B, 1980, 22(10): 4562

第六章 金属纳米粒子-半导体薄膜的 三阶光学非线性效应

　　物质在各种特定条件下可能会表现出不同的非线性效应. 研究这些非线性效应对揭示自然规律是很有帮助的, 人们可以因此制备各种有用的器件.

　　物质的光学特性受到电场影响而发生变化的现象称为电光非线性效应. 物质的折射率受电场影响会发生改变. 例如, 当压电晶体受光照射并在与入射光垂直的方向上加高电压时, 晶体将呈现双折射现象, 这时一束入射光变成两束出射光, 这种现象称为电光克尔(Kerr)效应. 电光材料大部分是晶体, 它们最重要的用途是制造光调制元件、电光开关, 也应用于光偏转、可变谐振滤波和电场的测定等方面. 电光开关可用于调 Q 激光器中的快速开关, 开关响应时间一般为纳秒数量级.

　　置于磁场中的物体受到磁场影响后, 其光学特性发生变化的现象称为磁光效应. 磁光效应包括磁光法拉第(Faraday)效应、磁光克尔效应等. 偏振光通过磁性物体时, 其偏振光面将发生偏转, 这种现象就是磁光法拉第效应. 具有磁光效应的材料有亚铁磁性石榴石、尖晶石铁氧体、钡铁氧体、铬的三卤化合物等, 其中亚铁磁性石榴石被研究得比较多. 利用材料的磁光效应可制成各种磁光元件, 对激光束的强度、相位、频率、偏振方向及传输方向进行控制.

　　光场本身也可以产生光学非线性, 包括双光子效应、受激拉曼散射、光克尔效应(optical Kerr effect, 简称为 OKE)、四波混频等. 人们利用材料的非线性光克尔效应可以制备超快光开关, 开关响应时间一般为皮秒数量级.

　　光子器件的发展要求寻找三阶光学非线性系数大且响应速度快的材料. 金属纳米粒子薄膜材料在线性光学性质上表现出独特的选择性光吸收, 在瞬态光学响应中表现出超快弛豫过程, 那么, 这种薄膜的非线性光学特性会如何呢? 本章将讲述 Ag-BaO 和 Ag-Cs_2O 复合介质薄膜以及 Au 纳米粒子薄膜在不同波长激光作用下的飞秒时间分辨光克尔效应, 并对金属纳米粒子-半导体薄膜的三阶光学非线性极化率及动态弛豫过程进行讨论. 这种光电薄膜材料的光开关响应时间优于皮秒.

§6.1　光克尔效应

6.1.1　光学介质的非线性极化及其产生的非线性光学效应

当介质受到光场的作用时,它将被极化.在光场不是很强的情况下,极化强度 $\boldsymbol{P}$ 与极化产生的电场强度 $\boldsymbol{E}$ 呈线性关系,即

$$\boldsymbol{P} = \varepsilon_0 \chi^{(1)} \boldsymbol{E},\tag{6.1}$$

式中 $\chi^{(1)}$ 称为介质的线性极化率,表征对光场响应的大小, ε_0 为材料的真空介电常数.

线性光学的特点是:(1)在光与物质的相互作用过程中,光学材料的许多参量(如折射率、吸收系数等)与外界光场强度无关,材料对光的吸收只与光波长有关;(2)光与物质的相互作用过程满足叠加原理.

随着激光器的发展,人们所能获得的光场强度可能比过去使用的普通光源的场强高出数十万倍.由光场激发产生的介质极化电场强度达到可与原子内部场强(约 10^{10} V/m)相比拟的程度.由此产生的极化强度矢量不再与光场呈线性比例关系,而是表现出非线性效应.

非线性光学与线性光学相比主要不同点是[1]:(1)在光与物质的相互作用过程中,物质的光学参量(如折射率、吸收系数等)表现为与光强有关,不再是常数;(2)各种频率的光场在与物质的作用过程中因发生非线性耦合而产生新的频谱,不再满足叠加原理.

在处理强光场情况下光与物质的相互作用时,如果介质极化的非线性程度不十分大,可以把极化强度 $\boldsymbol{P}$ 按极化电场强度 $\boldsymbol{E}$ 展开成级数[2,3],即

$$\begin{aligned}\boldsymbol{P} &= \varepsilon_0 \left[\chi^{(1)} \boldsymbol{E} + \chi^{(2)} : \boldsymbol{EE} + \chi^{(3)} : \boldsymbol{EEE} + \cdots \right] \\ &= \boldsymbol{P}^{(1)} + \boldsymbol{P}^{(2)} + \boldsymbol{P}^{(3)} + \cdots,\end{aligned}\tag{6.2}$$

式中 $\boldsymbol{P}^{(1)} = \varepsilon_0 \chi^{(1)} \boldsymbol{E}$ 称为线性极化强度, $\boldsymbol{P}^{(2)} = \varepsilon_0 \chi^{(2)} : \boldsymbol{EE}$, $\boldsymbol{P}^{(3)} = \varepsilon_0 \chi^{(3)} : \boldsymbol{EEE}$ 分别称为二阶、三阶极化强度, $\chi^{(2)}$, $\chi^{(3)}$ 分别称为二阶、三阶非线性极化率(依此类推).非线性极化率的大小反映了介质对光场非线性响应的强弱.考虑到激光光波具有偏振特性,而且 $\boldsymbol{E}$ 和 $\boldsymbol{P}$ 都是矢量,因此非线性极化率 $\chi^{(n)}$ 是 $n+1$ 阶张量 ($n=1$, 2, 3, $\cdots$).

非线性极化是光场与介质相互作用的宏观体现,产生这个宏观结果的微观作用机理可以是多种多样的,其中主要包括[4,5]:

(1)电子的贡献.光场的作用可以引起原子、分子及固体等介质中电子云分布的畸变;当光波频率与介质中能级系统的变化发生共振时,还会引起电子能态的重新分布.这个过程会产生与入射光频率相同或不同的非线性极化,从而产生

二阶、三阶或其他高阶非线性光学效应. 该过程的响应时间极快,一般在飞秒数量级.

(2) 分子的重新取向与重新分布. 当光作用于液体、液晶或某些高分子材料时,如果分子是各向异性的,则分子倾向于按光场的偏振方向重新取向. 与此同时,在光场作用区,分子在光场作用下感生的电偶极矩之间的相互作用也会引起分子在空间的重新分布. 分子重新取向或重新分布都会改变介质的折射率. 该过程的响应时间一般在 $0.1\sim 1\,\mathrm{ps}$ 数量级,它依赖于介质分子转动阻尼的大小.

(3) 分子的振动和转动及晶格的振动. 这种机制最重要的是经历拉曼过程,拉曼振动模或弹性波受到激发而产生非线性极化.

(4) 光场引起的电致伸缩. 光场作用于介质,改变了作用区的体系自由能. 为了使自由能最小,光场作用区介质的密度要发生变化(即电致伸缩机制),这种改变所造成的折射率改变相当于介质产生了非线性极化.

(5) 温度效应. 当介质对光场存在吸收时,吸收后的能量可通过无辐射跃迁而转变成热能,温度的变化进而引起介质浓度和密度的改变. 这些因素都会改变介质的折射率.

按非线性极化项的不同,可以将非线性光学效应分为以下三类[6]:

(1) 二阶非线性效应:主要包括倍(分)频效应、和(差)频效应以及参量放大和参量振荡.

(2) 三阶非线性效应:主要有四波混频、折射率随光强的变化、自聚焦及自相位调制、光克尔效应、光学双稳态等.

(3) 受激光散射效应:包括受激拉曼散射和受激布里渊散射.

光克尔效应是一种和光场感生双折射现象相联系的三阶非线性光学效应[7,8]. 所谓光场感生双折射,即光致各向异性,是指光场激发能够引起三阶非线性介质折射率的变化. 当泵浦光是线偏振光时,介质对偏振方向与泵浦光偏振方向平行和垂直的两种光波所引起的折射率变化不同. 光场感生双折射产生的原因在于,对平行偏振和垂直偏振的两种光波而言,其折射率的变化不仅与光强有关,还分别与三阶非线性极化率的不同张量元 $\chi^{(3)}_{xyyx}$ 和 $\chi^{(3)}_{yyyy}$ 有关,而 $\chi^{(3)}_{xyyx}$ 和 $\chi^{(3)}_{yyyy}$ 一般是不等的. 光场感生的双折射能够改变介质中传播光束的偏振性,因此由光束偏振特性的测量就可以得到光场感生双折射的值.

基于光克尔效应的光克尔门技术是测量材料三阶非线性极化率的有效手段. 光克尔门技术可以简单地描述为:先利用一束强光作为泵浦光,在介质中产生双折射;再利用一束较弱的光作为探测光,探测光与泵浦光的偏振方向之间成 45°夹角. 由于介质中存在由泵浦光激发的各向异性,探测光经过介质后会发生偏振方向的改变,若把检偏器放在探测器前,与探测光原偏振方向相垂直,就可以检测得到这种变化. 该信号反映了材料非线性光学响应能力,即三阶非线性极化率的大小. 改变泵浦光与探测光之间的时间延迟, 记录不同时刻探测光的强度, 可以观察到这种光致各向异性的弛豫过程, 此即时间分辨的光克尔门技术.

依据是否在光路中引入局域振子以产生超外差项, 利用光克尔效应测量三阶非线性极化率的实验技术可以区分为常规光克尔技术和超外差光克尔技术两种.

6.1.2 常规光克尔效应的理论描述

如果将上述 $45°$ 偏振的泵浦光分解为垂直偏振和平行偏振的两束光, 光克尔效应可以理解为一个相位匹配条件自动满足的简并四波混频过程. 时间分辨的光克尔效应的描述是建立在四波混频的理论框架中的.

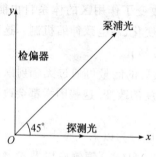

图 6-1 OKE 实验中的偏振设置

时间分辨光克尔实验中的偏振设置如图 6-1 所示. 探测光的偏振沿 x 轴方向, 泵浦光与探测光的夹角为 $45°$, 光路中置于样品后面的检偏器, 偏振沿 y 轴方向.

对于原来呈各向同性的介质, 其非线性极化强度在光场中主要由三阶非线性光学过程产生. 三阶非线性极化强度 $\boldsymbol{P}^{\mathrm{NL}}$ 可以写成时间 t 的函数[9,10], 即

$$\boldsymbol{P}_i^{\mathrm{NL}}(t) = \boldsymbol{E}_j(t)\int_{-\infty}^{\infty}\mathrm{d}t' \cdot \chi_{ijkl}^{(3)}(t-t')E_k(t')E_l(t'), \tag{6.3}$$

式中 $\chi_{ijkl}^{(3)}$ 是三阶非线性极化率 $\chi^{(3)}$ 的张量元, i, j, k, l 是笛卡儿坐标系里的相应坐标, 并利用通常求和规则(即对相同的下角标求和)[11], 有

$$\chi_{ijkl}^{(3)} = \sigma_{ijkl}\delta(t-t') + \sum_m \mathrm{d}_{ijkl}^m(t-t'), \tag{6.4}$$

式中 σ 代表电子引起的瞬时响应的贡献, 等号右侧第二项表示对 d_{ijkl}^m 的各种非瞬时响应的贡献求和.

探测光和泵浦光的电场强度 $\boldsymbol{E}_{\mathrm{pr}}$ 和 $\boldsymbol{E}_{\mathrm{pp}}$ 分别为

$$\boldsymbol{E}_{\mathrm{pr}} = E_{\mathrm{pr}}\boldsymbol{e}_x, \quad \boldsymbol{E}_{\mathrm{pp}} = (1/\sqrt{2})E_{\mathrm{pp}}\boldsymbol{e}_x + (1/\sqrt{2})E_{\mathrm{pp}}\boldsymbol{e}_y, \tag{6.5}$$

式中 $\boldsymbol{e}_x$ 和 $\boldsymbol{e}_y$ 分别是 x 方向和 y 方向的单位矢量. 将式(6.5)代入式(6.3), 可得三阶非线性极化强度在 y 轴方向上的分量

$$P_y^{\mathrm{NL}}(t,\tau) = E_{\mathrm{pr}}(t-\tau)\mathrm{e}^{\mathrm{i}\omega(t-\tau)}\int_{-\infty}^{\infty}\mathrm{d}t'[\chi_{yxyx}^{(3)}(t-t') + \chi_{yxxy}^{(3)}(t-t')]\mid E_{\mathrm{pp}}(t')\mid^2$$

$$+ E_{\mathrm{pp}}(t)\mathrm{e}^{\mathrm{i}\omega(t-\tau)}\int_{-\infty}^{\infty}\mathrm{d}t'[\chi_{xyyx}^{(3)}(t-t') + \chi_{yyxx}^{(3)}(t-t')]E_{\mathrm{pr}}(t-t')E_{\mathrm{pp}}^*(t'),$$

$$\tag{6.6}$$

式中 τ 为探测光的延迟时间,上标"＊"表示取共轭复数.等号右侧的第一项是通常所考虑的光致折射率变化的贡献,即纯克尔信号,第二项是相干效应的贡献.相干效应在物理上是由于样品中的两束光因在时间和空间的叠加作用生成光学感生光栅,部分泵浦光通过该光栅自衍射到与探测光偏振方向相垂直的方向而对克尔信号产生影响.因此,只有当泵浦光和探测光在时间和空间上同时相关时,第二项才起作用.当泵浦光和探测光在时间上错开时,只有第一项对克尔信号有贡献,它可以直接表征弛豫时间大于激光脉宽的非线性响应.这就意味着,在泵浦光和探测光的自相关时域内,利用时间分辨光克尔技术测得的样品的非线性响应可能包含两种机制的不同贡献,这一点对于理解零点($\tau=0$)附近响应速度很快的非线性信号的产生机理尤为重要.两种贡献的相对大小则与具体样品有关.

考虑到非线性光学作用过程的响应时间比实验用的激光脉冲宽度短许多,即光克尔信号中只有瞬时响应部分(或虽然存在慢速响应,但响应时间很短,可以忽略)的情况,可以将其响应函数近似取为 δ 函数形式,并取该瞬时响应所对应的非线性极化率为

$$\chi_{\text{eff}}^{(3)} = [\chi_{yxyx}^{(3)} + \chi_{yxxy}^{(3)}]/2, \tag{6.7}$$

这样,式(6.6)可近似地表示为

$$P_y^{\text{NL}}(t,\tau) \approx 2E_{\text{pr}}(t-\tau) \, | \, E_{\text{pp}}(t') \, |^2 \chi_{\text{eff}}^{(3)} \, e^{i\omega(t-\tau)}, \tag{6.8}$$

式中 ω 为光波的角频率.

根据小信号近似下的波动方程,探测器处的电场强度可用 $P_y^{\text{NL}}(t,\tau)$ 表示为[3]

$$E_y(t,\tau) = i \frac{\omega d}{c} \frac{2\pi}{n} P_y^{\text{NL}}(t,\tau), \tag{6.9}$$

式中 d 为泵浦光和探测光在样品中的行程,n 为介质的线性折射率,c 为光速.

将电场强度对时间 t 积分,可得到探测器处检测到的信号强度,即经过样品后探测光强在 y 轴方向的分量

$$I(\tau) = \frac{nc}{2\pi} \int_{-\infty}^{\infty} E_y(t,\tau) E_y^*(t,\tau) \mathrm{d}t \equiv \frac{nc}{2\pi} \langle E_y(t,\tau) E_y^*(t,\tau) \rangle_t. \tag{6.10}$$

如果有线性吸收,考虑到泵浦光和探测光经过样品的吸收损耗,$I(\tau)$ 可以表示为

$$I(\tau) = \frac{nc}{2\pi} \langle E_y(t,\tau) E_y^*(t,\tau) \rangle_t \frac{[1 - \exp(-\alpha d)]^2 \exp(-\alpha d)}{(\alpha d)^2}$$

$$\propto \int I'^2(t-\tau) I'(t) \mathrm{d}t, \tag{6.11}$$

式中 α 为吸收系数,I' 为入射激光强度.

由式(6.8)~(6.11)可以看出:(1)探测器检测到的信号强度与 $\chi_{\text{eff}}^{(3)}$ 的平方成正比,因此常规光克尔实验给出的是三阶非线性极化率的模;(2)在常规光

克尔实验中,信号的强度与入射光强的三次方成正比.

在利用时间分辨光克尔技术测量样品的三阶光学非线性极化率时,通常的方法是取样品瞬态响应在 $\tau=0$ 时刻附近的信号幅度的极大值 $I_{\max,\text{sample}}$ 与标准样品 CS_2 相应的信号幅度极大值 $I_{\max,CS_2}$ 进行参比. 一般在可见光至近红外光波段,样品有效三阶非线性极化率 $\chi^{(3)}_{\text{eff}}$ 的实验测算公式为[12]

$$\chi^{(3)}_{\text{eff}} = \chi^{(3)}_{\text{eff},CS_2} \left(\frac{I_{\max,\text{sample}}}{I_{\max,CS_2}}\right)^{1/2} \left(\frac{n_{\text{sample}}}{n_{CS_2}}\right)^2 \frac{d_{CS_2}}{d_{\text{sample}}} \frac{(\alpha d_{\text{sample}})\exp(\alpha d_{\text{sample}}/2)}{1-\exp(-\alpha d_{\text{sample}})},$$

$$(6.12)$$

式中 $\chi^{(3)}_{\text{eff},CS_2}$ 为标准参比样品 CS_2 的三阶非线性极化率,n_{sample} 和 n_{CS_2} 分别为待测样品和参比样品的线性折射率,d_{sample} 和 d_{CS_2} 分别为光在待测样品和参比样品中的行程,α 为样品的光吸收系数. 更直接地,式(6.12)可以由样品的光透过率 T 表达为

$$\chi^{(3)}_{\text{eff}} = \chi^{(3)}_{\text{eff},CS_2} \left(\frac{I_{\max,\text{sample}}}{I_{\max,CS_2}}\right)^{1/2} \left(\frac{n_{\text{sample}}}{n_{CS_2}}\right)^2 \frac{d_{CS_2}}{d_{\text{sample}}} \frac{\ln(1/T)}{(1-T)\sqrt{T}}. \qquad (6.13)$$

6.1.3 　超外差光克尔效应的产生及其理论描述

超外差光克尔效应(optical heterodyne detection - optical Kerr effect,简称为 OHD-OKE)是在常规光克尔方法之上加以改进的,并引入一个局域振子 E_{LO}:

$$E_{LO} \propto E_{pr} \text{ 或 } E_{LO} \propto iE_{pr}.$$

这一局域振子使得探测器处的信号在原有常规光克尔信号 I_{norm} 的基础上增加了一项 I_{OHD},即超外差项. I_{OHD} 和 I_{norm} 不同,后者正比于入射光强的三次方,而前者正比于入射光强的平方.尤为突出的是,依据局域振子的相位不同,I_{OHD} 和三阶非线性极化率 $\chi^{(3)}$ 的实部和虚部相联系,即当 $E_{LO} \propto iE_{pr}$ 时,I_{OHD} 探测 $\text{Re}\chi^{(3)}$;当

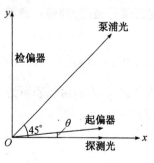

图 6-2　OHD-OKE 实验中
局域振子的产生

$E_{LO} \propto E_{pr}$ 时,I_{OHD} 探测 $\text{Im}\chi^{(3)}$. 超外差光克尔效应的这一特点在很大程度上有助于分析非线性介质中光场感生双折射现象的产生机理,这是因为三阶非线性极化率的实部和虚部是和介质的不同光学参量相联系的.

超外差光克尔效应的测量方法有多种[13~18],其差别在于如何得到局域振子 E_{LO}. 这里介绍的方法如图 6-2 所示,就是在常规光克尔的实验装置基础上,先在探测光经过的起偏器和样品之间的位置加入 $\lambda/4$ 光学偏振透镜片,使其主轴方向与起偏器的偏振方向一致,即与泵浦光成 45°夹角;然后再将起偏器的偏振方向改变 θ 角度

（θ 一般在 $1°\sim5°$ 之间）．若 $\theta=0°$，则对应于常规光克尔效应．

探测光经过起偏器和 $\lambda/4$ 透镜片后，电场强度 E_{pr} 可由沿 x 轴和 y 轴方向的分量之和表示：

$$E_{pr} = E_{pr}\cos\theta \boldsymbol{e}_x + iE_{pr}\sin\theta \boldsymbol{e}_y. \tag{6.14}$$

当 θ 很小时，$\sin\theta$ 也很小，探测光在 x 轴方向的分量远大于其在 y 轴方向的分量，因此和泵浦光发生作用的主要是探测光在 x 轴方向上的分量．探测光在 y 轴方向上的分量即局域振子 E_{LO}：

$$E_{LO}(t,\tau) = iE_{pr}(t,\tau)\sin\theta. \tag{6.15}$$

若无 $\lambda/4$ 透镜片，则

$$E_{LO}(t,\tau) = E_{pr}(t,\tau)\sin\theta. \tag{6.16}$$

由式（6.8）和（6.9）可知，常规光克尔信号的电场强度 E_{norm} 为

$$E_{norm} \propto iI_{pp}E_{pr}\chi_{eff}^{(3)}, \tag{6.17}$$

式中 I_{pp} 是泵浦光的信号强度．在超外差光克尔效应中，探测器处信号的电场强度是 E_{norm} 和 E_{LO} 的相干叠加，因此信号强度为

$$I = |E_{norm} + E_{LO}|^2 = I_{norm} + I_{LO} + \mathrm{Re}[E_{norm}^* E_{LO} + E_{norm}E_{LO}^*], \tag{6.18}$$

式中 I_{LO} 和 I_{norm} 分别是局域振子和常规光克尔的信号强度．超外差信号 I_{OHD} 由 $\mathrm{Re}[E_{norm}^* E_{LO} + E_{norm}E_{LO}^*]$ 给出，结合式（6.17）可得

$$I_{OHD} \propto 2\mathrm{Re}[iI_{pp}(E_{pr}^* E_{LO})\chi_{eff}^{(3)}]. \tag{6.19}$$

考虑到光路中插入 $\lambda/4$ 透镜片时 $E_{LO}(t,\tau)$ 满足式（6.15），此时由式（6.19）可知

$$I_{OHD} \propto -2I_{pp}I_{pr}\sin\theta\,\mathrm{Re}\chi_{eff}^{(3)}, \tag{6.20}$$

即 I_{OHD} 探测的是 $\chi_{eff}^{(3)}$ 的实部，式中 I_{pr} 是探测光的信号强度．

若光路中无 $\lambda/4$ 透镜片，$E_{LO}(t,\tau)$ 满足式（6.16），此时

$$I_{OHD} \propto -2I_{pp}I_{pr}\sin\theta\,\mathrm{Im}\chi_{eff}^{(3)}, \tag{6.21}$$

即 I_{OHD} 探测的是 $\chi_{eff}^{(3)}$ 的虚部．由于 θ 很小，可作 $\sin\theta\approx\theta$ 的近似处理，这样式（6.20）和（6.21）均表明超外差信号强度 I_{OHD} 与起偏器偏振方向的改变量 θ 成正比．

在实验中，将泵浦光经斩波调制，并通过锁定放大方法探测信号，只有和样品的光响应有关的 I_{norm} 和 I_{OHD} 可被检测到，而局域振子引起的 I_{LO} 被扣除．因此，最后得到的信号强度 I 是常规光克尔项与超外差项之和，且与 θ 成正比，即

$$I = I_{norm} + I_{OHD} = I_{norm} + \beta\theta, \tag{6.22}$$

式中 β 为一个系数，它与入射光强、泵浦光和探测光的作用长度、被测样品三阶非线性极化率、线性折射率及吸收系数等参量相关，可以表示为[19~21]

$$
\begin{cases}
\mathrm{Re}\beta = -\dfrac{4\pi^2\omega^2 d}{\xi c^3}n^{-1/2}I_{\mathrm{pr}}I_{\mathrm{pp}}\mathrm{Re}\chi_{\mathrm{eff}}^{(3)}\dfrac{[1-\exp(-\alpha d)]\exp(-3\alpha d/2)}{\alpha d}, \\[4mm]
\mathrm{Im}\beta = -\dfrac{4\pi^2\omega^2 d}{\xi c^3}n^{-1/2}I_{\mathrm{pr}}I_{\mathrm{pp}}\mathrm{Im}\chi_{\mathrm{eff}}^{(3)}\dfrac{[1-\exp(-\alpha d)]\exp(-3\alpha d/2)}{\alpha d},
\end{cases}
$$

$$(6.23)$$

式中 ξ 为探测光的波矢大小,等号右侧末项 $[1-\exp(-\alpha d)\exp(-3\alpha d/2)]/\alpha d$ 的引入,是在考虑了常规光克尔项和超外差项对入射光的强度有不同的依赖关系后,对这两项中线性吸收的影响进行的修正.

选择合适的局域振子,可以使超外差项的值 I_{OHD} 远大于常规光克尔项 I_{norm},此时探测的信号主要是前者. 这就意味着,当激光功率密度不特别高或样品的非线性响应较小时,超外差光克尔技术较常规光克尔技术在测量物质非线性特性上具有一定的优势. 同样地,以 CS_2 标准样品作参比并忽略其在可见光至近红外波段的光吸收,根据式(6.22)和(6.23),可以得到利用超外差光克尔技术测量样品的有效三阶非线性极化率 $\chi_{\mathrm{eff,sample}}^{(3)}$ 的计算公式

$$
\chi_{\mathrm{eff,sample}}^{(3)} = \chi_{\mathrm{eff},CS_2}^{(3)}\left(\frac{I_{\mathrm{max,samlpe}}}{I_{\mathrm{max},CS_2}}\right)^{1/2}\left(\frac{n_{\mathrm{samlpe}}}{n_{CS_2}}\right)^{1/2}\frac{d_{CS_2}}{d_{\mathrm{sample}}}\frac{(\alpha d_{\mathrm{sample}})\exp(3\alpha d_{\mathrm{sample}}/2)}{1-\exp(-\alpha d_{\mathrm{sample}})}.
$$

$$(6.24)$$

该式以样品透过率 T 表达的形式为

$$
\chi_{\mathrm{eff,sample}}^{(3)} = \chi_{\mathrm{eff},CS_2}^{(3)}\left(\frac{I_{\mathrm{max,samlpe}}}{I_{\mathrm{max},CS_2}}\right)^{1/2}\left(\frac{n_{\mathrm{sample}}}{I_{CS_2}}\right)^{1/2}\frac{d_{CS_2}}{d_{\mathrm{sample}}}\frac{\ln(1/T)}{(1-T)T^{3/2}}. \qquad (6.25)
$$

需要指出的是,利用超外差光克尔效应测算样品三阶非线性极化率时所使用的公式与在常规光克尔效应情况下的计算公式(见式(6.12)和(6.13))有所不同,这是由于两种效应在测量原理上的不同所导致的.

§6.2　金属纳米粒子-半导体薄膜的光克尔效应

6.2.1　Ag-BaO薄膜的光克尔效应

1. 超快光克尔效应

对于金属纳米粒子复合介质薄膜,飞秒时间分辨的常规光克尔效应的实验系统如图 6-3 所示. 由一台多线氩离子激光器-泵浦克尔镜锁模钛蓝宝石激光器作为激光光源,激光脉冲宽度为 120 fs,重复频率为 76 MHz,输出单脉冲能量为 24 nJ,波长在 790~870 nm 范围可调谐(实验中设定为 820 nm). 激光脉冲经分光镜 M2 分光后,变为强度比为 10∶1 的两束光,分别作为泵浦光和探测光. 泵浦光经光学延迟线后,先经分光镜 M3 反射,再由斩波器调制后被透镜 L1 聚焦

在薄膜样品表面,光斑直径约为 $20\,\mu m$. 泵浦光的作用是在薄膜体内产生光致各
向异性. 探测光经棱镜反射后,经起偏器 P1 变为与泵浦光偏振方向成 $45°$ 夹角,
并被 L1 聚焦在样品表面(与泵浦光同一点处). 通过样品的探测光被透镜 L2 收
集,经由检偏器 P2 后被探测器接收,其中 P2 的偏振方向被置于与 P1 的偏振方
向相垂直的状态. 利用计算机调节光学延迟线以改变泵浦光脉冲与探测光脉冲
到达样品表面的延迟时间,记录探测光强度,可得到光克尔信号随延迟时间的变
化曲线.

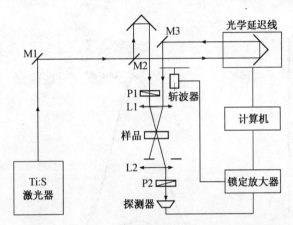

图 6-3　飞秒时间分辨的常规 OKE 的实验系统示意图

张琦锋[22]对金属纳米粒子-半导体薄膜 Ag-BaO 进行了时间分辨光克尔效
应实验,实验结果如图 6-4 所示,光克尔效应的响应时间为 $280\,\mathrm{fs}$(即峰的半高

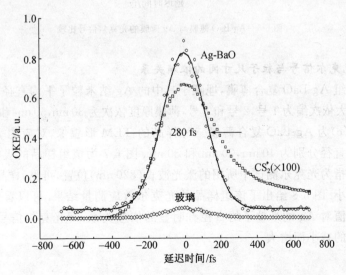

图 6-4　Ag-BaO 复合薄膜的时间分辨 OKE

宽). Ag-BaO 复合薄膜的实验样品厚度约 30 nm,薄膜中的 Ag 纳米粒子平均直径约 10 nm. 作为比较,图中给出了相同实验条件下标准参比样品 CS₂ 的光克尔效应,其在零点附近的信号极大值被用于估算待测样品的三阶非线性极化率[23,24]. 为了确认信号来源,还需在相同实验条件下测试玻璃基底的响应. 由实验曲线可见,玻璃基底对测量结果的影响很小,可以忽略不计.

　　图 6-5 为 Ag-BaO 复合薄膜与厚度约为 500 nm 的连续 Ag 薄膜的光克尔信号比较. 可以看到,Ag-BaO 纳米粒子复合薄膜的非线性效应强度要大得多.

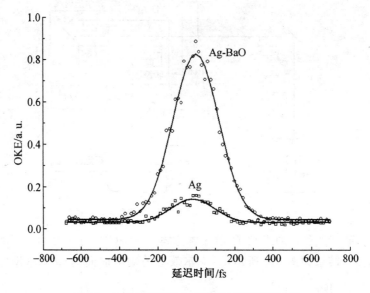

图 6-5　Ag-BaO 薄膜与 Ag 薄膜的光克尔信号比较

2. 光克尔信号与粒子尺寸间的依赖关系

　　取一组 Ag-BaO 复合薄膜,埋藏于其中的 Ag 纳米粒子平均直径不同,按直径由小到大依次编为 1 号,2 号和 3 号,薄膜厚度依次为 30 nm,50 nm 和100 nm. 图 6-6(a)～(c)为 Ag-BaO 复合薄膜三种样品的 TEM 形貌像,对应的 Ag 纳米粒子的平均直径分别为 10 nm,20 nm 和 30 nm. 图 6-7 为该组样品的吸收光谱. 图中箭头所指为光克尔测试中所用的激光波长(820 nm)位置,可见,样品对该波长的吸收很小. 图 6-8 给出了该组样品的光克尔效应测量结果. 可以看到,光克尔信号的幅值对 Ag 纳米粒子的直径有明显的依赖关系,即光克尔信号的强度随粒子尺寸的减小而增大.

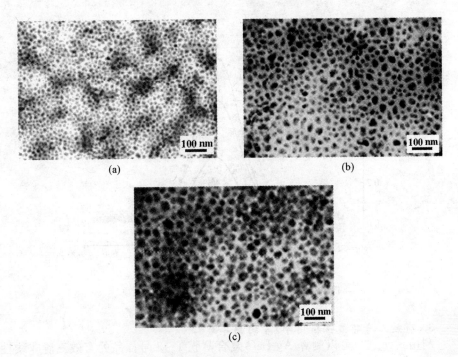

图 6-6　Ag-BaO 薄膜三种样品的 TEM 形貌像

(a) 1 号样品；(b) 2 号样品；(c) 3 号样品

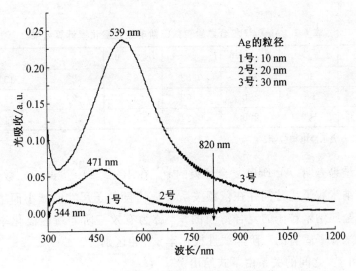

图 6-7　Ag-BaO 薄膜三种样品的光吸收谱

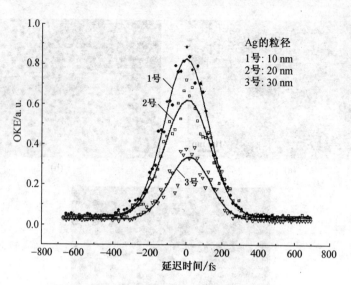

图 6-8　Ag-BaO 薄膜三种样品的常规光克尔效应

3. 有效三阶非线性极化率 $\chi_{eff}^{(3)}$ 的测算

利用式(6.13)可以测算 Ag-BaO 复合薄膜 1~3 号样品的有效三阶非线性极化率的量,其中标准参比样品 CS$_2$ 在波长 820 nm 的 $\chi_{eff,CS_2}^{(3)}$ 取值[25,26] 为 1×10^{-13} e.s.u.,折射率 n_{CS_2} 的取值为 1.63,其他各参量的取值及计算结果列于表6-1.

表 6-1　Ag-BaO 复合薄膜有效三阶非线性极化率计算结果

编号	T	d_{sample}/nm	d_{CS_2}/μm	I_{sample}/a.u.	I_{CS_2}/a.u.	n_{sample}	$\chi_{eff,sample}^{(3)}$/e.s.u. *
1	98%	30	200	0.83	67	2	1.15×10^{-10}
2	95%	50	200	0.62	67	2	6.17×10^{-11}
3	80%	100	200	0.34	67	2	2.71×10^{-11}

* : e.s.u. 表示静电单位制.

测算结果表明,Ag-BaO 复合薄膜的 $\chi_{eff}^{(3)}$ 在 $10^{-11} \sim 10^{-10}$ e.s.u. 数量级,$\chi_{eff}^{(3)}$ 的大小与纳米粒子尺寸间存在依赖关系,即 $\chi_{eff}^{(3)}$ 随粒子尺寸的减小而增大. 我们将埋藏有金属纳米粒子的复合薄膜的 $\chi_{eff}^{(3)}$ 称为有效三阶非线性极化率,是为了与金属纳米粒子固有的三阶非线性极化率 $\chi_m^{(3)}$ 相区别.

$\chi_{eff}^{(3)}$ 和 $\chi_m^{(3)}$ 之间的关系由下式给出[27—29]:

$$\chi_{eff}^{(3)} = p \mid f_1 \mid^2 \mid f_2 \mid^2 \chi_m^{(3)}, \tag{6.26}$$

式中 p 为金属纳米粒子的体积分数,f_1 为局域场因子,与光场在金属纳米粒子中产生的内部电场有关,f_2 为表面等离子激元共振增强因子,反映复合薄膜光

吸收的影响. f_1 和 f_2 可分别表示为

$$f_1 = 3\varepsilon_i/(\varepsilon_m + 2\varepsilon_i), \tag{6.27}$$

$$f_2 = 3\varepsilon_i/[(1-p)\varepsilon_m + (2+p)\varepsilon_i], \tag{6.28}$$

式中 ε_m 和 ε_i 分别为金属纳米粒子和周围介质的介电常数.

式(6.26)表明,金属纳米粒子复合薄膜的非线性效应一方面取决于埋藏于薄膜中的金属纳米粒子固有的三阶非线性极化特性,另一方面也与周围介质及薄膜结构有关.

取 Ag 纳米粒子在波长 820 nm 处的光频复介电常数

$$\varepsilon_m = \widetilde{N}^2 = (0.04 + i5.7)^2, \quad \varepsilon_i = 4,$$

$\widetilde{N}$ 为 Ag 纳米粒子的复折射率,与 1~3 号样品对应的 p 分别为 0.1,0.2 和 0.3. 根据式(6.26)~(6.28)可以计算出相应的 Ag 纳米粒子的 $\chi_m^{(3)}$ 分别为 1.45×10^{-8} e.s.u. ,2.37×10^{-9} e.s.u. 和 4.76×10^{-10} e.s.u.. 把这三个数值与表6-1中的数值相比较,可看到复合薄膜的有效三阶非线性极化率比金属纳米粒子的固有三阶非线性极化率小近 1~2 个数量级,这是因为入射激发波长远离复合薄膜表面等离子激元共振吸收峰位的缘故. 事实上,如果选择激发波长位于复合薄膜表面等离子激元共振吸收峰位附近,通过简单的计算就可以发现,此时 $|f_1|^2|f_2|^2$ 的值大于 1,$\chi_{eff}^{(3)}$ 将得到 $p|f_1|^2|f_2|^2$ 倍的增强. 不过,当激发波长位于薄膜表面等离子激元共振吸收峰位附近时,尽管可以获得更大的三阶非线性极化率,但由薄膜对入射激光产生的强烈吸收而引起的热效应可能导致薄膜结构的变化.

6.2.2　Ag-Cs₂O 薄膜的光克尔效应

Ag-Cs₂O 薄膜也是金属纳米粒子埋藏在半导体介质中构成的复合薄膜. 在与 Ag-BaO 薄膜相同的实验条件下,张琦锋[30]测试了这种薄膜的光克尔效应,也获得了超快时间响应的结果,时间分辨光克尔效应的峰的半高宽是 114 fs,如图 6-9 所示. 可见,金属纳米粒子-半导体薄膜具有超快时间响应和高极化率的三阶光学非线性效应.

6.2.3　金属纳米粒子-半导体薄膜超快光克尔效应机理

如图 6-4 所示的 Ag-BaO 复合薄膜的时间分辨光克尔效应表现出一个随激光激发快速上升达到峰值后迅速下降的瞬态响应过程,响应谱线的半高宽约为 280 fs,且谱线基本上在延迟时间零点左右对称. 如图 6-5 和 6-7 所示的结果进一步表明,这一响应的幅值与薄膜体内 Ag 纳米粒子的尺寸大小等因素有关. 因此,可以推断,Ag-BaO 复合薄膜光克尔效应主要与 Ag 纳米粒子中电子的行为相关.

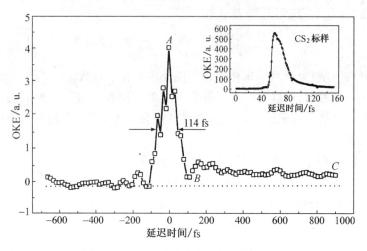

图 6-9   Ag-Cs$_2$O 复合薄膜的时间分辨 OKE

　　根据光克尔效应的理论描述,在如图 6-3 所示的实验条件下,延迟时间零点附近的光克尔信号一方面来自于光场感生双折射现象导致的探测光偏振方向的改变,另一方面也必须考虑相干效应可能产生的影响.光克尔效应中相干效应的影响可以简单地描述为:在泵浦光和探测光的自相关时域范围内,两束光在样品处发生相干,并使作用区物质的光学性质(如折射率、吸收系数等)变成空间调制的,即形成干涉光栅;泵浦光在该干涉光栅的作用下发生自衍射,而在与探测光偏振方向相垂直的方向上产生分量,这部分光能够通过位于探测器前的检偏器而产生光克尔信号.由于泵浦光和探测光的自相关过程发生在零点附近且持续时间短于脉冲宽度,相干效应形成的干涉光栅为一个瞬态光栅,由其引起的光克尔信号表现为关于延迟时间零点对称的瞬态响应.据此,薄膜在延迟时间零点附近的瞬态光克尔效应应该是上述两种诱发机制共同作用的结果:其一为光场感生双折射导致的探测光偏振方向的变化,其二为相干效应在薄膜体内建立起瞬态光栅进而引起的泵浦光的自衍射.这两种机制的产生都与薄膜体内的电子激发有关.就 820 nm 波长激光作用下的薄膜而言,被激发的主要是 Ag 纳米粒子中的导带电子.我们将薄膜体内与电子激发相关联的折射率变化区分为由导带电子带内跃迁引起的非线性极化和由热电子非平衡分布引起的费米面模糊两个方面来讨论 Ag-BaO 薄膜的三阶非线性光学响应过程.

1. 导带电子带内跃迁引起的三阶非线性极化及其导致的折射率变化

　　在金属纳米粒子-半导体介质复合薄膜中,引起光克尔效应的主要原因之一是限域在金属纳米粒子中的导带电子带内跃迁所产生的沿泵浦光偏振方向的非线性极化,即电子云的畸变.这种电子跃迁产生的非线性极化可以进而引起薄膜折射率的变化.因为泵浦光是线偏振光,在金属纳米粒子中导致的折射率变化在与泵浦光偏振方向平行和垂直的两个方向上不同,这就导致了光感生双折射现象的出现.结果是探测光在经过样品被激发区域时偏振方向发生改变,对光克尔信号产生贡献.考虑到电子云畸变产生的非线性极化过程极快,持续时间一般仅有几十飞秒,因此与其相应的光克尔效应通常是随泵浦激光脉冲的作用而瞬变的.应指出的是,对于理想的连续金属薄膜而言,这一极化过程不会发生,因为按照索末菲(Sommerfeld)自由电子模型,连续金属薄膜中的导带电子被认为是自由的.

Hache 等人[31]最早从量子力学的观点对金属纳米粒子体系中由导带电子带内跃迁引起的三阶光学非线性问题进行了理论研究,基本模型是三维无限深势阱中有限个相互独立的电子对光波场的响应.依据他们的理论,金属纳米粒子因带内电子跃迁而引起的固有三阶非线性极化率可以表示为

$$\chi_{\text{intra}}^{(3)*} = -\,\mathrm{i}\,\frac{64}{45\pi^2}t_1 t_2\,\frac{1}{r^3}\,\frac{e^4}{m^2 h^5 \omega^7}E_{\text{F}}^4 g_1(\nu)\left(1-\frac{r}{r_0}\right), \tag{6.29}$$

式中 t_1 和 t_2 分别为电子的能级寿命和电子弛豫时间,r 为金属纳米粒子半径,e 和 m 分别为电子的电量和有效质量,E_{F} 为费米能级,$\hbar\omega$ 为入射光子能量,

$$r_0 = \frac{t_2(2E_{\text{F}}/m)^{1/2}g_1(\nu)}{g_2(\nu)+g_3(\nu)}, \tag{6.30}$$

$g_1(\nu)$,$g_2(\nu)$ 和 $g_3(\nu)$ 分别为与光频率 ν 相关的函数,在数值上均近似为 1.

由式(6.29)可以看出:

(1)金属纳米粒子中带内电子跃迁引起的非线性极化主要贡献于三阶非线性极化率的虚部;

(2)三阶非线性极化率的大小 $|\chi_{\text{intra}}^{(3)}|$ 与金属纳米粒子的尺寸大小有关,即随粒子半径的减小而增大,这反映了金属纳米粒子中限域效应对电子云极化的影响;

(3)三阶非线性极化率的虚部与粒子的尺寸大小有关:当 $r < r_0$ 时,$\mathrm{Im}\,\chi_{\text{intra}}^{(3)}$ 为负值;当 $r > r_0$ 时,$\mathrm{Im}\,\chi_{\text{intra}}^{(3)}$ 为正值.

金属纳米粒子中因导带电子带内跃迁而产生的三阶非线性极化能够在非常短的时间内引起薄膜折射率的变化.在泵浦-探测技术中的自相关时域形成瞬态光栅并发生自衍射,在与探测光偏振方向相垂直的方向上产生的分量也会贡献于光克尔信号;瞬态光栅的形成与泵浦光和探测光的干涉有关.考虑到这种相干过程仅在两个脉冲的自相关时域内发生,相干效应产生的光克尔效应弛豫过程是瞬变的.因为瞬态光栅建立的前提是折射率的空间调制,而折射率的变化又源自电子云的畸变,因此基于瞬态光栅的泵浦光的自衍射效率即

相干效应对光克尔信号的贡献大小会与薄膜中金属纳米粒子的尺寸之间存在一定的依赖关系.

2. 热电子引起的费米面模糊及其导致的折射率变化

在超短激光脉冲的作用下,金属纳米粒子体内费米能级附近电子的能态分布会因激光的热作用而产生非平衡状态,并导致费米面的模糊.费米面的模糊意味着复合薄膜有效介电常数的变化,反映在光学性质上即为复折射率的变化.由于非平衡热电子的分布在泵浦光作用的瞬间会沿泵浦光的偏振方向产生一定的取向,因此费米面模糊产生的折射率变化也会在薄膜中引起光场感生的双折射效应.这就意味着,探测光经过薄膜体内被激发区域时偏振方向发生变化,从而在与其原偏振方向相垂直的方向上产生分量并导致光克尔信号.考虑到热电子分布沿泵浦光偏振方向的取向会在很短的时间(相应于电子的热化时间)内迅速消失,由热电子贡献的光致各向异性及其导致的光克尔效应是一个随激发脉冲瞬变的响应.

非平衡电子分布导致的费米面模糊以及进而导致的薄膜复折射率变化,同样会因泵浦光与探测光的相干产生空间调制并形成瞬态光栅.泵浦光通过该光栅时,因发生自衍射而对光克尔信号产生贡献.

与导带电子带内跃迁导致的瞬态折射率变化不同,热电子引起的复折射率变化在整个非平衡电子的产生与弛豫过程中都存在.不过,当泵浦激光脉冲作用结束,热电子沿泵浦光偏振方向的取向消失后,折射率变化将不能被实验系统所探测.这是因为热电子分布沿泵浦光偏振方向的取向消失后,与泵浦光相平行和相垂直方向上产生的折射率变化趋于一致,此时尽管薄膜中存在折射率的变化,但对通过其中探测光的偏振方向不再产生影响,即不会引起光克尔信号.就相干效应对光克尔信号的贡献而言,因薄膜折射率变化而产生空间调制并形成光栅的前提是泵浦光与探测光的相干,这种相干只在泵浦-探测的自相关时域内发生.因此,在泵浦激光脉冲作用结束后,尽管薄膜中仍然存在折射率的变化,但由于泵浦光与探测光之间相干性的消失而使得光栅无法建立,相应地,也就不存在泵浦光的自衍射现象及由此产生的光克尔信号.

考虑到薄膜的光致折射率变化,泵浦光激发下有效介电常数的变化 $\Delta\varepsilon_{\text{eff}}$ 与三阶非线性极化率 $\chi_{\text{hot}}^{(3)}$ 之间的关系可以表示为[31～33]

$$\Delta\varepsilon_{\text{eff}} = 12\pi\chi_{\text{hot}}^{(3)} \mid E(\omega) \mid^2, \qquad (6.31)$$

式中 $E(\omega)$ 为入射光的电场强度.该式表明,在入射光强一定的情况下,有效介电常数实部和虚部的变化分别与三阶非线性极化率的实部和虚部成正比.

为了考查超短激光脉冲作用下薄膜有效介电常数的实部与虚部变化,可以对 Ag-BaO 复合薄膜在 820 nm 波长激光作用下的瞬态光学响应透射谱和反射谱进行测量,如图 6-10 所示,图中 $\Delta T/T$ 和 $\Delta R/R$ 分别为瞬态光谱反映出的透过率和反射率的相对变化量.

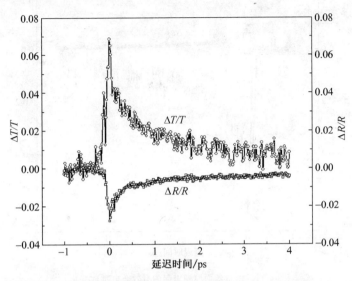

图 6-10　Ag-BaO 复合薄膜的瞬态透射谱和反射谱的相对变化

薄膜有效介电常数的变化与瞬态光谱间的关系可由以下方程组描述[34,35]：

$$\begin{cases} (BC - AD)\Delta\varepsilon_1 = B(\Delta T/T) - D(\Delta R/R) \\ (BC - AD)\Delta\varepsilon_2 = C(\Delta R/R) - A(\Delta T/T) \end{cases}, \tag{6.32}$$

式中 $\Delta\varepsilon_1$ 和 $\Delta\varepsilon_2$ 分别对应于介电常数实部和虚部的变化，A,B,C 和 D 是四个和入射波长 λ、薄膜厚度 d、金属纳米粒子折射率的复共轭 $\widetilde{N}^* = n - \mathrm{i}k$ 和基质折射率 n_0 有关的常系数，它们由下面迭代关系式给出[36]：

$$\begin{cases} \tilde{\theta} = 2\pi\mathrm{i}d/\lambda, \quad \tilde{\rho} = \tilde{\theta}\widetilde{N}^*, \\ \widetilde{X}' = (n_0 - \widetilde{N}^*)(\widetilde{N}^* + 1)e^{\tilde{\rho}} + (n_0 + \widetilde{N}^*)(\widetilde{N}^* - 1)e^{-\tilde{\rho}}, \\ \widetilde{Y} = [(n_0 + 1 + 2\widetilde{N}^*) + \tilde{\theta}(\widetilde{N}^* + 1)(n_0 + \widetilde{N}^*)]e^{\tilde{\rho}} \\ \quad + [(n_0 + 1 - 2\widetilde{N}^*) - \tilde{\theta}(\widetilde{N}^* - 1)(n_0 - \widetilde{N}^*)]e^{-\tilde{\rho}}, \\ \widetilde{Y}' = [(n_0 - 1 - 2\widetilde{N}^*) + \tilde{\theta}(\widetilde{N}^* + 1)(n_0 - \widetilde{N}^*)]e^{\tilde{\rho}} \\ \quad + [(n_0 - 1 + 2\widetilde{N}^*) - \tilde{\theta}(\widetilde{N}^* - 1)(n_0 + \widetilde{N}^*)]e^{-\tilde{\rho}}, \\ \widetilde{Z} = 1/\widetilde{N}^* - \widetilde{Y}/\widetilde{X}, \quad \widetilde{Z}' = \widetilde{Y}'/\widetilde{X}' - \widetilde{Y}'/\widetilde{X}, \\ A = \mathrm{Re}\widetilde{Z}, \quad B = \mathrm{Im}\widetilde{Z}, \quad C = \mathrm{Re}\widetilde{Z}', \quad D = \mathrm{Im}\widetilde{Z}'. \end{cases} \tag{6.33}$$

取 $\lambda = 820\,\mathrm{nm}$，$\widetilde{N}^* = n - \mathrm{i}\xi = 0.04 - \mathrm{i}5.7$，$n_0 = 2$，$d = 100\,\mathrm{nm}$. 先根据式(6.33)计算出

$$A = -0.086, \quad B = -0.92, \quad C = -0.11, \quad D = 0.0011,$$

再根据式(6.32)，通过 Ag-BaO 复合薄膜的瞬态透射谱和反射谱得到薄膜有效介电常数的实部和虚部在非平衡电子弛豫过程中的变化谱线，如图 6-11 所示.

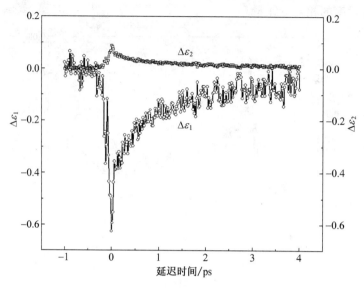

图 6-11　由费米面模糊引起的有效介电常数变化

由图 6-11,我们可以得到两方面的信息:

(1) 在 820 nm 波长激光作用下,Ag-BaO 薄膜体内因费米面模糊导致有效介电常数的变化;具体地说,介电常数的实部减小而虚部增大,即 $\Delta\varepsilon_1 < 0$, $\Delta\varepsilon_2 > 0$.

(2) 在延迟时间零点附近,$|\Delta\varepsilon_1| \gg |\Delta\varepsilon_2|$,因此费米面模糊在 Ag-BaO 复合薄膜中引起的非线性效应主要贡献于三阶非线性极化率的实部,对虚部的贡献要小一些.这一实验结果与文献[27]理论上给出的关于费米面模糊主要贡献于三阶非线性极化率虚部的设想有所不同.产生这种不同的原因来自实验结果是在激发波长远离金属纳米粒子表面等离子激元共振吸收峰位的情况下获得的,而文献[27]所讨论的激发波长则集中在表面等离子激元共振吸收峰位附近.因薄膜对入射激光吸收状况的不同,导致了费米面模糊对三阶非线性极化率实部和虚部贡献大小有所差异.

上述分析表明,Ag-BaO 薄膜在波长为 820 nm 的超短激光脉冲作用下的非线性效应来源于限域在金属纳米粒子中的导带电子的带内跃迁和非平衡热电子引起的费米面模糊.其中,前者引起的非线性极化为金属纳米粒子体系所特有,与金属纳米粒子的尺寸之间存在依赖关系;而后者引起的非线性效应与薄膜体内电子激发有关,为一般金属纳米粒子薄膜和金属薄膜所共有.由于薄膜体内的电子激发与光吸收有关,而金属纳米粒子体系的光吸收一般与金属纳米粒子的尺寸大小(相应于薄膜中金属纳米粒子的体积分数)及分布有关,因此由费米面模糊引起的三阶非线性效应也会与金属纳米粒子尺寸之间存在一定的依赖关系. 不过,实验结果显示出光吸收较大的样品却呈现出较小的光克尔信号(参见图 6-7 和 6-8),这就说明费米面模糊在复合薄膜样品中引起的三阶非线性效应很小. 因此,在金属纳米粒子复合薄膜体系受到近红外波长激光脉冲作用的情况下,导带电子带内跃迁引起的非线性效应占主导地位;同时,也正是这种限域在金属纳米粒子中的电子跃迁赋予了金属纳米粒子较大的三阶非线性极化率. 在图 6-5 中,连续结构的 Ag 薄膜在相同实验条件下也表现出一定的光克尔效应,这是由薄膜体内非平衡热电子分布导致的费米面模糊而引起的. 当然,考虑到 Ag 薄膜是通过真空蒸发沉积方法制备的,薄膜样品中必然存在有纳米数量级的晶粒,即薄膜是非理想连续结构的,激光作用下纳米晶粒体内导带电子的带内跃迁也会对薄膜的三阶光学非线性响应产生较弱的贡献.

由此可见,金属纳米粒子复合薄膜中三阶非线性效应,尤其是光克尔信号的产生机理,是复杂多样的. 就实验结果而言,利用飞秒数量级的近红外波段激光脉冲在 Ag-BaO 复合薄膜中获得的有效三阶非线性极化率在 $10^{-11} \sim 10^{-10}$ e. s. u. 数量级,非线性响应时间在 $100 \sim 200$ fs 数量级. 同时,考虑到所使用的激光波长远离金属纳米粒子的表面等离子激元共振吸收带(参见图 6-7),激光作用过程中产生的热效应很小. 因此,金属纳米粒子复合薄膜在超快非线性光电子器件领域有着良好的应用前景.

§6.3 金属纳米粒子薄膜的超外差光克尔效应

6.3.1 Au 纳米粒子薄膜的超外差光克尔信号

金属纳米粒子薄膜的飞秒时间分辨超外差光克尔效应的实验系统构成如图 6-12 所示. 以连续锁模 Nd：YAG 激光器同步泵浦染料激光器产生飞秒激光脉

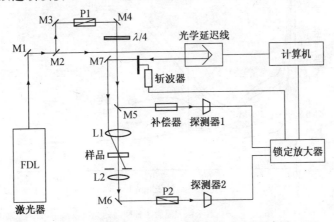

图 6-12 飞秒时间分辨 OHD-OKE 的实验系统示意图

冲,波长为 647 nm,脉宽为 150 fs,重复频率为 76 MHz.该超短光脉冲被分光镜 M2 分为泵浦光和探测光两束,强度比约为 7∶1.

在实验系统光学元件的偏振设置(参见图 6-2)中,λ/4 偏振透镜片的主轴方向与泵浦光偏振方向成 45°角,位于探测光路上起偏器 P1 与样品前的聚焦透镜之间的位置上.P1 的初始偏振方向与 λ/4 透镜片的主轴方向一致,实验过程中通过微调 P1 的偏振方向与 λ/4 透镜片主轴方向之间的夹角 θ 的方法产生局域振子电场.泵浦光经由光学延迟线并被斩波调制后聚焦在样品表面,光斑直径约为 20 μm.探测光经由 P1 和 λ/4 透镜片后被聚焦在样品表面与泵浦光同一点处.经过样品后,探测光束通过检偏器 P2,P2 的偏振方向与 λ/4 透镜片的主轴方向垂直.这样进入探测器的信号除了常规光克尔信号外,还有与非线性极化率实部相对应的超外差项.若去除 λ/4 透镜片,则被探测到的信号中包含的超外差项与非线性极化率的虚部相对应.

为消除激光脉冲能量涨落对测量结果的影响,该实验系统从进入样品之前的探测束中引出一路弱参考光信号,通过补偿器调节该束强度,从通道 1 的信号中扣除通道 2 的信号以得到一个信噪比较好的信号送入数据采集与处理单元.测试过程中,利用计算机调节光学延迟线以改变泵浦光脉冲与探测光脉冲到达样品表面的延迟时间,记录探测光强度,即可得到时间分辨的超外差光克尔信号.

对一组纳米粒子体积分数不同、薄膜厚度依次为 30 nm,50 nm,100 nm 和 150 nm 的 Au 纳米粒子薄膜进行超外差光克尔效应测试,图 6-13 为该组 Au 纳米粒子薄膜样品的吸收光谱,与图中 1～4 号样品相应的 Au 纳米粒子体积分数

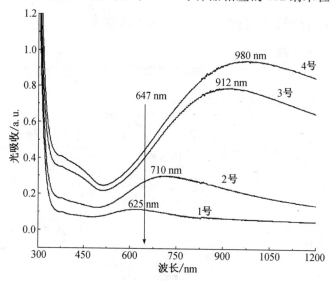

图 6-13   Au 纳米粒子薄膜四种样品的光吸收谱

逐渐增加.图中箭头所指为入射激光的波长位置(647 nm).对该组样品进行
SEM分析所获得的样品结构信息,如图6-14所示.图6-14(a)～(d)分别对应于
1～4号样品的形貌像,可见金属纳米粒子的平均尺寸随纳米粒子体积分数的增
加呈逐渐增大趋势.

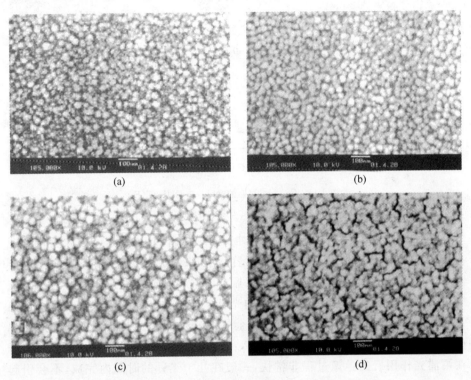

图 6-14　Au 纳米粒子薄膜四种样品的 SEM 形貌像

(a) 1 号样品；(b) 2 号样品；(c) 3 号样品；(d) 4 号样品

　　在对 Au 纳米粒子薄膜样品进行光学三阶非线性效应测试之前,作为比
较,需首先测试 CS₂ 的超外差光克尔效应.CS₂ 的超外差光克尔信号一方面可以
用于参比计算待测样品的三阶非线性极化率,另一方面也被用来检测实验系统
的可靠性.图 6-15 显示了 CS₂ 在 1°,0°和－1°三个外差角度下与三阶非线性极
化率实部相对应的飞秒时间分辨超外差光克尔效应.

　　图 6-16(a)～(d)和(e)～(h)分别给出了外差角为 1°时,与 Au 纳米粒子薄
膜 4 种样品的三阶非线性极化率实部和虚部相对应的超外差光克尔效应谱.可
以看到,与 Ag-BaO 复合薄膜在 820 nm 波长激光作用下的常规光克尔信号不
同,Au 纳米粒子薄膜在 647 nm 波长作用下的超外差光克尔信号除了包含一个
关于零延迟时间近乎对称的瞬态过程(约 250 fs)外,还包含一个明显的慢弛豫
过程.光克尔信号中出现的皮秒数量级的慢弛豫过程意味着泵浦光作用结束后

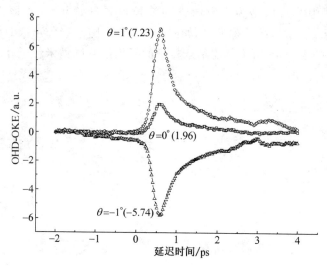

图 6-15　CS$_2$ 标准样品的时间分辨 OHD-OKE

括号中的数值为 CS$_2$ 在零延迟时间附近的信号强度峰值.

薄膜样品体内光致各向异性在一个相对长的时间内的保持. 这一现象常常出现在液体、液晶或某些高分子材料中, 这是由于如果组成上述介质的分子是各向异性的, 在光波场的作用下会沿光场的偏振方向重新取向或在空间上重新分布, 该极化过程的恢复往往较慢, 由其引起的光克尔信号弛豫时间一般在皮秒甚至更长的时域范围内. 但是, 在各向同性的金属纳米粒子薄膜中出现这种慢速的弛豫现象是很难理解的, 因为金属中对入射光场产生响应的主要是电子, 而电子在泵浦光作用后的弛豫过程非常快, 一般在几十飞秒的时间内完成, 不会引起光克尔信号中的慢弛豫过程. 在不同次和不同组的 Au 纳米粒子薄膜实验中重复观测到这一实验现象, 并经反复确证, 排除了因实验系统异常而引入偏差的可能性.

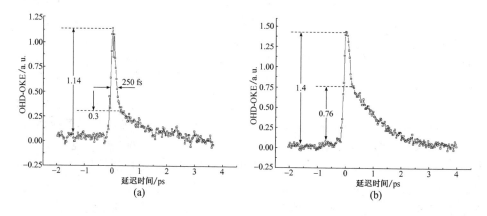

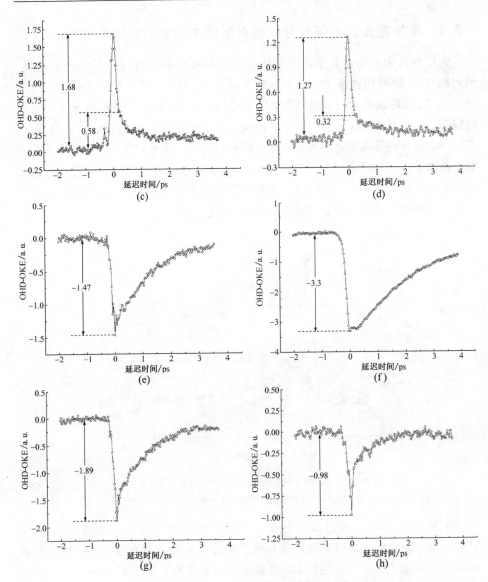

图 6-16　Au 纳米粒子薄膜四种样品的时间分辨 OHD-OKE

(a)～(d)分别对应四种样品三阶非线性极化率的实部;(e)～(h)分别对应四种

样品三阶非线性极化率的虚部.

　　金属纳米粒子薄膜在超外差光克尔效应中表现出慢弛豫现象,这一现象的产生反映了金属纳米粒子体系与激光光场相互作用机理的复杂性.对该问题的深入研究,一方面有助于加深对金属纳米粒子薄膜体系三阶非线性极化过程的了解,另一方面也可为构造基于金属纳米粒子薄膜的光电子器件过程中如何避免慢速响应过程的出现提供了思路.

6.3.2　超外差光克尔信号与瞬态透射谱之间的对应关系

为了探讨金属纳米粒子薄膜超外差光克尔效应中慢弛豫过程的产生机理，利用超快泵浦-探测技术对 Au 纳米粒子薄膜 1 号样品的瞬态光学响应透射谱进行测量，结果如图 6-17 所示，其中以实心圆标示的谱线为泵浦-探测方法获得的瞬态光学响应信号，以空心圆标示的谱线为该样品的超外差光克尔信号. 可以看到，Au 纳米粒子薄膜超外差光克尔效应中慢过程的弛豫时间与瞬态光学响应中非平衡电子的弛豫时间完全一致（均为 $\tau=2.5$ ps）. 假设光克尔信号中慢弛豫过程的产生（即谱线的上升沿部分）也与非平衡电子的产生过程一致，在图 6-17 中以虚线给出扣除慢过程后的瞬态光克尔效应谱，其线形可以近似地由一个 δ 函数表征.

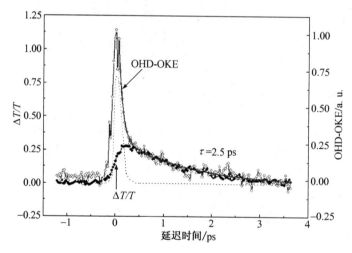

图 6-17　Au 纳米粒子薄膜 OHD-OKE 与瞬态光学响应
透射谱之间的对应关系

利用式(6.23)，并通过和 CS_2 标准样品的超外差光克尔信号进行参比，可计算出 Au 纳米粒子薄膜 4 种样品有效三阶非线性极化率的实部. 其中，CS_2 在 647 nm 波长激光作用下的三阶非线性极化率取实部为 6.7×10^{-14} e. s. u.[37]，折射率为 1.69，其他各参量的取值及计算结果列于表 6-2.

表 6-2　Au 纳米粒子薄膜的有效三阶非线性极化率实部的计算结果

编号	$T/(\%)$	d_{sample}/nm	$d_{CS_2}/\mu m$	$I_{sample}/a. u.$	$I_{CS_2}/a. u.$	n_{sample}	$Re\chi^{(3)}_{eff,sample}/e. s. u.$
1	78	30	80	1.14	7.23	1.5	1.10×10^{-10}
2	54	50	80	1.44	7.23	1.5	1.52×10^{-10}
3	43	100	80	1.68	7.23	1.5	1.28×10^{-10}
4	35	150	80	1.27	7.23	1.5	1.10×10^{-10}

由表 6-2 数据可见,Au 纳米粒子薄膜的有效三阶非线性极化率实部 $\mathrm{Re}\,\chi_{\mathrm{eff}}^{(3)}$ 在 10^{-10} e. s. u. 数量级. 取 Au 纳米粒子在波长为 647 nm 处的光频复介电常数 $\varepsilon_{\mathrm{m}} = \widetilde{N}^2 = (0.14 + \mathrm{i}3.7)^2, \varepsilon_{\mathrm{i}} = 2.25$,与四种样品对应的 p 分别为 0.5,07,0.9 和 0.95,根据式(6.26)~(6.28)可以计算出与四种薄膜样品相对应的 Au 纳米粒子固有三阶非线性极化率的实部 $\mathrm{Re}\,\chi_{\mathrm{m}}^{(3)}$ 分别为 1.58×10^{-11} e. s. u. ,3.59×10^{-11} e. s. u. ,1.56×10^{-10} e. s. u. 和 1.69×10^{-10} e. s. u.. 将这些极化率实部的数据与 Au 纳米粒子薄膜的有效三阶非线性极化率相比较,可以看到,1 号和 2 号样品的固有三阶非线性极化率被增强,而 3 号和 4 号样品的则被削弱.考查该组样品的吸收光谱,我们就会发现,这正是由于激发波长位于 1 号和 2 号样品的表面等离子激元共振吸收峰位附近而导致共振增强因子大于 1 的缘故.

6.3.3 金属纳米粒子薄膜超外差光克尔效应的分析

根据上文的讨论可知,关于延迟时间零点对称的瞬态信号,既有限域在金属纳米粒子中的导带电子带内跃迁的贡献,也有非平衡电子分布引起的费米面模糊的贡献,两者都可以在激光作用的瞬间产生光致折射率各向异性,从而引起探测光偏振方向的改变,或者在泵浦光与探测光的自相关时域内建立起瞬态光栅并使泵浦光发生自衍射,从而引起与探测光偏振方向相垂直方向上的分量. Hache 等人[31]的理论指出,导带电子带内跃迁对三阶非线性极化率的贡献主要集中在虚部,可以认为超外差光克尔效应中的瞬态响应信号主要来自于费米面模糊导致的瞬时光致各向异性.

分析不同样品的相对信号强度,Au 纳米粒子薄膜 1~3 号样品的瞬态信号峰值逐渐增大,而 4 号样品的有所减小.考查 4 种样品的吸收情况,可以看到瞬态信号的大小与激发波长是否位于表面等离子激元共振吸收峰附近无关,例如 3 号样品的信号强度最大,但其吸收峰位与激发波长偏离很大.不过,就前三种样品而言,瞬态信号的大小与薄膜光吸收的大小表现出一定的依赖关系,即吸收越大,信号越强;对于 4 号样品出现的反常,可以认为是因薄膜变厚对光反射增强导致薄膜实际光吸收的减小而引起的.薄膜样品的光吸收大小决定着薄膜体内非平衡电子的激发效率,进而会影响到费米面的模糊程度.瞬态信号随吸收增强而增大的实验事实支持了关于费米面模糊主要贡献于超外差光克尔效应中瞬态过程的分析.

假设关于超外差光克尔效应中的瞬态过程起源于费米面模糊的推断成立,由于费米面的模糊与光吸收密切相关,应该能够在与三阶非线性极化率虚部相对应的超外差光克尔信号中观测到同样的瞬态过程.但是在实验结果中,这一点反映得不够明显.究其原因,发现与三阶非线性极化率虚部相应的超外差光克尔效应主要表现为一个慢过程,且该信号的强度很大.因此,正是由于这一慢过程对三阶非线性极化率虚部的突出贡献掩盖了费米面模糊引起的瞬态响应信号.图 6-16(g)和(h)显示出,当与慢过程相关的信号强度减小时,在与虚部对应的超外差光克尔信号中完全能够观测得到与费米面模糊相联系的瞬态响应信号.

至于 Au 纳米粒子薄膜超外差光克尔信号中存在慢弛豫过程的产生机理尚不十分清楚,但瞬态光学响应透射谱(参见图 6-17)反映出的慢过程弛豫时间与薄膜体内热电子弛豫时间上的一致性,至少说明该慢过程的产生与泵浦光在薄膜体内激发出的非平衡电子分布有关.通过对图 6-16 的分析还可以看到,无论对实部还是对虚部而言,该慢过程都在 2 号样品中产生了最大的超外差光克尔信号,而与 2 号样品对应的光吸收谱线所具有的特征是既有一定的光吸收,其表面等离子激元共振吸收峰位又恰好非常接近于入射激光的波长.也就是说,慢过程产生的三阶非线性效应与薄膜的绝对吸收大小无关,而与薄膜表面等离子激元共振吸收峰位与泵浦激光波长间的相对位置有关.这就意味着,在金属纳米粒子薄膜超外差光克尔效应中表现出的这一慢弛豫现象是金属纳米粒子对处于其中的电子的限域效应的结果,为金属纳米粒子薄膜所特有.在 Ag-BaO 复合薄膜的光克尔效应中未曾观察到慢弛豫现象,这是因为被测 Ag-BaO 复合薄膜样品的表面等离子激元共振吸收峰位与所使用的 820 nm 激光波长偏离很远的缘故.

对于金属纳米粒子薄膜超外差光克尔效应中出现慢弛豫过程的一种可能的解释是:薄膜中存在随机分布的非球形纳米粒子,假定不同取向的纳米粒子与一定偏振方向的光场耦合强度不同;为简化讨论,进一步假设非球形粒子为椭球形,且当其长轴方向与泵浦光偏振方向平行时耦合最强.考虑薄膜中仅存在取向相互垂直的两种粒子的极限情况,在一定偏振的光场作用下,薄膜体内长轴方向的纳米粒子与方向平行的偏振光场之间强耦合而导致其体内电子被最大程度地激发,而长轴方向与光场偏振方向垂直的纳米粒子则因为与光场间的弱耦合而导致其体内电子被激发的程度要轻微许多.在瞬态光克尔实验中,由于泵浦光选择性地激发了薄膜体内随机取向的纳米粒子中长轴方向与光场偏振方向平行的那部分粒子中的电子,而使得具有该取向的纳米粒子的折射率(或吸收率)变化最大;当探测光通过薄膜体内被激发区域时,因其在与泵浦光相平行和相垂直两个方向上感受到的折射率变化不同而导致双折射现象.显然,由这一机制引起的折射率各向异性的弛豫过程与金属纳米粒子体内非平衡热电子的弛豫过程相一致.对于实验中出现的光克尔信号强度与表面等离子激元共振吸收峰位之间的联系,可以认为,当泵浦光波长位于表面等离子激元共振吸收峰位附近时,泵浦光与长轴方向相互垂直的两种粒子间的耦合强度对比最大;相应地,在与泵浦光相平行和相垂直两个方向上造成的折射率变化的差异也最大.

参 考 文 献

[1]　朱自强,王仕璠,苏显渝. 现代光学教程. 成都：四川大学出版社,1990. p. 280

[2]　Bloembergen N. Nonlinear Optics. New York：Benjamin, 1982

[3]　Shen Y R. The Principles of Nonlinear Optics. New York：John Wiley & Sons, 1984

[4]　叶佩弦. 非线性光学. 北京：中国科学技术出版社,1999

[5]　刘颂豪,赫光生. 强光光学及其应用. 广州：广东科技出版社,1995. p. 11

[6]　Butcher P N. Nonlinear Optical Phenomenon. Columbus：Ohio State University Press, 1965

[7]　Duguay M A, Hansen J W. Appl. Phys. Lett. , 1996, 15(6)：192

[8]　Sala K, Richardson M C. Phys. Rev. A, 1975, 12(3)：1036

[9]　过巳吉. 非线性光学. 西安：西北电讯工程学院出版社,1986

[10]　Qian W, Zou Y H, Wu J L, et al. Appl. Phys. Lett. , 1999, 74(13)：1806

[11]　费浩生. 非线性光学. 北京：高等教育出版社,1990. p. 180

[12]　Puech K, Blau W, Grund A, et al. Opt. Lett. , 1995, 20：1613

[13]　Eesley G L, Levenson M D, Tolles W M. IEEE J. Quan. Electr. , 1978, QE-14：45

[14]　Levenson M D, Eesley G L. Appl. Phys. , 1979, 19：1

[15]　Vöhringer P, Scherer N F. J. Phys. Chem. , 1995, 99：2684

[16]　Kinoshita S, Kai Y, Ariyosh T, et al. Iner. J. Mod. Phys. B, 1996, 10：1229

[17]　Mcmorrow D, Lotshaw W T, Kenney-Wallace G A. IEEE J. Quan. Electr. , 1988, QE-24：443

[18]　Orczyk M E, Swiatkiewicz J, Huang G, et al. J. Phys. Chem. , 1994, 98：7307

[19]　Orczyk M E, Samoc M, Swiatkiewicz J, et al. J. Chem. Phys. , 1993, 98(4)：2524

[20]　Qian W, Lin L, Xia Z J, et al. Chem. Phys. Lett. , 2000, 319(1-2)：89

[21]　Wu S J, Qian W, Xia Z J, et al. Chem. Phys. Lett. , 2000, 330(5-6)：535

[22]　Zhang Q F, Liu W M, Xue Z Q, et al. Appl. Phys. Lett. , 2003, 82(6)：958

[23]　Kalpouzos C, Lotshaw W T, McMorrow D, et al. J. Phys. Chem. , 1987, 91：2028

[24]　Ho P P, Alfano R R. Phys. Rev. A, 1979, 29(5)：2170

[25]　Minoshima K, Taija M, Kobayashi T. Opt. Lett. , 1991, 16：1683

[26]　Wang S F, Huang W T, Yang H, et al. Chem. Phys. Lett. , 2000, 320：411

[27]　Hache F, Ricard D, Flytzanis C, et al. Appl. Phys. A, 1988, 47：347

[28]　Ballesteros J M, Solis J, Serna R, et al. Appl. Phys. Lett. , 1999, 74(19)：2791

[29]　Wolf E. Progress in Optics. Vol. XXIX , New York：North-Holland, 1991

[30]　Zhang Q F, Wu J L, Wang S F, et al. Chin. Phys. , 2001, 10：S65

[31]　Hache F, Ricard D, Flytzanis C. J. Opt. Soc. Am. B, 1986, 3：1647

[32]　Shalaev V M, Moskovits M. Nanostructured Materials：Clusters, Composites, and Thin Films. Washington D C：American Chemical Society, 1997

[33] Flytzanis C, Oudar J L. Nonlinear Optics: Materials and Devices. Berlin, Heidelberg: Springer-Verlag, 1986. p. 154

[34] Bigot J Y, Halte V, Merle J C, et al. Chem. Phys. , 2000, 251(3-4): 181

[35] Halte V, Guille J, Merle J C, et al. Phys. Rev. B, 1999, 60(16): 11738

[36] Rosei R, Lynch D W. Phys. Rev. B, 1972, 5(10): 3883

[37] Hebard A F, Eom C B, Iwasa Y, et al. Phys. Rev. B, 1994, 50(23): 17740

第七章　纳米光电发射薄膜的光电特性

§7.1　光电发射特性

　　材料中的电子受到激发而离开材料表面称为电子发射.电子发射从温度角度考虑分为热电子发射和冷电子发射.热电子发射主要是指电子管中的阴极受热后电子获得能量而逸出表面;冷电子发射主要是指电子受到光的激发后获得光子能量而逸出表面,或者电子在强外电场作用下产生场致电子发射,或者电子在外电子或离子轰击下的次级电子发射.目前,虽然半导体三极管已经取代普通的真空电子管,但大功率和超大功率电子管仍在应用,热电子发射阴极的研究没有中断.

　　本章将介绍材料中的电子受到光的激发而离开材料表面的光电发射.光电发射效应在几十年前就被应用于真空摄像管、真空夜视仪等器件,随着半导体材料的发展,目前半导体光电发射材料得到广泛应用.

　　能带理论可以给出半导体材料光电子发射的定性解释;反过来,根据光电子发射的光谱特性曲线,可以得到与发射材料能带理论相关的等效势垒高度等参数.

　　半导体材料中表面势垒的作用可以从图 7-1 的能带模型得到理解.该图是理想化的情况,忽略了由态密度所决定的能带的形状、禁带中杂质能级的存在、表面附近的能带弯曲等.如果光子能量超过禁带宽度 E_g,光子的能量被吸收并转化为自由电子,后者从价带跃入导带.若要逸出表面进入真空,电子必须具备足以克服电子亲和势 E_A 的能量,因此光产生光电发射所需的最小能量为 E_g $+E_A$.

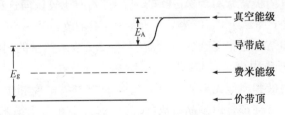

图 7-1 半导体光电发射材料的理想能带模型

　　杂质能级的存在会影响半导体材料的能带形状.一般情况下,我们希望材料的表面势垒降低,以提高光电发射阈值,所以通常是在 p 型半导体的表面构造 n

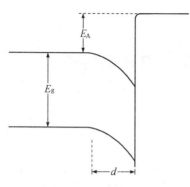

图 7-2　能带弯曲对光电发射的影响

型表面材料,使表面处的能带向下弯曲,这种材料的能带图如图 7-2 所示.在图中距离表面 d 的位置上,从价带激发出的电子受到内场的影响,该电子只要克服有效电子亲和势 E_A,就可以逸出表面而进入真空.

通常,产生光电发射的激发光源在可见光波段.光子能量不算高,若能产生电子跃迁,该电子还存在与材料晶格的碰撞而损失能量的可能,因此电子逸出材料表面的几率并不很高.假设每一个入射光子都能释放一个光电子,就会获得最大量子产额;并假定源自价带的光电发射所需的最小光子能量就是把一个电子从价带顶升到真空能级所需的能量.但是,也存在一些特殊情况,这就是多电子效应和多光子效应(后者将在 §7.3 中介绍).

如果光子能量大于 $2(E_g+E_A)$,就存在所产生的光电子从价带产生一个或多个电子的可能性.这样,当光子能量足够高时,用电子与光子之比表示的量子产额就可能超过 1.因为对于大多数材料,$E_g+E_A>2\,eV$,所以只有光子能量在 4 eV 以上才能获得大于 1 的量子产额,而能量大于 4 eV 的光子属于紫外波段.这种情况一般被应用于表面分析或次级电子发射.这就是多电子效应.

在可见光波段,实用的光电发射材料有银氧铯光电阴极、锑铯(Cs_3S_b)光电阴极、多碱($[Cs]Na_2KS_b$)光电阴极、Ⅲ-Ⅴ 族光电阴极等.

1929 年,Koller[1] 发明了银氧铯光电阴极.这种光电发射材料在整个可见光波段和近红外波段都有很好的光电灵敏度,于是光电发射效应进入了实际应用阶段.第一个重要应用是使有声电影取得进步,接着是光电倍增管和摄像管的出现.第二次世界大战后,这种近红外波段灵敏的光电阴极被应用于军事上的夜视仪.由于这种光电材料具有超快光电时间响应特性,直到现在仍被应用于条纹相机装置,是超快光脉冲现象探测设备的主要部件.

银氧铯光电阴极常常写为 Ag-O-Cs.后来,人们比较认同这种材料的结构主要是 Ag 纳米粒子埋藏于 Cs_2O 半导体介质中,于是改写为 Ag-Cs_2O.实际上,这种材料的组成和结构是很复杂的,在存在大量 Ag 纳米粒子的同时也有少量 Ag 颗粒,在 Cs_2O 介质中也含有 Cs 杂质.

锑铯光电阴极和多碱光电阴极具有较高的光电灵敏度和很小的暗电流.这两种光电阴极的结构都是由多晶组成的,晶粒的大小在数十纳米到大于 100 nm 的范围.

Ⅲ-Ⅴ 族光电阴极是负电子亲和势光电阴极.GaAs-Cs_2O 是典型的负电子亲和势光电材料,由 Scheer 等人[2] 于 1965 年发明.这种材料具有很高的光电灵敏度,其中半透明型光电阴极的积分灵敏度可达到 1300 μA/lm,反射型光电阴极的积分灵敏度高达 3200 μA/lm.

随着半导体材料的发展,早期由以上实用光电发射材料承担的光电成像任务逐步被取代,这一点已在第一章中作过介绍.但是,随着科学研究的深入,这些光电发射材料(特别是金属纳米粒子埋藏于半导体介质中的光电功能薄膜)的特性不断被发掘,正在发挥着新的作用.

§7.2　金属纳米粒子-半导体薄膜的光电灵敏度

7.2.1　光谱特性和积分灵敏度

光电效应的光谱特性曲线是指在光电子发射的光谱范围内光电发射强度分布曲线,它涉及光电发射灵敏度与光波波长的关系.发射光电子的电荷与光的能量之比称做光电灵敏度.电荷可以用库仑或安培度量,能量可以用焦耳或瓦特度量,也就是说,光电灵敏度可以用 C/J 或 A/W 度量.

实际应用中最常用的光电灵敏度是积分灵敏度.对于一般应用,"白"光通常用温度为 2856 K 的钨丝所发出的光作为标准,即光谱成分一定的光在一定距离和一定立体角的情况下,所产生的整体效果的光电流.这时的光电灵敏度叫做积分灵敏度.积分灵敏度记做 γ,单位为照射光电材料的每流明的光通量产生的光电流微安数(即 μA/lm):

$$\gamma = I_s \Big/ \left(\frac{J}{4\pi} \frac{S}{L^2} \right),\tag{7.1}$$

其中 I_s 是光电流(单位为 μA),J 是光源的总光通量(单位为 lm),$J/4\pi$ 是单位立体角的光通量,S 是光电发射材料的光照面积(单位为 m^2),L 是光源到光电材料之间的距离(单位为 m).当光波长 $\lambda=550$ nm 时,单位间的转换关系为[3]

$$1600\ \mu\text{A/lm} = 1\ \text{A/W}.$$

不同光电发射材料的光谱特性曲线是不一样的.很多金属的光电发射电流一般随入射光子能量的上升而上升,这种情况称为正常光电效应.而对于碱金属和复杂光电发射材料,会在某一个或几个入射光子能量区段出现光电流峰值,这种情况称为选择光电效应.

测量光电发射的光谱特性,需要先用不同光波波长的带通滤光片得到各个波长对应的光电流数值,再用标准光源光谱曲线的数值分别进行归一化,连接数据点就可以得到一条光谱特性曲线.图 7-3 是 Ag-Cs$_2$O 光电发射薄膜的光谱特性曲线[4].图中的两条曲线分别是用两种制备方法获得的薄膜的光谱特性,其中由常规蒸发制备工艺方法得到的 Ag-Cs$_2$O 光电发射薄膜的光谱特性曲线 Ⅰ 的谱峰半宽度较宽,而与溅射制备工艺方法对应的曲线 Ⅱ 的谱峰半宽度较窄. 这两条光谱特性曲线对应的积分灵敏度分别为 38 μA/lm 和 27 μA/lm;两者光电流峰值都在红光波长 760 nm 处.

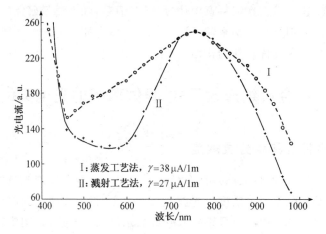

图 7-3　Ag-Cs$_2$O 光电发射薄膜的光谱特性曲线

　　光电发射薄膜的灵敏度与其表面处理有很大关系. 例如,在 Ag-BaO 薄膜制备工艺过程中,半导体 BaO 被 Ba 激活后,光谱曲线如图 7-4 中的曲线 Ⅰ 所示,阈波长是 510 nm(对应于光子能量 2.43 eV);当蒸发 Ag 纳米粒子在 BaO 层上后,光谱曲线如曲线 Ⅱ 所示,阈波长是 560 nm(对应于光子能量 2.21 eV);在 150℃ 热处理之后,Ag 纳米粒子扩散到 BaO 层中,形成金属纳米粒子在半导体层中的埋藏,这时的阈波长上升到 780 nm(对应于光子能量 1.58 eV),积分灵敏度是 2.5 μA/lm,如曲线 Ⅲ 所示[5].

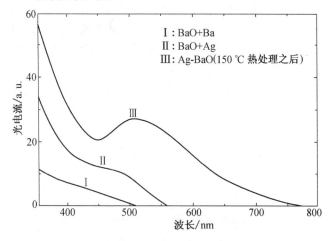

图 7-4　Ag-BaO 薄膜制备工艺过程中各阶段的光电发射光谱特性曲线

7.2.2　特殊光电灵敏度

复杂的光电发射薄膜材料都需要在高真空条件下制备和保存.如果薄膜表面有吸附的气体,这些吸附气体会降低整个薄膜材料的光电灵敏度.如果薄膜材料中含有碱金属(如 Cs,Na,K 等),则会与气体中的 O_2 发生化学反应,破坏光电发射薄膜最佳结构.如果薄膜暴露于大气中,则不能再恢复原有的光电灵敏度.但是,Ag-BaO 薄膜不含碱金属,它的最大特点是可以经历暴露大气的过程,而在真空中恢复光电发射;还可以工作在较高温度下,例如应用于激光的检测.

通常,光电发射薄膜的灵敏度会在光的作用下渐渐地衰减,在像激光这样的强光作用下衰减更会加速,甚至损坏.Ag-BaO 光电发射薄膜在较强激光功率密度(如大于 10^9 W/cm^2)的作用下,其光电灵敏度同样随激光作用的时间(脉冲次数)而衰减,这与一般光电发射薄膜的性能相同,如图 7-5 所示.但是,吴锦雷[6]用临界阈值功率密度测试方法观察到 Ag-BaO 光电发射薄膜在约 10^7 W/cm^2 的激光功率密度作用下灵敏度上升的特殊现象,如图 7-6 所示.阈值功率密度是指在该功率密度以下不能激发光电发射,而在该功率密度以上可以激发光电发射.普通光电阴极只存在阈值波长,不存在阈值功率密度;而 Ag-BaO 光电发射薄膜在激光作用下是多光子光电发射,存在一个阈值功率密度的问题.通过实验我们会发现更多现象,例如当使激光功率密度从强到弱变化,激光功率密度降到某一数值以下后,薄膜不再有光电发射电流.这个功率密度数值称为后阈值.如果把一个经过暴露大气的 Ag-BaO 薄膜装入检测系统,用低于后阈值的激光功率密度作用于该薄膜,开始不会有光电发射,在若干次激光脉冲作用后,发现薄膜出现光电发射,并且光电流随光脉冲次数的增加而上升,随后达到一个最大值并逐

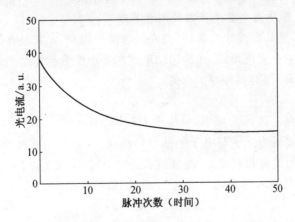

图 7-5　Ag-BaO 薄膜在较强激光功率密度(大于 10^9 W/cm^2)

作用下的光电发射衰减现象

渐趋于稳定. 能够使 Ag-BaO 薄膜在初次使用时产生光电发射的激光功率密度称为初阈值. 这种光电发射性能上升的现象正是这种光电转换薄膜可以暴露大气,而在真空中无需再激活就能产生足以检测皮秒数量级的激光脉冲信号的优良性能之所在.

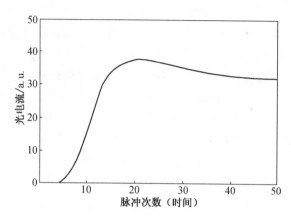

图 7-6　Ag-BaO 薄膜近临界激光功率密度(约 10^7 W/cm^2)
作用下的光电发射上升现象

7.2.3　近红外光电量子产额

光电子数量与入射光子数量之比,即用每个光量子产生的电子数表示的光电灵敏度,称做量子产额或量子灵敏度. 它与光波长有关. 在可见光作用下,纯金属的量子产额不高,在 $10^{-6} \sim 10^{-4}$ 范围;实用光电阴极的量子产额在 $10^{-2} \sim 10^{-1}$ 范围. 近红外光(如 1.06 μm)作用下的量子产额都很低,在 $10^{-8} \sim 10^{-5}$ 范围.

1. 超短光脉冲光电量子产额的测量原理

我们知道,光具有波粒二象性. 当光与物质作用时,尤其是在光电作用中,光的粒子性是其主要表现形式. 光的运动形式的最小能量载体是光量子(光子). 光子具有的能量 E_{ph} 仅与其频率 ν 有关:

$$E_{ph} = h\nu, \tag{7.2}$$

式中 h 为普朗克常数,ν 为频率,单位是 Hz.

光电效应表现为光子与电子的能量转换作用. 通常引入光电量子产额 $\eta(\lambda)$ 来表征这种作用的有效程度,它是光波长 λ 的函数,定义为单位时间产生的电子数 n_e/t 与单位时间入射的光子数 n_{ph}/t 之比,即

$$\eta(\lambda) = n_e/n_{ph}; \tag{7.3}$$

其物理意义为入射光量子转换为光电子的效率,即光电量子产额.

生活中的可见光是连续光. 光电发射薄膜在连续光作用下的量子产额比较容易测量,不多赘述. 这里,只介绍具有超快时间响应的光电发射薄膜在超短激

光脉冲作用下的光电量子产额的测量方法[7].

光子数的计算需要测得激光的能量.对于某一种波长(如 1.06 μm 或 0.53 μm)的激光,实验中通过改变衰减片的透过率来改变激光能量的大小,这样就可以得到波长为 λ 的入射光作用在薄膜上的光能量 $P_e(\lambda)$.所以,入射的光子数为

$$n_{ph} = P_e(\lambda)/h\nu. \tag{7.4}$$

光电薄膜在超短光脉冲作用下的量子产额的测量与普通可见光作用下量子产额的测量有很大不同.

首先,在激光能量的测量中会遇到两个问题:其一,普通激光器本身的能量输出是有波动的,被动锁模激光器的能量波动约为 20%.如果激光器电源的稳定性不够理想,输出激光的能量波动还要大些,这对于量子产额的测量是很不利的,因此每次测量时要求激光器处于较稳定的工作状态.其二,普通能量计的时间响应往往不能适应超短光脉冲,因此在量子产额的测量中要求能量计的探头是适应瞬态反应的.

其次,电子数的计算需要测得光电流及其持续时间.一个超短光脉冲激发的光电流也是超短电脉冲,而普通电流表的阻尼时间很长,完全不能反映超短电脉冲的正确数值.目前能够测量超短电脉冲的仪器是超高频数字型存储示波器,但由于示波器本身的输入阻抗及输入电容的存在,造成超短电脉冲的持续时间展宽,可能使皮秒数量级的电脉冲展宽成纳秒数量级的电脉冲,在显示总电量不变的情况下,电流的峰值相应降低.

光电信号脉冲的形状及方波近似如图 7-7 所示.

假设 $q(t)$ 为原有光电脉冲电流随时间变化的分布函数,其波形符合高斯分布,$i(t)$ 为加上采样电阻后的光电脉冲随时间分布函数.由于光电流总电荷量 Q 是守恒的,因此有

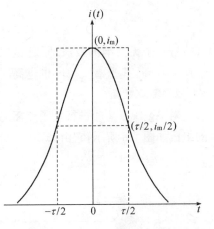

图 7-7　电脉冲信号的方波近似

$$Q = \int_0^{+\infty} q(t)\,dt = \int_0^{+\infty} i(t)\,dt. \tag{7.5}$$

在方波近似下的电荷量 Q' 为

$$Q' = i_m\tau, \tag{7.6}$$

式中 i_m 为峰值电流强度,τ 为脉冲峰值半高宽度(即方波脉冲宽度).把高斯分布下的电量 Q 与方波近似下的电量 Q' 进行比较,若光电流 $i(t)$ 随时间的变化也为

高斯分布,则有

$$i(t) = \frac{k}{(\sqrt{2\pi}\sigma)\exp[-(t-\mu)^2/(2\sigma^2)]}, \tag{7.7}$$

式中 k 为系数,μ 和 σ 为高斯分布参数.

若 $i(t)$ 为对称分布,设脉冲中心处的时间为零(即 $\mu=0$),则总电量 Q 为

$$Q = \int_{-\infty}^{\infty} i(t)\mathrm{d}t = \frac{k}{\sqrt{2\pi}\sigma} \int_{-\infty}^{\infty} \exp[-t^2/(2\sigma^2)]\mathrm{d}t, \tag{7.8}$$

经过数学推导可以得到

$$Q = \sqrt{2\pi}\sigma i_{\mathrm{m}}. \tag{7.9}$$

于是,高斯分布下的电量 Q 与方波近似下的电量 Q' 的误差为

$$(Q-Q')/Q \approx 6.0\%. \tag{7.10}$$

式(7.10)说明在处理数据时用方波近似不会影响得到定性结论. 从图 7-7 可知,在方波近似下推导出的电子数为

$$n_e = V_{\mathrm{m}}\tau/eR, \tag{7.11}$$

式中 V_{m} 为示波器显示的电脉冲的电压峰值,R 为采样电阻(实验中取 $R=50\ \Omega$),e 为电子电量. 由式(7.3),(7.4)和(7.11)可知

$$\eta(\lambda) = \frac{V_{\mathrm{m}}\tau}{eR} \cdot \frac{h\nu}{P_e(\lambda)} = 1.24 \times 10^{-6} \times \frac{V_{\mathrm{m}}\tau}{R\lambda P_e(\lambda)}. \tag{7.12}$$

$\eta(\lambda)$ 是一个无量纲的数值;同时,它是波长的函数,与光谱灵敏度有对应关系,量子产额越高,其光谱灵敏度也越高.

2. 实验装置

对 Ag-BaO 薄膜进行量子产额的测量,需要把薄膜制备在样品管中. 实验设备的组成如图 7-8 所示,它由选单脉冲激光源、外光路、光电薄膜样品管、测试仪表等

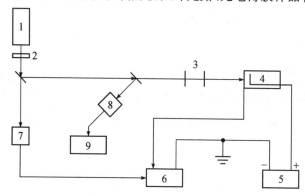

图 7-8　测量量子产额实验设备的组成

1. YAG 激光器;2. 选单脉冲激光源;3. 外光路;4. 光电薄膜样品管;

5. 高压电源;6. 存储示波器;7. 快速光电二极管;8. 能量计探头;9. 能量计

所组成. 激光波长为 $1.06\,\mu m$, 是近红外光, 每一个短脉冲宽为 $40\,ps$, 能量约为 $5\,mJ$. 激光束可以经过衰减片或聚焦片入射到薄膜上, 也可以直接入射到薄膜上. 如果在外光路中加入 KTP 倍频晶体, 光波可以变为 $0.53\,\mu m$ 波长的绿光.

　　入射样品的激光强度测量方法是在激光主光路中加一个光学镜片以获得分光, 并用激光能量计进行监测, 如图 7-9 所示. 在激光稳定工作的情况下, 用能量计的两个探头同时分别测量 A, B 两光路的能量大小, 先测 10 组以上的数据, 然后求它们的算术平均值, 得到 A, B 两光路的能量比. 当测量薄膜的量子产额时, 撤去 A 光路中的探头, 只保留 B 光路中的探头进行监测. 在进行数据处理时, 把由 B 光路得到的数据换算成 A 光路中的激光能量大小. 另外, 由于实验中用于分光的半透半反镜对不同波长的偏振光的反射率是不同的, 所以对于波长为 $1.06\,\mu m$ 和 $0.53\,\mu m$ 的激光, 要分别利用上述方法测量其 A, B 两光路的能量比.

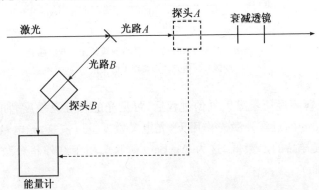

图 7-9　激光能量的测量

　　实验中, 对于每一种波长(如 $1.06\,\mu m$ 或 $0.53\,\mu m$)的激光, 通过改变衰减片的透过率来改变激光能量的大小, 测量其对应电信号的电压峰值 V_m 和半高峰宽 τ. 对于每一透过率, 都先测量 10 组以上的数据, 然后分别取算术平均值, 最后求出对应的量子产额. 透过率的大小可从 3% 左右一直增加到 100%(即不加衰减片), 这样, 入射薄膜表面的激光强度将变化 1~2 数量级.

　　在超短光脉冲检测的实验中, 要避免激光触发时的干扰信号对光电信号的影响.

3. 实验结果

　　当激光波长为近红外的 $1.06\,\mu m$, 激光功率密度 I 为 $10^7 \sim 10^8\,W/cm^2$, 单光脉冲宽度为 $40\,ps$ 时, 经历暴露大气的 Ag-BaO 薄膜光电量子产额 η 为 10^{-6} 数量级, 如图 7-10(双对数坐标)所示[8]. 这个量子产额数值虽然比 Ag-Cs₂O 等不能暴露大气的含有碱金属光电阴极的量子产额低一个数量级(在同等条件下), 但比纯金属 Cu, Y 等要高两个数量级, 所以 Ag-BaO 是可用于超短光脉冲检测的新型光电薄膜.

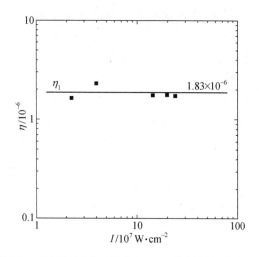

图 7-10 经历暴露大气过程的 Ag-BaO 薄膜的光电发射量子
产额 η 与激光功率密度 I 的关系

Ag-BaO 薄膜经历暴露大气的过程后,可见光的积分灵敏度暂时损失;但在波长为 $1.06\,\mu m$ 的近红外激光作用下,光电灵敏度得以恢复,光电量子产额不比未暴露于大气样品的产额低. 这为 Ag-BaO 薄膜应用于红外超短激光脉冲的检测奠定了基础.

§7.3 多光子光电发射

7.3.1 多光子光电发射基本特征

单光子光电发射服从爱因斯坦关系:
$$E_k = h\nu - h\nu_0, \tag{7.13}$$
式中 E_k 为逸出固体表面的光电子的最大动能,$h\nu$ 为入射光子的能量,$h\nu_0$ 为材料中光电子的功函数. 根据上式,当 $h\nu < h\nu_0$ 时,没有光电发射;但当高功率密度激光脉冲照射到样品上,即使 $h\nu < h\nu_0$,也可能有光电发射产生,这就是多光子光电发射. 根据量子力学的高阶微扰理论,由跃迁几率的计算可得到 n 光子激发的光电流密度的表达式
$$J_n \propto E_\perp^{2n} \propto I^n, \quad n = 1,2,3,\cdots. \tag{7.14}$$
该式表明,光电流密度 J_n 正比于垂直于固体表面的激光电场分量 $E_\perp$ 的 $2n$ 次幂,或正比于激光强度 I 的 n 次幂,且有 $nh\nu > h\nu_0$. 式(7.14)可写为

$$J_n = B_n I^n, \tag{7.15}$$

式中 B_n 为比例系数,与激光照射样品的特性有关.

　　光电发射薄膜在激光作用下可表现为多光子光电发射效应. Schelev[9] 曾介绍用条纹像管检测光脉冲强度分布的例子. 他利用 Yb-Er-Al 主动锁模产生波长为 $2.94\,\mu m$ 和光脉冲宽度为皮秒数量级的激光,每个脉冲的平均能量约为 $1\,mJ$,并用 Ag-Cs$_2$O 光电阴极 PV-001 管检测光脉冲,其阈值灵敏度为 $10^8\,W/cm^2$. 三光子、四光子甚至五光子效应被认为可以用来描述激光作用下的光电发射.

7.3.2　多光子光电发射

　　用 Ag-BaO 薄膜检测超短激光脉冲的检测设备如图 7-11 所示,它由激光源、外光路、光电转换薄膜、条纹相机、真空系统、测试仪表等组成[10]. 激光由被动锁模 Nd：YAG 产生,波为 $1.06\,\mu m$,每个短脉冲宽度为 $50\,ps$,由 $9\sim11$ 个短脉冲组成一个单脉冲序列,序列间隔为 $1\,s$ 或 $5\,s$,每个序列的能量为 $3\,mJ$. 激光束可以经过衰减片和聚焦片入射到薄膜上,也可以直接作用于薄膜上. 如果在外光路中加入 KTP 倍频晶体,光波可以变为波长为 $0.53\,\mu m$ 的绿光. 条纹相机是瞬态光学检测设备,只有精确地做到光脉冲与电脉冲同步,才能捕获皮秒数量级的激光脉冲信号. 动态条纹相机主要由 5 个部分组成:扫描变像系统、扫描控制系统、高压控制系统、可更换光电阴极的输入系统和电子倍增输出系统,其真空度为 $10^{-6}\,Pa$. 测试仪表由存储示波器和能量计等组成.

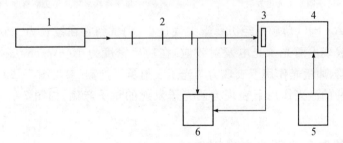

图 7-11　激光检测设备的组成

1. 激光源；2. 外光路；3. 光电转换薄膜；

4. 条纹相机；5. 真空系统；6. 测试仪表

　　若使用中等灵敏度(如积分灵敏度为 $0.2\,\mu A/lm$)的 Ag-BaO 薄膜,先将其经过暴露大气过程装入条纹相机,然后激光经过不同透过率的衰减片作用到光电薄膜上. 实验结果表明,Ag-BaO 薄膜在波长为 $1.06\,\mu m$ 的激光作用下表现出多光子光电发射效应,如图 7-12 所示,其中 J 为光电发射电流密度,I 为入射激光功率密度. 薄膜对波长为 $1.06\,\mu m$ 的光脉冲的阈值灵敏度为 $6\times10^7\,W/cm^2$,对

0.53 μm光脉冲的阈值灵敏度为 1×10^8 W/cm^2,这样的阈值灵敏度可以与上述 Schelev 实验所采用的 Ag-Cs$_2$O 薄膜的阈值灵敏度相比拟. 从实验结果定性考虑,如果材料的单光子发射灵敏度高,相应的多光子发射灵敏度也高. 由图7-12 的双对数坐标系中的直线斜率可知,经历暴露大气的 Ag-BaO 薄膜在该激光作用下表现为四光子($n=4$)光电发射.

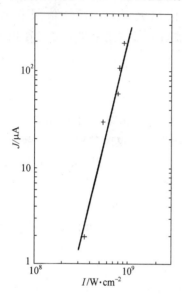

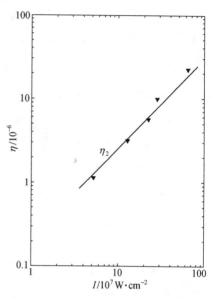

图 7-12　曾经历暴露大气的 Ag-BaO 薄膜四光子光电发射

图 7-13　Ag-BaO 薄膜的两光子光电发射的量子产额 η 与激光功率密度 I 的关系

如果 Ag-BaO 薄膜不经历暴露大气过程,测试到它在波长为 1.06μm 的激光作用下表现出两光子光电发射效应. 在功率密度为 10^7 W/cm^2、脉冲宽度为 40 ps 的单脉冲激光作用下表现为单光子发射量子产额(参见图 7-10);而在相应的序列脉冲的激光作用下表现为两光子发射的量子产额,如图 7-13(双对数坐标)所示.

7.3.3　热助多光子光电发射

不同的激光源与材料之间的相互作用机理有所不同,其中激光的能量高度集中,它对物质作用的热效应较为明显[11],是造成不同光电发射现象的原因之一. 例如,Miehe[12] 把 Ag-BaO 薄膜应用于探测高重复频率(82 MHz)、低能量(单脉冲能量小于 10 nJ)的激光脉冲,激光源由主动锁模氩离子激光器产生,激光波长为 514.5 nm,脉冲宽度为 100 ps,平均功率为 1 W;并用透镜聚焦后照射于光电阴极上,光斑直径为 50 μm,光脉冲的占空比为1∶100. 图 7-14(双对数坐标)给出的光电发射强度与激光脉冲的功率密度的关系不是一条直线,显示了多光子发射的非线性现象,它不能简单地由多光子发射解释,但可以由热助多光子发射来解释[13].利用里查孙(Richardson)公式把光电流密度 J 表示为[14,15]

$$J = \sum_{n=0}^{\infty} J_n, \tag{7.16}$$

其中 $J_n = a_n I_0^n A(1-R)^n T_s^2 F(\delta)$, (7.17)

式中 J_n 表示由单光子发射($n=0$)和 n 光子发射($n>0$)产生的电流密度,A 和 a_n 为两个里查孙常数,分别与 n 光子过程的量子矩阵元素有关,T_s 是光照表面的温度,$F(\delta)$ 是福勒(Fowler)函数,δ 是变量:

$$\delta = nh\nu - \Phi, \tag{7.18}$$

$h\nu$ 和 Φ 分别是光子能量和薄膜材料的光电子逸出功.

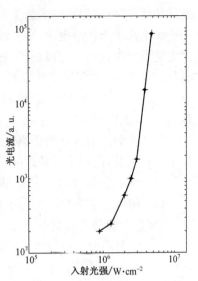

图 7-14 光电发射强度与入射激光脉冲功率密度的关系

由图 7-14 可知,当激光脉冲功率密度较小时,曲线的斜率为 $n=1$;激光脉冲功率密度升高后,热助多光子光电发射效应增强,曲线的斜率变大,这时进入多光子发射($n>1$).

§7.4 内场助光电发射

7.4.1 内场助光电发射原理

1. 内场助光电发射

为提高光电发射材料的光电灵敏度和长波阈值,人们很早就研究了外加偏压的场助半导体光电阴极[16~19].如果外加偏压施加在材料表面之外,则称为外场助光电发射,简称场发射.如果外加偏压直接施加于材料表面而在体内形成内部电场,习惯上称为内场助光电发射.

半导体光电材料在施加的垂直表面电场作用下,体内能带结构向下发生弯曲,有利于光电子从表面逸出.若内电场足够强,可使表面真空能级相对体内费米能级下降,形成等效负电子亲和势状态,其结果是受激光电子在表面的逸出几率增加.半导体导带中的光电子在向表面输运的过程中获得内电场的能量而加速运动,在强电场(大于 10^4 V/cm)情况下,能够克服表面势垒发射到真空中去;相应地,材料的光电发射长波阈值得以拓展.

2. 内场助与外场助光电发射的差异

Burroughs[20]曾经研究了半透明 $Ag\text{-}Cs_2O$ 光电薄膜在外场作用下的光电

发射特性.实验所用的场强为 10^4 V/cm 数量级,在距离薄膜表面几毫米处施加几千伏至几十千伏的电压.实验结果表明,薄膜表面势垒在外场的作用下降低,光电量子产额在长波波段得到提升,光电响应的波长阈值由 $1.0\ \mu m$ 向长波方向偏移至 $1.3\ \mu m$.为了减小热发射电流的影响,实验是在较低温度(-25℃)下进行的.理论计算表明,当外加场强达 10^4 V/cm 时,表面势垒可下降达 $0.4\ eV$;相应地,长波阈值将移至 $1.45\ \mu m$.

虽然外场的引入达到提高光电量子产额和拓展长波阈值的目的,但也存在以下一些问题,限制了外场助光电阴极的实际应用:

(1) 高压驱动.为了获得足够的场强,一般需要千伏以上的电压驱动.

(2) 超高真空条件.为了避免强场下的残余气体放电,测试系统要求提供 10^{-7} Pa 以上的超高真空条件.

(3) 低温环境.外场助光电发射的直接依据是降低薄膜的表面势垒,如图 7-15(a)所示,图中 E_0 为真空能级,E_c 为导带底,E_v 为价带顶,E_g 为禁带.但是,在光电发射电流增大的同时,热电子发射引起的暗电流也会快速地上升.为了抑制热噪声,一般需要采取降温措施.

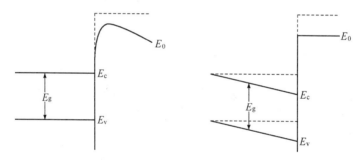

图 7-15　半导体基质在电场作用下的能带结构变化

(a) 外场作用;(b) 内场作用

虚线和实线分别对应于电场作用前、后的能带结构.

内场助光电发射最明显的优势是低压驱动.当薄膜厚度为纳米数量级时,仅需向薄膜表面施加几伏偏压就可以产生足够大的场强;同时,外加的内场偏压全部降落在薄膜体内,不存在气体电离放电的问题.因此,在真空条件的要求上没有外场助那么严格.另外,内场助作用下的热电子发射要比外场助情况下的小得多,这是因为:外场助光电发射所引起的是薄膜表面真空能级的实际降低(即绝对降低),这就不可避免地会导致热电子发射(即场致发射)能力的增强,从而产生一个大的暗电流背景.与外场助光电发射不同,内场助光电发射所引起的是阴极表面真空能级的相对下降(参见图 7-15(b)),这就可以保证在一定的场强阈值范围之内,内场作用所引起的热电子发射(即场致电子发射)很小,而主要对光电发射起到增强作用. 尤其是对 Ag-Cs$_2$O 和 Ag-BaO 等金属纳米粒子-半导体介质复合光电发射薄膜而言,所施加的内场偏压不仅能引起表面真空能级的相对下降,而且能对金属微粒与半导体基质间的界面势垒产生有利于光电发射的影响.

7.4.2　半导体材料的内场助光电发射

过去的几十年,人们对半导体光电材料的内场助光电发射特性进行了很多研究,在改善材料光电性能方面获得了很大的成功. Bell[21]于 1974 年首先实现了基于电子能量状态转移原理的 p-InP 材料内场助光电发射,并测得波长为 0.9 μm 处的量子产额为 0.5%. Escher 等人[22~25]在异质结材料的内场助光电发射方面做了大量工作,先是在内场助 p-InGaAsP 异质结光电材料上得到波长范围在 1.0~1.4 μm 的量子产额为 0.1% 以及波长为 1.06 μm 处的反射式光电阴极的量子产额为 0.15%;随后又在 InP/In$_{0.53}$Ga$_{0.47}$As/InP 型双异质结材料构成的内场助光电薄膜上获得了波长为 1.60 μm 处的量子产额为 1% 以及波长为 1.55 μm 处高达 8% 的量子产额. 在拓展长波阈值方面报道的最好结果是 Gregory 等人[26]使 InP/p-In$_{0.77}$Ga$_{0.23}$As/InP 双异质结材料构成的内场助光电材料的长波阈值达到 2.1 μm,并测得薄膜在温度为 125 K 时的反射式量子产额为 0.2%. 李晋闽等人[27,28]在 20 世纪 80 年代末期对在 GaAs 基底上异质外延生长的 InP,InP/InGaAsP 以及 InP/InGaAsP/InP 等Ⅲ-Ⅴ族化合物半导体光电材料的内场助光电发射特性作了较深入的研究,并在拓展长波阈值、提高近红外波段的光电灵敏度方面取得了很好的结果.

Parker 等人[29]于 1994 年研究了 In$_{0.5}$Ga$_{0.5}$As 异质结半导体材料在低温 (100 K)下的内场助光电发射行为,其长波阈值可达 1.55 μm,在波长为 1.4 μm 处的量子产额为 8×10^{-5},理论计算的光电响应时间为 14 ps. 他们还指出,由于传统的内场助半导体光电阴极中的光电子是在吸收层产生并扩散进入发射层后才被加速的,所以限制了阴极的光电响应速度. 通过选用窄禁带的半导体材料作为吸收体(发射体),可以使光电子直接产生在耗尽区(即高场区)并被加速运动至表面,有效地提高阴极的光电响应速度;内场助 In$_{0.5}$Ga$_{0.5}$As 异质结光电阴极的快速响应特性则归因于其较窄的带隙(约 0.8 eV).

Parker 等人[30]于 1995 年采用 p-GaAs/p-GaAs-Al$_{0.25}$Ga$_{0.75}$As 双异质结半导体材料加内场助的方法得到了低压驱动的门控光电阴极,该光电阴极的薄膜厚度为 3.5 μm. 在 6 V 偏压作用下,860 nm 波长处的反射式光电量子产额为 7.5×10^{-4},较内场助偏压作用前提高了近 190 倍;在 5 V 偏压(即 TTL① 集成

---

① TTL 是 transistor-transistor logic (晶体管-晶体管逻辑)的简称.

电路的工作电压)作用下,同样波长处的光电量子产额为 4×10^{-4},较偏压作用前提高了 100 倍以上.他们还测量了该结构的电容-电压特性,由此估算出光电阴极的开-关时间为 6 ns,并认为该阴极完全可以被应用于实际电路系统中.

Niigaki 等人[31]于 1997 年以半导体层 n-InP 代替金属电极制备,得到了内场助 p-InGaAsP/p-InP 半导体光电阴极.该阴极在 $-80\,℃$ 时的波长阈值为 $1.35\,\mu m$,波长为 $1.30\,\mu m$ 光照时的量子产额高达 5%.如此之高的光电转换效率除了在内场作用下所形成的等效负电子亲和势的贡献外,还部分归因于以半导体层代替金属电极,即以 p-n 结代替金属与半导体间的肖特基(Schottky)接触后,可以使表面的热处理温度上限得到提高,从而大大降低发射表面的逸出功.光电阴极在 Cs 和 O 激活前需要作表面清洁,当以金属薄膜作电极时,表面清洁的热处理温度被限制在 $300\,℃$ 以内(与金属薄膜的扩散有关);若改用半导体层作为电极,则热处理温度可以高达 $400\,℃$ 以上.表面清洁所采用的热处理温度很大程度上决定光电阴极的表面状态,进而影响阴极的光电发射能力.

由此可见,内场助光电薄膜突破了传统光电阴极发射长波阈值小于 $1.1\,\mu m$ 的限制.Ⅲ-Ⅴ族化合物半导体光电阴极在可见光至近红外波段具有较高的光电量子产额.内场助结构及电子转移原理的引入,进一步地提高了半导体光电材料在相应波段的光电灵敏度,并使其长波阈值得以延伸.半导体光电材料在信号的光电转换、图像处理、大电流超短脉冲电子源等方面都有着广泛的应用.

7.4.3　金属纳米粒子-半导体薄膜内场助光电发射增强特性

随着超短激光脉冲技术的发展,寻找一种具有超快时间响应速度、低能量阈值的光电阴极,从而实现对近红外波段超短光脉冲信号的直接检测,是一个迫切需要解决的问题.但是,受到半导体材料载流子弛豫过程慢(即电子和空穴的迁移率低)、光电子逸出深度大等因素的限制,基于Ⅲ-Ⅴ族化合物材料的半导体光电阴极响应时间最快为几十皮秒,而不能对激光脉冲宽度小于皮秒的超短光脉冲进行检测.Bell[32]和 Phillips 等人[33]分别对半导体中的光电子在电场作用下的输运行为进行了研究,发现半导体材料的光电响应时间一般在纳秒数量级,这与文献[30]中利用内场助结构半导体光电阴极的电容-电压特性所估算的 6 ns 的响应时间相一致.文献[29]试图通过设计窄带隙半导体材料并使受激电子直接产生于强场而被加速的方法来提高内场助半导体光电阴极的响应速度,理论计算表明,该结构阴极的最快光电响应时间为 14 ps,但未能得到实验验证.半导体光电阴极在光电响应速度上的不足限制了其在超快光电信号检测方面的应用,因此探寻一种具有超快时间响应特性,同时在可见光至近红外光波段具有较高量子产额的光电阴极是非常必要的.

金属纳米粒子-半导体介质复合薄膜具有飞秒数量级的超快光电响应速度,

但在光电量子产额和在长波阈值上都不如半导体光电阴极,从而在近红外微弱光电信号检测上表现出不足.

鉴于金属纳米粒子-半导体介质复合薄膜具有独特的超快光电响应特性及其存在的不足之处,可以考虑采用内场助光电发射的方法提高该类型薄膜在响应波段的光电量子产额并拓展其长波光电阈值.张琦锋[34~40]对金属纳米粒子-半导体介质复合薄膜在内场助作用下的光电发射特性进行了研究.

1. 内场助型金属纳米粒子-半导体光电发射薄膜的结构

金属纳米粒子埋藏在碱金属或碱土金属氧化物中所构成金属纳米粒子-半导体介质复合薄膜,其表面状态及结构参量对薄膜光电发射性能有很大影响.内场助结构金属纳米粒子-半导体光电薄膜制备的技术难点在于:(1)沉积在复合薄膜发射体表面的金属薄膜电极要有良好的导电性;(2)要有很好的光透过性,不能阻碍光电子穿透电极发射到真空;(3)复合薄膜光电发射体的厚度要控制在使加入的内场助偏压既能有效地改变薄膜体内能带结构,又不至于造成薄膜的击穿.(1)和(2)往往是矛盾的,需要折中考虑,所以,内场助效应的发挥在很大程度上取决于其结构设计与参量选取的合理性.

以 Ag-Cs$_2$O 和 Ag-BaO 光电薄膜为例,金属纳米粒子-半导体光电薄膜制备在透明导电玻璃基底上,薄膜表面真空沉积一层迷津结构的 Ag 薄膜电极.迷津结构就是在薄膜形成初期,直径为几十纳米的粒子间以随机走向的通道相互连接而构成的介于粒子膜和连续膜之间的特殊薄膜形态.实验发现,这种准连续的迷津结构的电极厚度在 10~30 nm 之间(小于电子的平均自由程),既可以把电场加在复合薄膜光电发射体表面,又可以让光电子有效地穿越并逸出到真空中去.

金属纳米粒子-半导体介质复合薄膜内场助光电阴极的结构如图 7-16 所示.阴极整体结构呈三明治夹层状,其中金属纳米粒子-半导体介质复合薄膜光电发射体按一定的工艺制备并激活,厚度可控制在 50~300 nm 之间,结构特点是:直径为纳米数量级(通常在 5~30 nm 范围)的 Au,Ag 等贵金属纳米粒子散落分布在 Cs$_2$O 或 BaO 半导体基质中;上电极为厚度约 10 nm 的 Ag 薄膜电极,呈网状迷津结构;底电极是以 SnO$_2$ 为主要成分的透明导电膜,它对可见光和近红外波段光吸收很小,具有较好的透光性.内场助偏压经 Ag 薄膜电极和透明导电层加载到纳米粒子复合薄膜表面,相对光电阴极整体而言形成内部电场.光源自透明导电膜的玻璃侧入射,受激电子由 Ag 薄膜电极侧逸出并被收集.

2. 底电极的掩膜预处理

真空沉积制备内场助结构金属纳米粒子-半导体介质复合光电发射薄膜的基本工艺流程如图 7-17 所示[35].

选用带有 SnO$_2$ 薄膜的矩形透明导电玻璃为基底,采用化学腐蚀抛光的方

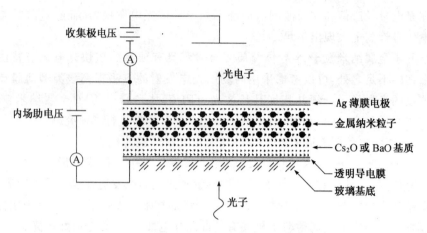

图 7-16　金属纳米粒子-半导体介质复合薄膜内场助
光电阴极的结构示意图

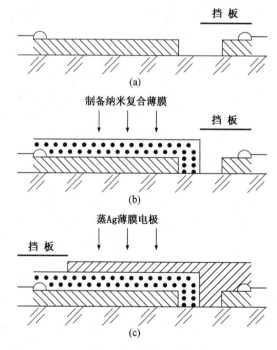

图 7-17　内场助结构金属纳米粒子-半导体介质复合光电发射
薄膜的制备工艺流程

法将其表面导电层局部去除,这样,玻璃表面导电层被分割为在电学上相互绝缘
的两部分,如图 7-17(a)所示. 其中,面积较大的导电薄膜作为内场助结构中的底
电极;面积较小的部分则被预留为上电极引出端,其作用是保证表面 Ag 薄膜电

极与引出导线的可靠接触.电极引出导线与导电玻璃间以石墨黏结.

该过程在大气中完成,称为底电极的掩膜预处理.所得玻璃片进行表面清洁处理后置入真空制备系统,并将挡板调整至上电极引出端一侧.

3. 复合薄膜发射体的制备

金属纳米粒子-半导体介质复合薄膜光电发射体的制备方法对不同的薄膜有所差异,这里仅对 Ag-BaO 和 Ag-Cs$_2$O 薄膜加以说明.Ag-Cs$_2$O 光电薄膜的制备方法采用传统工艺,Ag-BaO 复合薄膜的制备方法已在第二章中作了描述.需要强调的是,为了降低 Ag 纳米粒子的表面功函数,在 Ag-BaO 光电发射薄膜的制备过程中,以超额 Ba 进行阴极表面激活是必需的,并且直至白光照射下,监测的光电发射电流达到最大.

在 Ag-BaO 或 Ag-Cs$_2$O 光电发射薄膜的沉积过程中,由于挡板的存在,上电极引出端仍保持为预留的 SnO$_2$ 导电膜,如图 7-17(b)所示.

4. 表面 Ag 薄膜电极的制备与引出

金属纳米粒子-半导体介质复合薄膜沉积后,先利用真空系统外部的磁力将挡板转移至底电极引出端一侧,再蒸发沉积一层厚度为 10 nm 左右的 Ag 薄膜.沉积过程中,同时监测薄膜的透过率和光电发射电流变化以控制 Ag 膜厚度,避免出现因 Ag 量过少而形成导电性能不好的孤立粒子薄膜,或者因 Ag 量过多而导致光电子不易穿过使光电灵敏度下降.如图 7-17(c)所示,该层 Ag 薄膜覆盖了复合薄膜光电发射体的大部分,并与上电极引出端的预留导电膜连通.

由于上、下电极引出端已事先经导线与外部偏置电路连接,上述步骤完成后,即得到具有如图 7-16 所示的内场助结构的金属纳米粒子-半导体介质复合光电发射薄膜样品.在不暴露大气的情况下,实现 Ag-BaO 或 Ag-Cs$_2$O 光电发射体的制备和内场电极的加载,是对该类型薄膜内场助光电发射特性进行研究的基础.

5. 内场助结构表征

(1)迷津结构的 Ag 薄膜电极.

沉积在碱金属或碱土金属氧化物表面的少量 Ag 在经历 100~120℃ 温度范围内较长时间的退火处理过程后,可以在半导体基质中汇聚生长成纳米粒子,提高光电发射能力.在内场助结构中,沉积在复合薄膜表面用以向薄膜体内施加内场的 Ag 薄膜电极,希望它处于半连续的薄膜状态(即呈现迷津结构),而不要汇聚成孤立粒子或向半导体内扩散.因此,尽管适当温度范围内的退火处理被认为可以提高薄膜的稳定性,但在沉积 Ag 薄膜电极后不要再次进行退火处理.

图 7-18 为实验中采样的沉积在 BaO 表面的 Ag 薄膜电极 TEM 形貌像,薄膜厚度在 10 nm 左右.

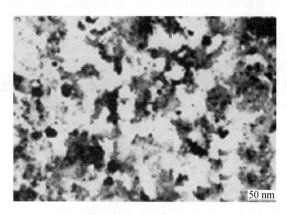

图 7-18 Ag 薄膜电极的 TEM 形貌像

（2）薄膜的纵向伏安特性.

内场助光电阴极具有三明治夹层结构,可以测得复合薄膜的纵向伏安特性,图 7-19 为测试原理图. 图 7-20 给出了内场助结构 Ag-BaO 薄膜的纵向伏安特性测量结果,两条曲线分别对应薄膜暴露于大气前、后的情况,其中曲线 I 为真空条件下的测量,曲线 II 为大气条件下的测量. 被测样品的厚度约为 300 nm,电极的有效作用面积为 2 cm². 薄膜暴露于大气前的纵向电阻在千欧姆数量级,暴露于大气后增大至数百千欧姆. 复合薄膜在真空和大气中纵向伏安特性的差异,反映了薄膜暴露于大气后成分的变化,即构成半导体基质的碱金属氧化物或碱土金属氧化物部分地和空气中的 H_2O,CO_2 反应生成碳酸盐.

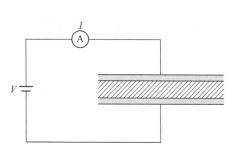

图 7-19 薄膜纵向伏安特性测试原理图

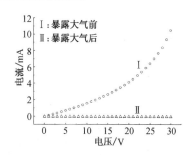

图 7-20 Ag-BaO 复合薄膜暴露大气前、后的纵向伏安特性

（3）薄膜内场助结构的卢瑟福背散射谱（Rutherford backscattering spectrum,简称 RBS)分析.

内场助效应的发挥与薄膜的内场助结构密切相关. 在金属纳米粒子-半导体介质复合薄膜内场助光电阴极表面电极的沉积制备过程中,除了薄膜电极的厚度必须严格控制外,薄膜电极是否会发生向半导体基质中的扩散,也是一个必须注意的问题.这是因为电极的扩散会带来两方面的影响:其一是电极结构的破坏;其二是薄膜光电发射能力的下降.图 7-21 为沉积在透明导电玻璃基底上的内场助结构Ag-BaO 复合薄膜 RBS,其中横坐标为散射离子能量,纵坐标为多道分析器单位能量间隔散射离子计数(强度),它与单位体积中的原子数(即该成分的原子密度)成正比.图 7-22 为与图 7-21 相对应的各种元素的深度分布谱,清楚地反映了该薄膜样品的纵向分层结构.这就表明,通过制备过程中热处理温度的适当控制,可以实现内部 Ag 纳米粒子在半导体基质中的扩散,而表面 Ag 薄膜电极的 Ag 向内部扩散不严重,因此得到所期望的 Ag/Ag-BaO/SnO$_2$ 夹层结构.

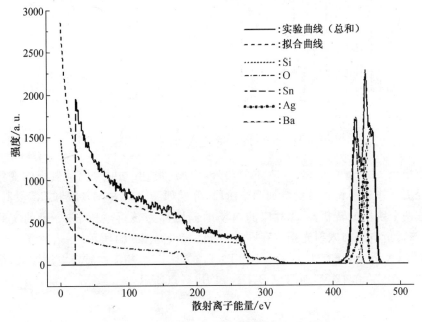

图 7-21　内场助结构 Ag-BaO 复合薄膜的 RBS 图

6. 金属纳米粒子-半导体薄膜的内场助光电发射特性

(1) Ag-BaO 薄膜的内场助光电发射特性.

　　Ag-BaO 薄膜内场助光电发射特性测量系统由色温为 2856 K 的钨丝灯标准光源、光学透镜组、测量精度为 10^{-11} A 的直流复射式检流计、高精度直流稳压电源等部件组成.在强度及光谱分布均恒定的白光照射下,Ag-BaO 薄膜发射光电流随内场助偏压的变化情况如图 7-23 所示.实验所用的 Ag-BaO 薄膜具有 $0.1\mu A/lm$ 的光电积分灵敏度,薄膜平均厚度为 300 nm,内场助有效作用面积为 2 cm^2.测试结果表明,薄膜在零偏压作用时的光电流为 11.1 nA;随着内场助偏压的增大,薄膜光电发射电流逐渐增大.张琦锋[39]得到,30 V 偏压作用时的光

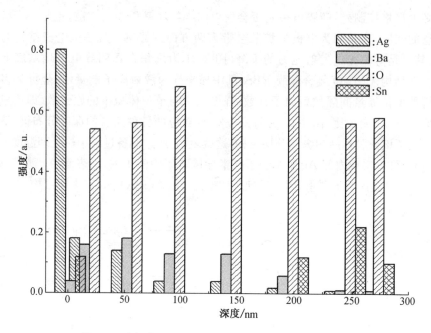

图 7-22　内场助 Ag-BaO 复合薄膜中各种元素的深度分布谱

电流增至 14.8 nA,涨幅为 33.3%. 另外,内场助光电发射电流随偏压的变化过程经历了快速增长和缓慢增加两个阶段,分别如图 7-23 中 *AB* 段和 *BC* 段所示.与这两个阶段的转折点 *B* 对应的内场助偏压称为转折电压.进一步的实验表明,该转折电压与入射光强间存在着依赖关系,如图7-24所示. 当入射光强由 I_1 经 I_2 增大至 I_3,且有 $I_1 : I_2 : I_3 = 1 : 1.2 : 1.4$ 时,相应的转折电压增大,依次为 8 V,10 V 和 12 V,如图中 B_1,B_2 和 B_3 三点所示.

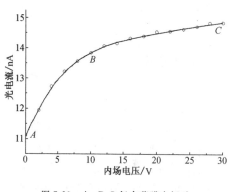

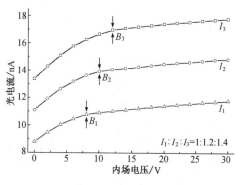

图 7-23　Ag-BaO 复合薄膜内场助　　　图 7-24　入射光强对 Ag-BaO 薄膜内场助
　　　　　光电发射特性　　　　　　　　　　　　　光电发射特性的影响

（2）Ag-Cs₂O 薄膜的内场助光电发射特性.

图 7-25 为 Ag-Cs₂O 薄膜的内场助光电发射特性测试结果[40]. 曲线是在波长为 510 nm 的单色光照射下测得的. 被测样品的平均厚度为 50 nm, 内场助偏压有效作用面积为 1 cm². 薄膜光电发射电流随内场助偏压的增大而近似地呈线性增长；与零场相比, 30 V偏压作用下的光电流的涨幅为 15.7%.

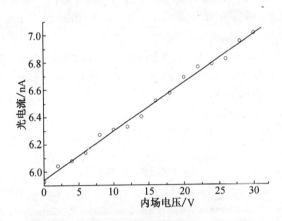

图 7-25　Ag-Cs₂O 复合薄膜的内场助光电发射特性

参 考 文 献

[1]　Koller L R. Phys. Rev. , 1930, 36(11): 1639

[2]　Scheer J J, Van Laar J. Solid State Comm. , 1965, 3: 189

[3]　刘学恕. 阴极电子学. 北京：科学出版社, 1980. p. 328

[4]　吴锦雷, 刘希清, 吴全德. 电子管技术, 1983, 1: 8

[5]　Wu J L, Zhang X, Liu W M, et al. Surf. Rev. Lett. , 1996, 3(1): 1077

[6]　吴锦雷, 刘惟敏, 董引吾等. 物理学报, 1994, 43(9): 1553

[7]　吴锦雷, 王峻岚, 王传敏等. 真空科学与技术学报, 1995, 15(4): 225

[8]　Wu J L, Zhang G M, Wu Q D, et al. Physica B, 2001, 307: 9

[9]　Ya M. Schelev. SPIE, 1982, 348: 75

[10]　吴锦雷, 刘惟敏, 董引吾等. 科学通报, 1993, 38(3): 210

[11]　Bechtel J H. J. Appl. Phys. , 1975, 46(4): 1585

[12]　Wu Q D, Wu J L, Miehe J A, et al. SPIE, 1993, 1982: 118

[13]　Yen R, Liu J, Bloembergen N. Opti. Comm. , 1980, 35(2): 277

[14]　Lin J -T, George T F. J. Appl. Phys. , 1983, 54(1): 382

[15]　Bechtel J H, Smith W L, Bloembergen N. Phys. Rev. B, 1977, 15(10): 4557

[16]　李晋闽. 场助半导体光电阴极理论与实验. 北京：科学出版社, 1993

[17]　Simon R E, Spicer W E. Phys. Rev. , 1960, 119(2): 621

[18] Davise I G, Thornton P R. Appl. Phys. Lett. , 1967, 10(9): 249

[19] Dalal V L. J. Appl. Phys. , 1972, 43(3): 1160

[20] Burroughs E G. Applied Optics, 1969, 8: 261

[21] Bell R L, James L W, Moon R L. Appl. Phys. Lett. , 1974, 25(11): 645

[22] Escher J S, Sankaran R. Appl. Phys. Lett. , 1976, 29(2): 87

[23] Escher J S, Ieee M, Bell R L, et al. IEEE Trans. Electr. Dev. , 1980, ED-27: 1244

[24] Escher J S, Fairman R D, Antypas G A, et al. CRC Crit. Rev. Solid State Sci. , 1975, 5: 577

[25] Gregory P E, Escher J S, Hyder S B, et al. J. Vac. Sci. Tech. , 1978, 15: 1483

[26] Gregory P E, Escher J S, Saxena R R, et al. Appl. Phys. Lett. , 1980, 36(8):639

[27] J. M. Li, X. Hou, and L. H. Guo. J. Phys. D, 1989, 22: 1544

[28] J. M. Li, L. H. Guo, and X. Hou. Chin. Sci. Bull. , 1992, 37: 2047

[29] Parker T R, Fawcett A H, Phillips C C, et al. Appl. Phys. Lett. , 1994, 65(21): 2711

[30] Parker T R, Phillips C C, May P G. Semi. Sci. Tech. , 1995, 10: 547

[31] Niigaki M, Hirohata T, Suzuki T, et al. Appl. Phys. Lett. , 1997, 71(17): 2493

[32] Bell R L. Negative Electron Affinity Devices. Oxford: Clarendon, 1973

[33] Phillips C C, Hughes A E, Sibbett W. In: Auston D H, Eisenthal K B. ed. Ultrafast Phenomena IV. Springer Series in Chemical Physics. Vol. 38. Berlin: Springer, 1984. p. 420

[34] Zhang Q F, Liu W M, Wu J L, et al. J. Appl. Phys. , 2001, 89(4): 2227

[35] 张琦锋,刘惟敏,吴锦雷等. 北京大学学报,2001,37(3): 359

[36] 张琦锋,吴锦雷. 半导体学报,2000,21(12): 1183

[37] 张琦锋,刘惟敏,吴锦雷等. 物理学报,2000,49(10): 2089

[38] 张琦锋,张耿民,吴锦雷等. 物理学报,2001,50(3): 561

[39] 张琦锋,吴锦雷. 物理学报,2000,49(11): 2191

[40] Zhang Q F, Liu W M, Wu J L, et al. Solid State Comm. , 2002, 122: 515

第八章 纳米光电薄膜的时间响应

俗话说,"一寸光阴一寸金".一寸金可以从尺寸、质量等概念入手去测量它,那么一寸光阴如何测量呢?

大家知道,光的速度是最快的——光每秒钟传播 30×10^5 km,相当于绕地球赤道七圈半.如果一寸光阴是指光传播大约一寸距离(约 3 cm)所需的时间,那么这是一个极短的时间,它只需要 10^{-10} s.从光脉冲持续时间来划分,微秒 (10^{-6} s)、纳秒(10^{-9} s)为短脉冲光,皮秒(10^{-12} s)、飞秒(10^{-15} s)为超短脉冲光.超短脉冲光的检测是科学技术发展所要研究的重要课题.

信息社会需要储存、处理、计算、传输大量信息,并需要高质量的快速显示.超高密度和超高速是信息存储器件的两大发展方向.光脉冲的工作频率可以比电脉冲的工作频率高出三个数量级,因此用光子来代替电子作为信息的载体是发展趋势之一.用光电脉冲转换办法来提高电脉冲的工作频率是简单有效的办法,其关键是要有性能良好的光电脉冲转换薄膜.

目前已有良好的设备对电脉冲的波形、重复频率、载空比和脉冲功率等进行检测诊断,但光脉冲的检测诊断设备尚在发展中.若将光脉冲转换为电脉冲,则可借用电脉冲技术来检测光脉冲,其关键仍是要有性能良好的光电脉冲转换薄膜.

超短脉冲光是由激光器产生的,调 Q 激光器可以把光脉冲做到纳秒数量级,锁模激光器可以把光脉冲做到皮秒、飞秒数量级.光脉冲越短,光的能量越集中在短时间内激发出来,如果总能量不变,则每个超短激光脉冲的峰值能量就高于一般的短激光脉冲峰值能量.

利用这种超短的瞬时性质可以对物质中某些最基本的过程进行研究,其中有的过程发生在皮秒、飞秒数量级,例如液体中分子振动的自由衰减和取向起伏、固体中的声子衰变、分子间的电荷转移过程等.因此,皮秒、飞秒脉冲及其与物质的相互作用是科学技术的一个前沿领域.超短光脉冲在高速电子学、信息处理、等离子体的产生与诊断、精密测距、材料加工以及医学等领域的实际应用中亦受到重视.

目前超短光脉冲的发展趋势是朝着越来越短的脉冲和越来越高的功率方向努力,脉冲宽度已从皮秒领域发展到了飞秒领域.锁模技术不断改进,新的锁模方法(如对碰脉冲锁模、注入锁模、两种或多种锁模技术的组合、超辐射锁模)、相干脉冲以及各种脉冲压缩技术均在迅速发展.Knox 等人[1]1985 年所做的工作表明,对碰锁模的环形染料激光振荡器——放大器系统所产生的 40 fs 的超短光脉冲,先通过单模光纤产生自调相,然后利用一对光栅进行线性调频补偿,从而将脉冲压缩到 8 fs. 光脉冲压缩技术是利用光纤-光栅对实现的,经锁模激光器输出的光脉冲放大后耦合到单模光纤中,因光纤的自相位调制和正的群速色散作用而得到展宽的光谱,该脉冲形状接近一个方波,90% 以上的能量可以受到线性频率的调制;再经过一个调整好的色散延长线-光栅对,而使 90% 以上的能量集中在一个很窄的光脉冲内. Fork 等人[2]于 1987 年利用碰撞脉冲锁模和脉冲压缩技术获得了短至 6 fs 的光脉冲.

半导体激光器锁模的成功使超短光脉冲在近年来获得很大进展. 对各种波长的超短光脉冲的测量与诊断也随之摆到重要的位置,这就需要超快时间响应的光电发射薄膜.

§8.1　光电发射的时间响应

8.1.1　光电发射时间响应的理论模型

对光电发射材料的研究内容包括提高光电灵敏度、延伸光电响应阈波长、解释光电发射材料的发射机理等. 应用已知的半导体物理的概念来研究那些靠经验发展起来的实用光电阴极,它的研究结果是提出了通常称为"三步过程"的光电发射模型[3,4]. 这个模型将光电发射过程分解为:(1) 电子的受激;(2) 受激电子向表面的迁移或扩散;(3) 电子跃过表面势垒向真空逸出. 在大多数情况下(即不考虑多光子效应时),假定电子的受激态是由于电子只吸收一个光量子而达到的,即只考虑电子与辐射相互作用的哈密顿量的一级微扰. 根据这个模型,一种优良的光电发射材料应具备如下条件:

(1) 入射光子应当尽可能多地把电子激发到固体中远在真空能级以上的能级;

(2) 受激电子应当以小的能量损失扩散到真空表面;

(3) 表面势垒应低,使达到真空界面的电子容易越过势垒逸入真空.

对于半导体的光电发射,三步单电子模型是成功的. 下面是处理过程:

(1) 电子的受激.

假定单电子模型适用于吸收过程,并且基态与受激态间的能量差等于这个单电子能级间的能量差. 根据光量子假设,此能量差应与光子能量 $h\nu$ 相等. 对于单电子能级形成准连续分布的态,每个体积元中从初始态 i 到终态 f 的激发数为

$$n(\mathrm{i},\mathrm{f},x) = I(x) \mid M_{\mathrm{if}} \mid^2 N(\mathrm{i},x)N(\mathrm{f},x)\delta(E_{\mathrm{f}} - E_{\mathrm{i}} - h\nu), \qquad (8.1)$$

式中 x 是电子距真空表面的距离，M_{if} 是在 i 态与 f 态间电子跃迁的矩阵元，E_i 和 E_f 分别为 i 态与 f 态的能量，N_i 和 N_f 分别为 i 态和 f 态的密度，δ 函数表示能量守恒，$I(x)$ 是 x 处的光强：

$$I(x) = I_0\alpha(1-R)\exp(-\alpha x), \tag{8.2}$$

I_0 为入射光强，R 为反射率，α 为吸收系数. 如果单电子态可以用 Bloch 波函数表示，波矢 k 是表征每个态的量子数，则当 $k_i = k_f$ 时动量守恒，称为垂直跃迁或直接跃迁. 如果动量不守恒，即 $k_i \neq k_f$，则称为间接跃迁[5].

（2）受激电子向半导体表面的迁移.

电子从受激地点向表面迁移是一个复杂的能量弛豫过程，在到达表面前，它因受到与晶格及其他电子或杂质缺陷等的碰撞而损失能量，且能量可能损失到真空能级 E_0 以下. 因此，受激电子到达表面并且具备足以逸出的能量的几率 $P_1(E_f,E_0,x)$ 往往小于 1，一般可粗略地近似为

$$P_1(E_f,E_0,x) = \exp(-x/L)/L(E_f,E_0), \tag{8.3}$$

式中 L 是电子逃逸深度.

（3）跃过势垒逸入真空.

若到达表面的电子的能量小于 E_0，则跃过势垒逸入真空的几率等于零；若到达表面的电子的能量大于 E_0，则电子跃过势垒逸入真空. 因此，对这个过程的几率 $P_2(E)$ 最简单的假设是

$$P_2(E) = \begin{cases} 1, & E > E_0, \\ 0, & E < E_0. \end{cases} \tag{8.4}$$

这意味着，当 $E > E_0$ 时，光电发射几率就等于前一过程的 P_1.

描述时间响应特性的方法主要有以下几种：

（1）弛豫时间. 电子响应落后于入射光信号的现象叫做弛豫，包括上升弛豫（或起始弛豫）和衰减弛豫.

（2）幅频特性，即对振幅相同、频率不同的入射信号的响应.

（3）时间调制传递函数（time modulation transfer function，简称 TMTF）[6].

（4）时间传递扩展（time transfer spreading，简称 TTS），即对脉冲宽度可忽略的入射光脉冲的时间响应，可用光电时间分布曲线的半高宽（full-width half maximum，简称 FWHM）表示[7].

（5）峰值响应时间（t_m），即在 TTS 概念中时间分布曲线的峰值所对应的时间.

1965 年，Scheer 与 Van Laar[8] 发表了题为《GaAs-Cs：一种新型光电发射材料》的论文，为光电发射材料领域引进了一类新型光电发射体——负电子亲和势光电发射体. 这类材料具有量子效率高、电子能量分布集中、角分布集中、

扩展长波阈的潜力大等优点,加之理论模型上的新颖概念,在这一领域引起了深刻的变化. 它的基本能带结构是内部界面和表面能带弯曲,使真空能级位于内部材料的导带底能级以下;电子迁移的主要类型为冷电子少数载流子扩散型,而不是一般光电阴极的过热电子型. 1973 年,Bell[6] 在扩散模型基础上计算Ⅲ-Ⅴ族半导体光电阴极的 TMTF,他得到了一个典型的 GaAs 负电子亲和势光电阴极时间响应是 800 ps. 后来,人们对光电阴极的时间特性在皮秒数量级上进行了实验研究. Phillips 等[9] 用同步扫描条纹相机对 GaAs 透射式光电阴极的时间响应进行了实验,他们对三个不同的 GaAs 光电阴极作了时间响应条纹记录,其时间响应有很大不同,其中最快的是 8 ps,最慢的是 71 ps. 同时,他们还发现时间响应与光电灵敏度有一定关系,响应最快的阴极对应着较低的灵敏度.

侯洵等[10] 也研究过 GaAs 负电子亲和势光电阴极的时间响应特性. 他们采用蒙特卡罗(Monte Carlo)方法用计算机模拟三维空间的电子传输,计算了不同厚度的 GaAs 光电阴极对 650 nm 波长超短光脉冲的 TTS. 通过分别对厚度为 50 nm,100 nm,200 nm,500 nm,1 μm 和 2 μm 的光电阴极进行计算,得到 TTS 值依次是 6.3 ps,12 ps,26 ps,61 ps,120 ps 和 262 ps. 基于数值计算,他们得出阴极厚度 A_t 与 TTS 值(记做 ΔT)有如下近似的线性关系:

$$\Delta T \approx 0.12A_t, \tag{8.5}$$

式中 ΔT 和 A_t 的单位分别为 ps 和 nm. 此外,他们解释了 Bell 和 Phillips 的结果差异在于阴极厚度的不同,同时肯定了两者的研究结果. 式(8.5)说明光电子热化过程相对扩散过程所用的时间可以忽略,主要的 TTS 来自扩散过程,因此表现出 ΔT 关于 A_t 的线性关系. 但上式在阴极厚度变得很薄(小于 50 nm)时就不再成立了.

复合介质薄膜的光电时间响应特性关系到这类薄膜在超短光脉冲检测中的应用范围,但由于受到光脉冲源的限定,从实验上测定时间响应也受到了限定. 不过,仍可以首先从理论上计算不同条件下的时间响应. 我们讨论后两种时间响应(TTS 和 t_m),因为它们较为直观. 我们对 Ag-Cs$_2$O 光电阴极发射机理的研究较为深入,能带结构参数较为完备,因此将以 Ag-Cs$_2$O 纳米粒子薄膜为例,分析这类复合介质薄膜光电发射时间响应.

8.1.2　对 Ag-Cs$_2$O 光电薄膜时间响应分析的设定

对 Ag-Cs$_2$O 光电薄膜的时间响应分析,我们作以下设定:

(1) 刚受到光激发的电子初始能量等于入射光子能量 $h\nu$,且初始能量的时间分布为 δ 函数.

（2）在所考虑的长波光子能量范围内，Ag 纳米粒子是主要的光电子源；忽略 Cs_2O 半导体层中的光电激发.

（3）Ag 纳米粒子大小都相等，且均匀分布于 Cs_2O 半导体层中.

（4）在 Cs_2O 半导体层中光电子能量损失机制主要是电子与光学声子的作用，电子-光学声子碰撞的平均自由程 L_{ph} 与电子能量无关，并且每次碰撞损失的平均能量为 E_{ph}；忽略电子与声学波的散射、与杂质的散射及其再次与 Ag 纳米粒子的作用.

8.1.3　金属纳米粒子中光电子的传输时间

从 Ag-Cs_2O 薄膜的结构研究知道[11]，它是由很多 Ag 纳米粒子和少量 Ag 大颗粒埋藏于寄主媒质 Cs_2O 中构成的. 由于重点讨论光电阴极薄膜的长波响应，而 Ag 大颗粒的存在只对短波响应有贡献，对长波响应贡献很小，因此可以忽略 Ag 大颗粒的作用. Ag 纳米粒子的大小分布与制备工艺有关，为讨论方便，假设纳米粒子大小都是一样的（即所谓的等效粒子），粒子呈球形. 由 Ag Cs_2O 能级图（参见图 4-8）可知，纳米粒子周围有一等效势垒高度 E_τ，只要光电子能量高于 E_τ，这些光电子就可能进入其周围的 Cs_2O 半导体层，并从表面逸出.

图 4-8 中，E_c 和 E_v 分别为 Cs_2O 半导体导带底能级和价带顶能级，E_F 为费米能级：$E_F = 5.51\,eV$，E_0 为真空能级. 光电逸出功决定于 $E_\tau - E_F = 1.06\,eV$，热逸出功决定于 $E_0 - E_F = 0.83\,eV$，表面势垒为 $E_A = E_0 - E_c = 0.4\,eV$，因此 $E_\tau - E_0 = 0.23\,eV$，　$E_c - E_F = 0.43\,eV$.

从固体理论可知，金属纳米粒子的零频电导率 σ_0 为

$$\sigma_0 = e^2 N_e L / m V_F, \tag{8.6}$$

式中 e 为电子电量，N_e 为金属纳米粒子单位体积内的价电子数，L 为电子平均自由程，m 为电子质量，V_F 为处于费米能级时电子的速度. 由米氏[12]和 Doyle[13] 的理论，定义纳米粒子光吸收半极大时的吸收角频率带宽为

$$\Delta\omega_{1/2} = e^2 N_e / m \sigma_0, \tag{8.7}$$

由式（8.6）和（8.7）可导出

$$\Delta\omega_{1/2} = V_F / L. \tag{8.8}$$

当 $(h/2\pi)\Delta\omega_{1/2} = 0.6\,eV$ 时，理论值与实际值符合得相当好. 对于 Ag 纳米粒子，当温度为 273 K 时，$V_F = 1.4 \times 10^8\,cm/s$，由式（8.8）可以计算出 $L = 1.54\,nm$，远小于 Ag 块体金属的电子平均自由程 57 nm，这是因为自由电子受到纳米粒子本身尺度的限制. 进一步的理论讨论可以证明，L 应当等于粒子半径 r，因此等效的粒子尺度取为 3.1 nm，它含有原子数约 900 个. 这样，可以估算出光电子在 Ag 纳米粒子中平均的传输时间 $\overline{t_0}$：

$$\overline{t_0} = \frac{L}{V_F} = \frac{1.54\,\mathrm{nm}}{1.4 \times 10^8\,\mathrm{cm/s}} = 1.1\,\mathrm{fs}. \tag{8.9}$$

由于光电子的能量一般要高于费米能级,实际传输时间可能比$\overline{t_0}$还要短些,可见光电子在金属纳米粒子中传输的时间是极短的.

8.1.4　光电子穿过 Cs₂O 层到达表面逸出

　　光电子穿过半导体层时会发生各种碰撞,包括弹性碰撞和非弹性碰撞.弹性碰撞只改变内光电子的运动方向,但不改变其运动能量;而非弹性碰撞使还处于内光电子状态的那些电子丢失或增加一些能量,例如可以通过与晶格的碰撞而交换一个声子的能量.这样,能量稍高的光电子的数目将减少,而稍低能量的光电子数目将增多,这种现象称为热化现象.当计算光电子的渡越时间时,必须考虑这种电子的热化过程.除了晶格振动对电子的影响之外,杂质原子的存在也对光电子运动状态产生影响.对 Cs₂O 半导体,施主杂质的电离需要能量约0.43 eV,在常温下热振动能量远小于这一能量,因此在常温下施主原子大部分不电离.

　　由于 Ag 纳米粒子在 Cs₂O 半导体中大量存在(体积分数达 40%),并且 Ag 纳米粒子周围存在能带弯曲区,在这一区域中杂质能级在费米能级之上,杂质基本上完全电离,因此常温下未电离杂质所占的体积分数并不高.又由于电离杂质对光电子的散射作用可认为是弹性碰撞散射,对光电子的运动能量并无影响,所以在我们所关心的时间响应分析中,为简化问题,可以不考虑杂质电离对光电子的影响.

　　电子在晶体中被格波散射可以看做是电子与声子的碰撞,每次碰撞交换能量 ΔE 就是声子的能量 $h\nu_a$[14],即

$$\Delta E = h\nu_a. \tag{8.10}$$

对长声学波来说,

$$\Delta E = 2mV^2\left(\frac{u}{V}\right)\sin\frac{\theta}{2}, \tag{8.11}$$

式中 u 为声子速度,V 为电子速度,θ 为散射角.对长声学波,u 很小,u/V 是一个极小的量,从而 $\Delta E \approx 0$,可认为是弹性碰撞;对光学波来说,声子能量较大,散射前后电子能量有较大的改变,可认为是非弹性碰撞.

　　当温度为 T,声学波频率为 ν_L 时,则能量为 $h\nu_L$ 的声子平均数 n_a 为[15]

$$n_a = \frac{1}{\exp(h\nu_L/kT) - 1}. \tag{8.12}$$

由于每次碰撞散射时电子吸收一个光学声子的几率正比于 n_a,而电子释放一个光学声子的几率正比于 $n_a + 1$,则每次散射吸收能量的几率 P_G 和释放能量的几率 P_L 分别为

$$P_G = \frac{n_a}{2n_a + 1}, \tag{8.13}$$

$$P_L = \frac{n_a + 1}{2n_a + 1}. \tag{8.14}$$

可见,声子能量越大,n_a 越小,而电子释放这一能量的几率越大.每次碰撞的平均能量损失为

$$E_{ph} = (P_L - P_G)h\nu_L = \frac{h\nu_L}{2n_a + 1}. \tag{8.15}$$

对所有声子模式求平均,可以得出更一般的散射电子每次碰撞平均能量损失[16]

$$E_{ph} = \left\langle \frac{(h/2\pi)\omega_{ph}}{2n_{ph}(\omega) + 1} \right\rangle, \tag{8.16}$$

式中 $h\omega_{ph}$ 和 $n_{ph}(\omega)$ 分别为声子能量和声子数,符号"$\langle \cdot \rangle$"表示求平均.

8.1.5　光电子时间传递扩展

设在 $t = 0$ 时刻,在 Ag 纳米粒子中同时激发出能量为 $h\nu$ 的光电子,按等效粒子的假设和计算,在经过 $\overline{t_0}$ 之后可认为光电子都进入 Cs_2O 半导体层中;薄膜各处的光电子数目正比于光吸收强度;再设在粒子内被激发的光电子原来具有的动能近似等于费米面能量 E_F. 进入半导体后具有速度为 V_s 的光电子动能可以写成

$$mV_s^2/2 = h\nu - (E_c - E_F). \tag{8.17}$$

因为每次与声子碰撞损失的平均能量为 E_{ph},则经过 i 次碰撞后,电子的动能变为

$$E_{si} = mV_{si}^2/2 = mV_s^2/2 - iE_{ph}, \tag{8.18}$$

式中 V_{si} 为经过 i 次碰撞后的电子速度.前面已假设电子平均自由程可取为电子-光学声子碰撞平均自由程 L_{ph},则经过 i 次碰撞的电子平均花费的时间 t_{si} 可表示为

$$t_{si} = \sum_{k=0}^{i} \frac{L_{ph}}{V_{sk}} = \sum_{k=0}^{i} \frac{L_{ph}}{\sqrt{2[h\nu - (E_c - E_F) - kE_{ph}]/m}}. \tag{8.19}$$

当电子到达真空势垒处时,只有动能 $E_{si} \geqslant E_0$ 的那些电子才能越过势垒而逸入真空,因此存在一个最大的整数 n(n 称为最大热化次数),使得所有小于或等于 n 的整数 i 满足 $E_{si} > E_0$,而对 $i > n$ 的整数,$E_{si} < E_0$,光电子不能发射出去. 这里,E_0 是相对于 E_c 的取值.由此可以得到光电子的 TTS 的上限为

$$TTS \leqslant \sum_{k=1}^{n} \frac{L_{ph}}{\sqrt{2[h\nu - (E_c - E_F) - kE_{ph}]/m}}. \tag{8.20}$$

最可几热化次数 N_m(即与光学声子碰撞的次数)为

$$N_m = n - \text{int}(E_m/E_{ph} + 0.5), \tag{8.21}$$

式中 E_m 为能量分布曲线的峰值,这里 $\text{int}(\cdot)$ 表示对其中的值取整数. 这样,峰值响应时间 t_m 可以表达为

$$t_m = \sum_{k=0}^{N_m} \frac{L_{ph}}{\sqrt{2[h\nu - (E_c - E_F) - kE_{ph}]/m}} + \overline{t_0}. \qquad (8.22)$$

8.1.6 入射光波长(光子能量)对时间响应的影响

利用式(8.20)和(8.22),郭翎健等人[17,18]对 Ag-Cs$_2$O 薄膜的 TTS 和 t_m 进行计算,下面分别按影响光电发射薄膜时间响应特性的因素进行讨论.

计算中,取 $\overline{t_0} = 1.1$ fs,$E_{ph} = 0.06$ eV,$L_{ph} = 5$ nm,薄膜厚度为 $D = 50$ nm,Cs$_2$O 半导体的表面势垒为 $E_A = 0.4$ eV,$E_c - E_F = 0.43$ eV,n 取为光电子最大热化次数(若 $\sqrt{n}L_{ph} > D$,则取 $n = D^2/D_{ph}^2$),N_m 根据 n 的取值适当选取.

表 8-1 列出了不同光子能量下 TTS 和 t_m 计算值,图 8-1 给出了相应的关系曲线. 由表可以看出,虽然式(8.20)或(8.22)中 TTS 或 t_m 的单项会因 $h\nu$ 增大而减少,但 $h\nu$ 的增大使求和式中的 n 或 N_m 取值增加得更多,造成多项之和的总的 TTS 或 t_m 增加. 这个结果从物理意义上解释就是当光子能量 $h\nu$ 增大,激发的光电子能量也增大,虽然每次光电子与声子碰撞造成的运行时间会有减少,但碰撞次数增加造成整体的传输时间增加,所以结果是光电子的发射时间响应随入射光子能量的增大而增加.

表 8-1　入射光能量对时间响应(TTS,t_m)的影响($E_A = 0.4$ eV)

$h\nu/\text{eV}$	$\lambda/\mu\text{m}$	n	TTS/fs	N_m	t_m/fs
1.1	1.13	4	47	3	46
1.3	0.95	7	75	6	73
1.5	0.83	11	113	9	97
1.7	0.73	14	135	11	107
1.9	0.65	17	155	14	128
2.1	0.59	21	187	17	146
2.3	0.54	24	203	20	164
2.5	0.50	27	219	23	180
2.7	0.46	31	247	27	206
2.9	0.43	34	261	30	221
3.1	0.40	37	274	33	234

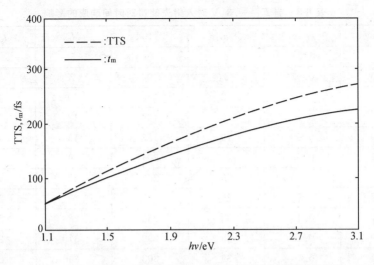

图 8-1　入射光能量对时间响应（TTS, t_{m}）影响的关系曲线（理论计算值）

8.1.7　表面势垒对时间响应的影响

从上一小节的讨论可知，表面势垒 $E_A = E_0 - E_c$ 直接影响最大热化次数 n. 如果其他条件不变，当表面势垒下降后，虽然光谱灵敏度或量子产额会增大，但最大热化次数也会增加，从而时间响应特性会变差（即响应时间增加）.

继表 8-1 给出 $E_A = 0.4\,\mathrm{eV}$ 情况下的时间响应数值后，表 8-2 和 8-3 又给出 E_A 分别为 $0.3\,\mathrm{eV}$ 和 $0.2\,\mathrm{eV}$ 情况下的时间响应数值（计算中其他参数同上一小节）. 图 8-2 给出了势垒高度 E_A 分别为 $0.2\,\mathrm{eV}$, $0.3\,\mathrm{eV}$ 和 $0.4\,\mathrm{eV}$ 三种情况下的 TTS 曲线. 对同一入射波长来说，E_A 越低，TTS 和 t_{m} 越大.

表 8-2　当 $E_A = 0.2\,\mathrm{eV}$ 时入射光能量对时间响应的影响

$h\nu/\mathrm{eV}$	$\lambda/\mu\mathrm{m}$	n	TTS/fs	N_{m}	$t_{\mathrm{m}}/\mathrm{fs}$
1.1	1.13	7	93	6	87
1.3	0.95	11	138	9	114
1.5	0.83	14	161	11	122
1.7	0.73	17	181	14	144
1.9	0.65	21	218	17	163
2.1	0.59	24	234	20	181
2.3	0.54	27	249	23	198
2.5	0.50	31	282	27	226
2.7	0.46	34	295	30	241
2.9	0.43	37	307	33	255
3.1	0.40	41	337	36	268

表 8-3　当 $E_A = 0.3\,\mathrm{eV}$ 时入射光能量对时间响应的影响

$h\nu/\mathrm{eV}$	$\lambda/\mu\mathrm{m}$	n	TTS/fs	N_m	t_m/fs
1.1	1.13	6	76	5	72
1.3	0.95	9	104	7	85
1.5	0.83	12	128	10	109
1.7	0.73	16	164	13	131
1.9	0.65	19	183	16	150
2.1	0.59	22	201	19	169
2.3	0.54	26	232	22	186
2.5	0.50	29	247	25	202
2.7	0.46	32	262	28	217
2.9	0.43	36	290	31	231
3.1	0.40	39	303	34	245

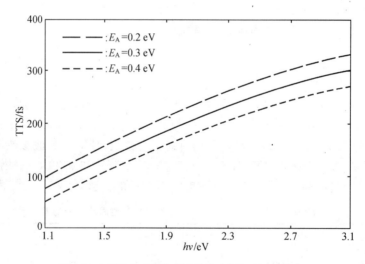

图 8-2　表面势垒对 TTS 影响的关系曲线(理论计算值)

8.1.8　薄膜厚度对时间响应的影响

当热化长度 $L_T = \sqrt{n}L_{ph}$ 小于薄膜厚度 D 时,厚度对时间响应特性的影响是不显著的.但如果光子能量很大或薄膜厚度很薄,使得 $L_T > D$,则响应时间就要受到薄膜厚度的影响,即由薄膜厚度减小所决定的热化次数代替原来的最大热化次数,使响应时间减小.

计算表明,对厚度为 $50\,\mathrm{nm}$ 的薄膜(参见表 8-1),在所讨论的入射光能量范

围 $1.1\sim3.1\,\mathrm{eV}$ 都满足 $L_\mathrm{T}>D$；而对厚度为 $30\,\mathrm{nm}$ 的薄膜，当能量 $h\nu\geqslant3.06\,\mathrm{eV}$ 时，则 n 的最大值为 36，TTS 曲线出现拐点，这是由 $(D/L_\mathrm{ph})^2$ 决定的；当厚度为 $20\,\mathrm{nm}$ 时，从 $h\nu=1.86\,\mathrm{eV}$ 开始，厚度因素明显影响响应时间，响应时间减小. 计算数值列于表 8-4 和 8-5 中（计算中除 D 外，其余参数均同 8.1.8 小节）. 图 8-3 给出了上述结果.

表 8-4 当 $D=30\,\mathrm{nm}$ 时对时间响应（TTS, t_m）的影响

$h\nu/\mathrm{eV}$	$\lambda/\mu\mathrm{m}$	n	TTS/fs	N_m	t_m/fs
1.1	1.13	4	47	3	46
1.3	0.95	7	75	6	73
1.5	0.83	11	113	9	97
1.7	0.73	14	135	11	107
1.9	0.65	17	155	14	128
2.1	0.59	21	187	17	146
2.3	0.54	24	203	20	164
2.5	0.50	27	219	23	180
2.7	0.46	31	247	27	206
2.9	0.43	34	261	30	221
3.0*	0.41	36	275	32	233
3.1	0.40	36	262	32	224

＊：出现拐点.

表 8-5 当 $D=20\,\mathrm{nm}$ 时对时间响应（TTS, t_m）的影响

$h\nu/\mathrm{eV}$	$\lambda/\mu\mathrm{m}$	n	TTS/fs	N_m	t_m/fs
1.1	1.13	4	47	3	46
1.3	0.95	7	75	6	73
1.5	0.83	11	113	9	97
1.7	0.73	14	135	11	107
1.8*	0.69	16	153	13	123
1.9	0.65	16	143	13	117
2.1	0.59	16	128	13	107
2.3	0.54	16	118	13	99
2.5	0.50	16	109	13	93
2.7	0.46	16	103	13	88
2.9	0.43	16	97	13	83
3.1	0.40	16	92	13	80

＊：出现拐点.

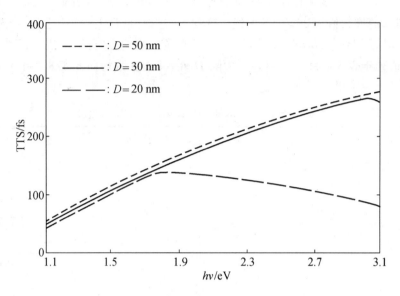

图 8-3　薄膜厚度对 TTS 影响的关系曲线(理论计算值)

从以上几小节的讨论可以得出以下规则:

(1) 金属纳米粒子中的电子受到光激发后,光电子在纳米粒子中的平均传输时间是极短的(只有几飞秒),在光电子穿越薄膜总的时间响应上可以被忽略.

(2) 纳米粒子薄膜中的光电发射时间响应随入射光子能量的增大而增加. Ag-Cs$_2$O 薄膜在波长 1.06 μm 近红外光作用下,若表面势垒为 $E_A = E_0 - E_c = 0.4\,eV$,且薄膜厚度为 50 nm,则光电子从 Ag 纳米粒子穿过 Cs$_2$O 层跃迁到真空的时间响应约 50 fs. 这个时间响应比 Ⅲ-Ⅴ 族光电发射薄膜快了约三个数量级, Ag-Cs$_2$O 薄膜是目前光电发射薄膜中时间响应最快的材料,因此金属纳米粒子-半导体复合介质光电发射薄膜具有很好的应用价值.

(3) 薄膜表面势垒的下降虽然有利于光电发射量子效率的提高,但光电子的时间响应会变差. Ag-Cs$_2$O 薄膜的表面势垒如果下降 0.1 eV,那么光电子时间响应将增加约 20 fs.

(4) 薄膜厚度减小,会使光电子时间响应变快. 在能量较小的红光范围的光子作用下,时间响应受薄膜厚度的影响不大,但随着光子能量增大,时间响应受厚度的影响越来越显著.

§8.2　光学瞬态时间响应

利用超短激光脉冲诱导出样品中的非平衡态载流子测量样品瞬态光谱的变化,是近年发展起来的一种研究样品中非平衡态电子弛豫的新技术[19].样品的瞬态光谱变化反映了费米面附近电子能带的结构信息,而非平衡态载流子的弛豫过程主要受电子-声子相互作用的影响.关于纯金属薄膜中热电子的瞬态弛豫现象,人们已经进行过一些研究.Schoenlein 等人[20]报道了纯 Au 薄膜的瞬态反射率随延迟时间的变化;Eesley[21] 和 Elasayed-Ail 等人[22] 则分别通过对纯 Cu 薄膜反射率和透过率瞬态变化的测量研究了 Cu 膜中热电子的瞬态弛豫;Allen[23]提出了对这些问题的理论分析.人们普遍认为,当电子被超短激光脉冲加热到高于晶格温度时,通过电子-声子相互作用,电子温度与晶格温度在较快时间内达到一局部的平衡,然后由热传导决定的一个较慢的弛豫过程使该局部区域同周围达到温度一致.

8.2.1　光学瞬态过程的泵浦探测技术

在超快激光脉冲作用下引起样品瞬态光学透过率随时间变化的测量中,使用飞秒脉冲激光器(FDL)、泵浦-探测技术、计算机控制的光学延迟线(ODL)、锁定放大器(LA)及数据采集系统(DG)[24],实验原理如图 8-4 所示.

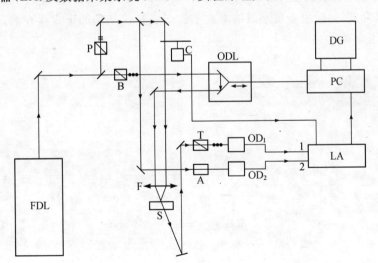

图 8-4　光学瞬态过程的泵浦-探测系统实验原理图

以连续锁模 Nd:YAG 激光器的二次谐波同步泵浦飞秒染料激光器作为超短脉冲光源,波长为 647 nm,脉冲半高峰宽为 150 fs,重复频率为 76 MHz.将该超短脉冲光分为泵浦束(P)和探测束(B)两束,光强比为 7:1,通过偏振片(T)使其极化方向互相垂直.频率为 2770 Hz 的斩波器(C)将泵浦激光束(P)斩波,探测激光束(B)中加入由计算机(PC)控制的可变 ODL.通过焦距 $f=10$ cm 的透镜(F)将两束光会聚到样品(S)的同一点上,光斑直径为 20 μm.使透射光通过偏振片(T)以滤去泵浦光成分,然后被光电二极管(OD_1)接收,进入 LA 的 1 通道.为消除激光脉冲能量涨落对测量的影响,从斩波前的 P 束中分出一个弱参考信号,被另一光电二极管(OD_2)接收,进入 LA 的 2 通道.再通过可变衰减器(A)调整该束强度,从通道 1 中的信号扣除通道 2 中的信号,得到一个信噪比较好信号,通过 A/D 转换卡存入计算机.利用 PC 控制与调节 ODL 及采集记录透射光变化数据可得到 B 束透射信号随延迟时间的变化曲线,即样品的光学瞬态响应曲线.

在样品处,泵浦光单脉冲能量为 0.5 nJ.在激光照射之后,用 TEM 再次观察样品的结构,没有发现薄膜样品在激光照射前后结构上有什么差别,这说明 0.5 nJ 的单脉冲能量激光没有对薄膜样品造成结构上的破坏.

8.2.2　金属纳米粒子-半导体薄膜的光学瞬态时间响应

分别测试贵金属 Ag,Au 和 Cu 纳米粒子埋藏于 BaO 半导体介质所构成的薄膜的光学瞬态时间响应,Ag-BaO 薄膜的 TEM 形貌图见前几章的介绍;图 8-5 和 8-6 分别为两种样品 Cu-BaO(铜钡氧)和 Au-BaO(金钡氧)薄膜的 TEM 形貌像.可以发现,薄膜中金属是以纳米粒子和形成迷津结构的形式存在的,金属周围充满了介质.

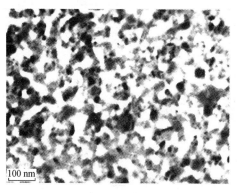
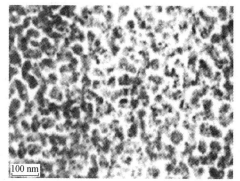

图 8-5　Cu-BaO 薄膜的 TEM 形貌像　　　　图 8-6　Au-BaO 薄膜的 TEM 形貌像

测量由飞秒光脉冲引起的这三种薄膜的光透过率随探测光相对于泵浦光延迟时间的变化,结果分别如图 8-7~8-9 所示.

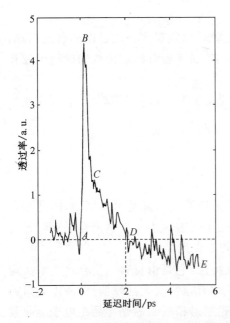

图 8-7　Ag-BaO 薄膜的飞秒瞬态光透过率
随延迟时间的变化曲线

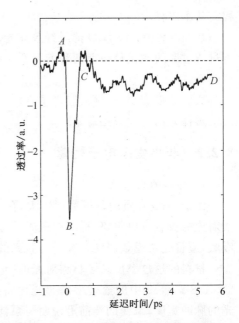

图 8-8　Cu-BaO 薄膜的飞秒瞬态光透过率
随延迟时间的变化曲线

　　观察这三幅图中的曲线,在泵浦光入射前的阶段反映信号在透过率基准线附近涨落的情况(纵坐标取为相对单位);经泵浦光照射后,样品透过率的瞬态变化有相似之处,但也有明显的不同.

　　在图 8-7 中,Ag-BaO 薄膜经泵浦光照射后,样品的光学透过率迅速增大,出现正峰值(B 点).图中显示出两种衰减成分:一个较快的衰减成分(BC 段)和一个稍慢的衰减成分(CD 段).较快衰减过程约为 200 fs,稍慢的衰减过程约为 1.6 ps.

　　在图 8-8 中,Cu-BaO 薄膜经泵浦光入射后,透过率迅速下降,出现负峰值(B 点).曲线经负峰后的弛豫包括两种成分:一个极快的成分(BC 段)和一个较慢的成分(CD 段).BC 段的快弛豫过程约为 500 fs,较慢的 CD 段弛豫过

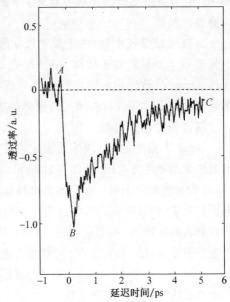

图 8-9　Au-BaO 薄膜的飞秒瞬态光透过率随
延迟时间的变化曲线

程需几十皮秒.

在图 8-9 中,Au-BaO 薄膜经泵浦光入射后也能观察到透过率的迅速下降,不过透过率的变化量较前两种薄膜要小得多,曲线经负峰后的弛豫时间也较长(约 5 ps).

实验结果表明,三种薄膜都具有极快的光学瞬态响应,使这类薄膜在高速光通信器件方面产生应用背景.

8.2.3 非平衡态电子弛豫

1. 样品的光吸收

由于 BaO 介质的禁带宽度较大,在可见光领域内是基本透明的,因此该介质对光的吸收可以忽略.样品对激光的吸收主要表现为金属纳米粒子对激光的吸收,应首先考虑金属纳米粒子与激光的相互作用.

材料的透过率反映了材料对光的吸收特性,它是由材料的复介电常数决定的.图 8-7～8-9 中的透过率瞬态变化曲线均有很快变化的峰前沿.考虑到泵浦光的脉冲宽度,瞬变的峰前沿说明与泵浦光照射相联系的是样品中电子吸收泵浦光子能量而激发的快速过程.由于 Ag 的 d 带顶到费米能级附近的能量差约为 4 eV,因此纯 Ag 薄膜不可能像纯 Au,Cu 薄膜那样被普通波长的激光测到光学瞬态变化.由于 d 带电子对激光的吸收可以忽略,薄膜的光吸收过程应该主要是 Ag 中类自由电子的光吸收过程,即费米能级附近的电子吸收光子跃迁到较高能级的过程.

当金属粒度较小时,由于量子尺寸效应的影响,其能带结构可能在一定程度上偏离块体金属的能带结构.但是按照 Bachelet 等人[25]的计算与讨论,当尺度超过 4 nm 时,这种影响即小到可以忽略不计的程度.在上述的实验中,金属粒子的粒径大部分大于 4 nm,因此讨论样品中金属纳米粒子的能带结构可以用一般的金属能带结构来近似.

Segall[26]给出的 Ag 块体的能带结构如图 8-10 所示,据此可以画出费米能级附近的能态密度分布图,如图 8-11 所示.在费米能级附近下方有一个满态密度峰 L'_2,在费米能级之上有一个空态密度峰 X'_4,两者能量差约为 2.0 eV,近似等于入射光子的能量.样品吸收光子的过程主要是满态密度峰 L'_2 附近的电子吸收光子跃迁到空态密度峰 X'_4 附近的过程.这是一个间接跃迁过程,吸收仅与初态 L'_2 的电子能态密度 $\rho_c(L'_2)$ 和终态 X'_4 的空能态密度 $\rho_v(X'_4)$ 成正比[27],即

$$N_e \propto \rho_c(L'_2)\rho_v(X'_4), \tag{8.23}$$

式中 N_e 为发生跃迁的电子数.

由于样品对泵浦光的吸收改变了初态和终态的电子态密度,使初态电子密度和终态空态密度都减小,因此对探测光的吸收减少,导致透过率迅速增加,出

现峰值,从而出现"吸收漂白"现象.随着非平衡电子的弛豫,初态电子密度和终态空态密度逐渐恢复,样品透过率也恢复原状.

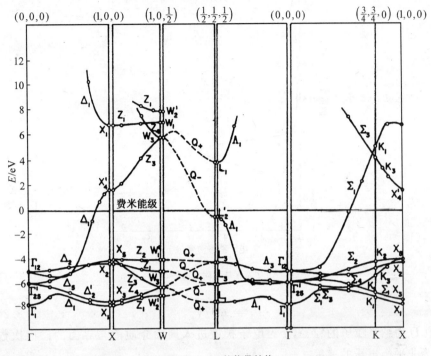

图 8-10　Ag 的能带结构

2. 非平衡电子的弛豫

　　样品透过率的恢复过程对应于样品中非平衡电子的弛豫过程,是由初态电子密度和终态空态密度的恢复决定的.

　　单纯 Ag 纳米粒子的表面势垒在 4 eV 以上,吸收 2 eV 左右光子能量的非平衡电子很难跃过表面势垒逸出表面.然而,将金属纳米粒子埋藏在半导体介质中后,为使两者的费米能级保持一致,纳米粒子和介质之间将交换电子,在界面形成一电偶极层,使纳米粒子的界面势垒大大降低.在 Ag-BaO 薄膜的能带图(参见图 4-9)其中,Ag 纳米粒子与 BaO 介质之间的界面势垒为 1.7 eV.暴露大气后,由于介质的成分发生变化,界面势垒会有所升高,但在薄膜内部 Ag 纳米粒子与介质间的等效界面势垒一般不会高于 2 eV.这同吸收光子后产生的非平衡电子的动能已比较接近,因此会有部分非平衡电子在与界面的碰撞过程中越过 Ag 纳米粒子与介质的界面或通过隧道效应扩散进入周围介质中去.这正是 Ag-BaO 薄膜作为一种优良的光电发射薄膜的必要条件之一.该过程所需要的时间可以表示为

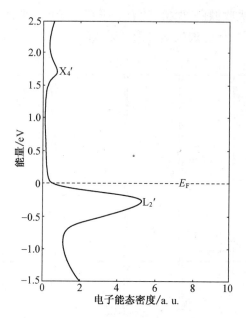

图 8-11   Ag 中费米能级附近的能态密度分布

$$t_1 = nD/V_e , \tag{8.24}$$

式中 D 为纳米粒子的粒径,n 为电子扩散进入周围介质前与界面的碰撞次数,V_e 为非平衡电子的速度.

正是由于部分非平衡电子进入到半导体介质中,使终态的空态密度增加,样品的透过率得到部分恢复. 这是非平衡电子的一种弛豫过程.

对于纳米粒子内那些没有扩散进入周围介质中的非平衡电子,由于其温度高于金属晶格温度,将先通过电子与晶格的散射(即电子-声子散射)以及电子与界面的散射损失能量,最后弛豫到费米能级附近,与晶格温度达到平衡,样品透过率基本恢复. 这是非平衡电子的另一种弛豫过程.

电子温度 T_e 与晶格温度 T_i 随时间变化趋向平衡态的过程可以用两个非线性微分方程描述[28]:

$$C_e(T_e)\partial T_e/\partial t = K\nabla^2 T_e - g(T_e - T_i) + A(r, t) , \tag{8.25}$$

$$C_i\partial T_i/\partial t = g(T_e - T_i) , \tag{8.26}$$

式中 C_e 和 C_i 分别为电子和晶格的热容量,K 为热导率,$A(r, t)$ 为激光加热源在样品处单位时间单位体积的能量,g 为电子-声子相互作用常数. 利用计算机求解方程(8.25)和(8.26),可得到 T_e 与 T_i 随时间变化的曲线.

样品中电子与界面散射的平均频率 f_s 由纳米粒子的尺度决定,可表示为

$$f_s = V_e/r = 2V_e/D , \tag{8.27}$$

式中 r 为纳米粒子的半径.

如果认为每次电子与界面散射损失的能量近似等于每次电子晶格散射损失的能量 δE,则能量比 E_F 高出 ΔE 的非平衡电子通过电子与晶格及界面的散射弛豫返回费米能级附近所需要的时间可近似表示为

$$t_2 \approx (f_s + f_p)^{-1} \Delta E / \delta E , \tag{8.28}$$

式中 f_p 为纳米粒子内的电子-声子散射频率.

吴锦雷等人[29]计算了这种薄膜的光学瞬态弛豫时间. 取 $D = 40\,\text{nm}, n = 6$, $f_p = 8 \times 10^{13}\,\text{Hz}^{[30]}, \Delta E = 1.92\,\text{eV}, \delta E = 0.0075\,\text{eV}^{[27]}$. 如果近似以费米能级附近的电子速度 V_F 代替 V_e,则

$$V_e \approx V_F = 1.39 \times 10^6\,\text{m/s}^{[31]};$$

并由式(8.27)得到

$$f_s = \frac{2 \times 1.39 \times 10^6\,\text{m/s}}{40\,\text{nm}} = 6.95 \times 10^{13}\,\text{Hz}.$$

这样,由式(8.24)和(8.28)可分别计算 t_1 和 t_2,得到

$$t_1 = \frac{6 \times 40\,\text{nm}}{1.39 \times 10^6\,\text{m/s}} \approx 173\,\text{fs} ,$$

$$t_2 = \frac{1}{(6.95 \times 10^{13} + 8 \times 10^{13})\,\text{Hz}} \frac{1.92\,\text{eV}}{0.0075\,\text{eV}} \approx 1.71\,\text{ps}.$$

图 8-12 为 Ag-BaO 样品中非平衡电子产生及弛豫引起样品透过率变化的理论示意图. 曲线 I 仅考虑越过界面势垒进入周围介质中的部分电子,弛豫时间相应于 t_1,曲线 II 仅考虑与晶格及界面碰撞冷却下来的部分电子,弛豫时间相应于 t_2. 假设参与这两种弛豫过程的电子数之比为 2:1,则它们的延迟时间曲线峰高比为 2:1. 曲线 III 是综合考虑这两部分电子的情形,此时样品透过率的恢复过程与图 8-7 所示的实验结果是一致的:BC 段为 200 fs,CD 段为 1.6 ps. 由此可见,样品中较快的衰减成分(BC 段)主要是由非平衡电子越过 Ag 纳米粒子与周围介质之间的界面势垒,进入周围介质中造成的;稍慢的衰减成分(CD 段)是由非平衡电子与晶格及界面碰撞冷却造成的.

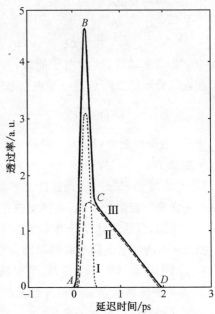

图 8-12　Ag-BaO 薄膜中非平衡电子产生及弛豫引起光学透过率变化的理论示意图

8.2.4 电子与声子的相互作用

一般认为,金属可以被看成由晶格和电子两个相关的热力学系统组成.当一束超短脉冲光入射到样品上,光子能量首先被金属费米能级附近的自由电子吸收,随即通过电子之间的散射迅速将能量传给其他电子,使电子被加热,然后通过电子-声子散射将能量传递给晶格.如果入射光脉冲的持续时间与电子-晶格能量传递时间相比足够短,那么电子和晶格之间将产生一个温度上的差异,不再是热平衡状态.电子温度与晶格温度随时间变化趋向平衡态的过程可以用两个非线性微分方程(8.25)和(8.26)描述.

图 8-8 和 8-9 分别给出 Cu-BaO 和 Au-BaO 样品经泵浦光照射后所引起的透过率随延迟时间的变化曲线.考虑到实验中泵浦光的脉冲宽度仅为飞秒数量级,透过率瞬变的峰前沿是样品中电子吸收泵浦光子能量而激发的快速过程,入射的泵浦光激发电子使其温度升高,电子温度的升高改变了费米面附近的电子态密度,使得比费米面低的电子态密度减小,比费米面高的电子态密度增加,费米面进一步模糊,引起电子跃迁几率的变化,从而改变了样品的介电常数和吸收系数;而透过率恢复的过程则是热电子弛豫使费米面恢复原状的过程.

探测光束检测的是金属纳米粒子中 d 带电子吸收探测束光子到费米能级附近跃迁几率的变化.因电子温度变化而引起的费米函数的变化 $\Delta\varphi$ 由下式决定[32]:

$$\Delta\varphi = \varphi(h\nu, T_1) - \varphi(h\nu, T_0), \tag{8.29}$$

式中 φ 为费米函数,$h\nu$ 为电子能量,T_1 为电子温度分布,$T_0 = 300$ K.利用费米分布表达费米能级附近的电子占据态可写为

$$\varphi(h\nu, T) = \frac{1}{1 + \exp\{[h\nu - (E_F - E_d)]/kT\}}, \tag{8.30}$$

式中 E_F 为费米能级,E_d 为 d 带顶能级.由于入射激光的波长为 647 nm,对应的光子能量为 1.92 eV,而在 Cu 和 Au 中 E_d 到费米能级 E_F 的能量差分别为 2.15 eV 与 2.40 eV[33],因此跃迁主要发生在 d 带顶到费米能级下方.由于泵浦束的光强是探测束的 7 倍,它的加热作用使费米能级下方的电子能态密度减少而空态增加,致使上述跃迁几率增加,因而对探测束的吸收也增加.这正是图8-8与图 8-9 中透过率出现负峰的原因.

金属中被加热电子的冷却,主要通过电子-晶格相互作用进行,也就是通过电子-晶格碰撞将能量直接传递给晶格,使晶格温度升高,在激光照射区域附近电子温度和晶格温度达到平衡.这一过程对应于图 8-8 中的快速衰减成分.在室温下,Cu 中的电子-晶格碰撞周期为 2×10^{-14} s[30],在 Au 中约为在 Cu 中的两倍,可见热电子在皮秒数量级时间内的冷却过程中要发生几十次甚至上百次的

碰撞.

通过求解方程(8.25)和(8.26),对电子温度 T_e 与晶格温度 T_i 随时间 t 的变化进行理论拟合,计算所用数据及结果列于表 8-6.

表 8-6　电子温度 T_e 与晶格温度 T_i 随时间 t 变化的理论计算

	Cu-BaO 薄膜	Au-BaO 薄膜
初始温度/K	300	300
泵浦光单脉冲能量/nJ	0.5	0.5
电子热容量 $C_e(T_e)$/J·m^{-3}·K^{-1}	$96.6T_e$	$71.4T_e$
晶格热容量 C_i/J·m^{-3}·K^{-1}	3.5×10^6	2.5×10^6
波长 647 nm 处光学透过率/(%)	40	85
金属粒子在薄膜中所占体积百分比/(%)	20	25
薄膜样品厚度/nm	300	300
电子的峰值温度 $T_{e,\max}$/K	500	800
晶格升高温度 ΔT_i/K	2.8	8

王传敏等人[34,35]通过计算给出图 8-13 和 8-14. 图 8-13 为 Cu-BaO 薄膜在激光作用下 T_e 与 T_i 变化的理论结果,其中常数 g 取文献[36]给出的 Cu 膜的数值: $g=1\times10^{17}$ W/m^3·K.

图 8-13(a)给出电子同晶格在皮秒数量级内确实存在一个温度上的差异,其中电子的峰值温度可达 500 K. 图 8-13(b)给出电子与晶格达到局部温度平衡时晶格温度升高 ΔT_i 为 2.8 K,这一平衡过程是在约 0.7 ps 的时间内完成的,这同图 8-8 中的 Cu-BaO 薄膜的瞬态响应(约 0.5 fs)结果是基本一致的,这说明把实验结果归于激光同样品中金属纳米粒子的作用的解释是合理的,但计算结果比实际结果弛豫时间要长些,表明金属纳米粒子-介质薄膜中的 g 值应稍大于纯金属膜中的 g 值. 这恰是金属纳米粒子与介质构成复合薄膜所产生的影响,使金属纳米粒子内的声子自由程减小,从而使电子-晶格相互作用增强. 把纯 Cu 薄膜中的 g 值修正为

$$g = 1.3\times10^{17}\ \text{W/m}^3\cdot\text{K},$$

才符合金属纳米粒子-介质薄膜的实际情况.

然而,Au 薄膜的 g 值没有资料可查,需要通过理论计算与实验结果的比较去确定它的值. 图 8-14 为 Au-BaO 薄膜在常数 g 取不同值时 T_e 与 T_i 随时间的变化情况. 电子温度与晶格温度达到平衡的时间强烈地依赖于 g 值的大小,电子的峰值温度却与 g 值关系不大. 图 8-14(a)中的模型给出一个约 800 K 的电子峰值温度,与曲线 Ⅰ～Ⅳ对应的 g 取值分别为 1×10^{16} W/m^3·K,

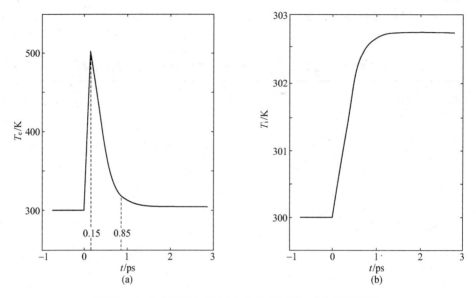

图 8-13 Cu-BaO 薄膜中，T_e(a)与 T_i(b)随时间 t 变化的理论结果

$2\times10^{16}\,\mathrm{W/m^3 \cdot K}$，$3\times10^{16}\,\mathrm{W/m^3 \cdot K}$ 和 $5\times10^{16}\,\mathrm{W/m^3 \cdot K}$；图 8-14(b)中给出晶格温度升高 $\Delta T_i\approx8\,\mathrm{K}$ 时的四条不同 g 取值曲线. 通过分析图 8-14(a)和(b)中的四条曲线，曲线 Ⅱ 在约 5 ps 的延迟时间后达到平衡状态，这与如图 8-9 所示的样品瞬态响应实验结果基本符合，所以从理论上得到常数 g 的取值应为 $2\times10^{16}\,\mathrm{W/m^3 \cdot K}$. 根据前面对 Cu-BaO 薄膜的讨论，这一 g 值即为 Au 纳米粒子-介质复合薄膜中电子-晶格相互作用常数的取值. 由于 Au 的这个 g 值与 Cu 的 g 值相比要小，所以相应的非平衡态电子的弛豫时间就要长. 这就解释了图 8-8 和 8-9 所表现的两者实验结果的差别.

 由于激光作用区域的温度高于周围区域的温度，因此一个主要由热传导决定的较慢的弛豫过程将使该区域同周围区域达到温度一致，从而产生瞬态谱中的慢弛豫成分. 对金属-介质复合薄膜，金属纳米粒子在介质内近似均匀分布，薄膜在较大范围内是各向同性的. 根据能量守恒定律，热传导方程可表示为

$$\rho C\,\partial T(r,t)/\partial t - K\nabla^2 T(r,\ t) = 0, \qquad (8.31)$$

式中 ρC 为单位体积的热容量，$T(r,t)$ 为样品温度，K 为热导率. 该热传导过程是一个较慢的过程，需几十皮秒. 图 8-8 和 8-9 中的实验曲线截止到 6 ps，所以图谱上没有表现出透过率完全恢复到零.

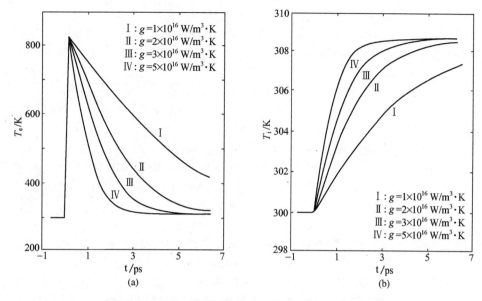

图 8-14 Au-BaO 薄膜中,T_e(a)与 T_i(b)随 t,g 值的变化

参 考 文 献

[1] Knox W H, Fork R L, Downer M C, et al. Appl. Phys. Lett. , 1985, 46(12):1120

[2] Fork R L, Cruz C H B, Becker P C, et al. Opt. Lett. , 1987, 12:483

[3] Spicer W E. Phys. Rev. , 1967, 154(2):385

[4] Sommer A H. Photoemissive Materials. New York: John Wiley & Sons, 1968;侯洵译. 光电发射材料. 北京:科学出版社,1979. p.273

[5] Berglund C N, Spicer W E. Phys. Rev. A, 1964, 136:1030

[6] Bell R L. Negative Electron Affinity Devices. Oxford: Clarendon Press, 1973

[7] Yang B. Solid State Electronics, 1989, 32(1):243

[8] Scheer J J, Laar J V. Solid State Comm. , 1965, 3:189

[9] Phillips C C, et al. J. Phys. D: Appl. Phys. , 1984, 17:1713

[10] Yang B, Hou X, Xu Y L. Phys. Lett. A, 1989, 142:155

[11] 吴全德. 物理学报,1979,28:608

[12] Mie G. Ann. Physik, 1968, 25:17

[13] Doyle W T. Phys. Rev. , 1958, 111(4):1067

[14] 刘恩科,朱秉升. 半导体物理学. 上海:上海科学技术出版社,1984

[15] James L W, Moll J L. Phys. Rev. , 1969, 183(3):740

[16] Ballantyne J M. Phys. Rev. B, 1972, 6(4):1436

[17] Wu J L, Guo L J, Wu Q D. Acta Physica Sinica (Overseas Edition), 1994, 3(7):528

［18］　吴锦雷,郭翎健,吴全德. 半导体学报,1995,16(11)：842

［19］　Wong K S, Han S G, Vardeny Z V. J. Appl. Phys. , 1991, 70(3)：1896

［20］　Schoenlein R W, Lin W Z, Fujimoto J G, et al. Phys. Rev. Lett. , 1987, 58(16)：1680

［21］　Eesley G L, Phys. Rev. Lett. , 1983, 51(23）　140

［22］　Elsayed-Ali H E, Norris T B, Pesso I A, et al. Phys. Rev. Lett. , 1987, 58(12)：1212

［23］　Allen P B, Phys. Rev. Lett. , 1987, 59(13)：1460

［24］　Wu J L, Wang CM, Wu Q D, et al. Thin Solid Films, 1996, 281-282(1-2)：249

［25］　Backelet G B, Bassani F, Bourg M, et al. J. Phys. C, 1983, 16(21)：4305

［26］　Segall B. Phys. Rev. , 1962, 125(1)：109

［27］　Bergland C N, Spicer W E. Phys. Rev. A, 1964, 136(3)：1030

［28］　Anisimov S I, Kapeliovich B L, Perel'man T L. Sov. Phys. JETP, 1974, 39(2)：375

［29］　Wu J L, Wang C M. Solid-State Electronics, 1999, 43(19)：1755

［30］　Ujihara K. J. Appl. Phys. , 1972, 43(8)：2376

［31］　田民波,刘德令编译. 薄膜科学与技术手册. 北京：机械工业出版社,1991. p.124

［32］　Rosei R, Lynch D W. Phys. Rev. B, 1972, 5(10)：3883

［33］　Scouler W J. Phys. Rev. Lett. , 1967, 18(12)：445

［34］　Wu J L, Wang C M, Zhang G M. J. Appl. Phys. , 1998, 83(12)：7855

［35］　Wu J L, Zhang Q F, Wang C M, et al. Appl Surf. Sci. , 2001, 183(1-2)：80

［36］　Hache F, Ricard D, Flytzanis C. J. Opt. Soc. Am. B, 1986, 3(12)：1647

第九章 掺杂稀土元素的光电发射薄膜

§9.1 掺杂稀土元素对 Ag-BaO 光电薄膜光电发射性能的增强

稀土元素被认为是具有战略地位的元素. 稀土元素具有独特的 4f 电子结构、大的原子磁矩、很强的自旋轨道耦合等特性; 与其他元素形成稀土配合物时, 配位数可在 3~12 之间变化, 并且稀土化合物的晶体结构也是多样化的. 这些独特的物理性质和化学性质决定了稀土元素具有极为广泛的用途, 在众多新材料中作用显著. 目前, 稀土新材料已经在能源、环境、信息等诸多领域发挥着不可替代的作用.

纳米粒子复合光电发射薄膜具有优于目前半导体光电材料三个数量级以上的超快飞秒光电响应速度, 是可用于检测脉宽短至飞秒的超短激光脉冲的光电材料, 在现代光通信朝着超快信息流传输方向发展的形势下有很好的应用前景. 但是, 纳米粒子复合光电发射薄膜需要进一步提高光电灵敏度. 将稀土元素引入到纳米粒子复合光电发射薄膜中, 可以对现有的纳米粒子复合光电薄膜的光电发射性能进行改善和提高.

9.1.1 样品制备

为便于分析稀土对 Ag-BaO 薄膜光电发射特性的影响, 可以采用对照的形式, 即同时制备两个 Ag-BaO 薄膜样品, 在保证制备条件一样的情况下, 对其中一个样品掺入稀土元素.

金属真空系统的组成和结构如图 9-1 所示. 由机械泵作为预抽, 分子泵获得高真空, 用溅射离子泵获得超高真空, 系统不经烘烤除气的真空度可达 10^{-5} Pa, 经烘烤除气的真空度可达 10^{-7} Pa. 对于真空度的检测, 分别用 DL5 规管监测分子泵口, 用 DL7 规管监测样品室. 此外, 在样品室处还安装有另一个 DL5 规管, 用于当样品室需充氧气时监测氧气的气压.

样品室内部结构如图 9-2 所示. 样品台上包含有四个样品夹, 每两个为一组, 分别向外引出一个电极, 以便对通过遮挡条和活动挡板作用形成的两个薄膜样品进行电学测量. 样品台还装配有加热丝和热电偶, 可给样品基底加热并监测温度变化情况. 样品台的中心为一个方孔, 对于玻璃基底样品, 可从样品室顶部的玻璃窗口透过此方孔观察样品薄膜光透过率的变化情况或对薄膜进行光照射. 样品台的下方是一个活动挡板, 通过一个精密螺旋系统控制, 可精密调节挡

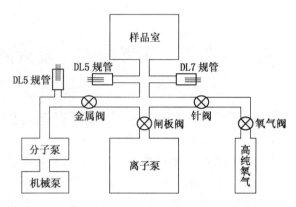

图 9-1　金属真空系统示意图

板的位置,实现对样品区域的准确遮挡.活动挡板的下方是一个活动铜网,可通过一个磁动转轴控制铜网的位置.铜网通过导线与外接的接线柱相连,给铜网加上电压即可作为光电薄膜的光电子收集极.

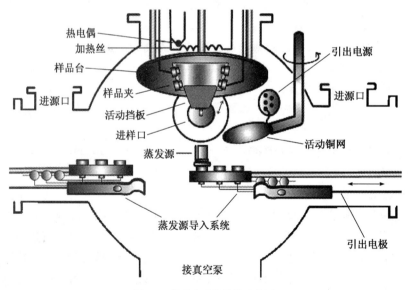

图 9-2　样品室内部结构示意图

样品制备的具体步骤叙述如下:

在真空度优于 2×10^{-5} Pa 的条件下,首先向并排放置在一起的两个玻璃基底蒸积一层纯金属 Ba,使两个基底光透过率下降到约 50%.接着,通入高纯 O_2(纯度为 99.99%),同时给基底加热(温度为 400℃,时间为 30 min),将 Ba 氧化成为 BaO;并通过活动挡板遮挡对其中一个样品蒸积少量稀土(纯度高于

99%).然后,移开挡板向两个玻璃基底蒸积 Ag(纯度为 99.99%),蒸发量控制在使沉积物形成纳米粒子而不是连续薄膜.最后,再蒸积一层 Ba.

稀土与 Ag 的蒸积原子数量比约为 1∶2.5.具体控制方法是:先分别以刚可蒸出稀土和 Ag 的电流加热蒸发,使它们的蒸发速率基本一致,再以加热时间作为蒸出量的相对参量控制蒸发原子数量.经过 TEM 中的能量散射谱(energy dispersive spectrum,简称 EDS)对实验参数进行标定后,即可由加热时间比估算出蒸发原子的数量比.蒸积 Ag 和稀土的沉积薄膜速率约为 0.2 nm/s.

9.1.2　掺杂稀土元素对光电发射性能的影响

许北雪[1]在制备 Ag-BaO 薄膜的基本工艺过程中分别掺入稀土元素 La 和 Nd.对照的实验表明,在蒸积原子数量比约为 Ba∶Ag∶RE=7∶2.5∶1 的情况下,掺杂稀土的 Ag-BaO 薄膜的光电发射性能与未掺杂稀土的 Ag-BaO 薄膜相比,在自然光照射下提高了约 37%.表 9-1 为一组典型的对照数据,其中光电流为相对值,其绝对值大小与制备工艺、阴阳极间电压、间距、光照强度等因素有关.

表 9-1　掺杂稀土前后 Ag-BaO 薄膜光电流的对照数据

样品	成分	光电流/a.u.	光电发射性能提高率/(%)
样品 1	Ag-BaO	4.7×10^{-5}	36.2
	Ag-BaO + Nd	6.4×10^{-5}	
样品 2	Ag-BaO	8.0×10^{-5}	37.5
	Ag-BaO + La	1.1×10^{-4}	

9.1.3　稀土元素对光谱响应特性的影响

许北雪[2]分别测试了掺杂稀土元素 La 的 Ag-BaO 薄膜与相对照的 Ag-BaO 薄膜的光谱响应曲线,如图 9-3 所示.两条曲线在形状上没有明显的差异,都在 500 nm 波长处有一峰值.掺杂 La 的 Ag-BaO 薄膜的光谱响应曲线显示,La 掺入后,光电发射在整个响应区域都有所增强,不过值得注意的是,这种增强效应在短波方向明显地要大于长波方向.掺杂稀土元素后 Ag-BaO 薄膜光谱响应曲线形状不改变的实验结果表明,掺杂稀土元素并没有改变 Ag-BaO 薄膜光电发射的基本机制,即 Ag 纳米粒子仍然是 Ag-BaO 薄膜光电发射的主体;掺杂稀土元素的增强效应当来自于稀土元素对 Ag 纳米粒子的某种影响.

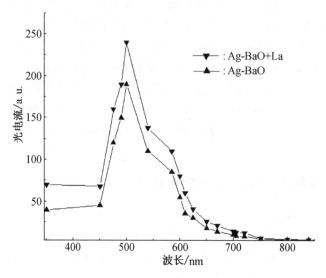

图 9-3　掺入稀土 La 前后 Ag-BaO 薄膜的光电发射曲线

9.1.4　稀土元素对薄膜微结构的影响

对两个相对照的样品进行 TEM 分析,结果表明,在基本工艺过程完全一样的情况下,掺杂稀土元素的 Ag-BaO 薄膜中的 Ag 纳米粒子明显比未掺杂的 Ag-BaO 薄膜中粒度小,形状球形化,分布均匀,两者的形貌像分别如图 9-4 和 9-5 所示[3].未掺杂稀土的 Ag 纳米粒子的平均粒度约为 35 nm,而掺杂稀土的 Ag 纳米粒子的平均粒度减小到约为 15 nm.

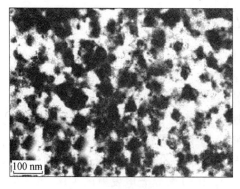

图 9-4　未掺杂稀土的 Ag-BaO 薄膜
TEM 形貌像

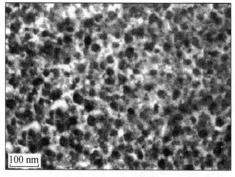

图 9-5　掺杂稀土的 Ag-BaO 薄膜
TEM 形貌像

9.1.5　稀土元素对光电发射性能增强机理的分析

Ag-BaO 薄膜是 Ag 纳米粒子埋藏于半导体 BaO 中的固溶胶体[4]，其能带结构参见图 4-9. 设 E_F 为费米能级，E_0 为真空能级，E_r 为 Ag 纳米粒子和 BaO 半导体之间的等效势垒高度，所有这些能级的数值都以 Ag 纳米粒子内导带底能级为参考点. Ag 纳米粒子内导带中的电子可用费米分布描述，这些电子被光激发以后，将穿过 Ag 纳米粒子与 BaO 的界面势垒而进入 BaO 中，然后从表面逸出. Ag 纳米粒子被 BaO 介质包围，其界面势垒是金属与半导体接触造成的. 由于 Ag 纳米粒子的半径很小，粒子周围电场很强，界面势垒区很窄，电子可以通过隧道效应穿过势垒. 电子通过隧道效应穿过势垒的几率大小可用电子透射系数 $D(W)$ 来表征. 假定整个空间电荷层的电荷密度为 eZN_D，这时在以金属微粒中心为原点的球坐标系中，电势 V 分布的泊松(Poisson)方程为

$$\frac{1}{r^2}\frac{\mathrm{d}}{\mathrm{d}r}\left(r^2\frac{\mathrm{d}V}{\mathrm{d}r}\right) = \frac{4\pi}{\varepsilon}eZN_D, \tag{9.1}$$

式中 ε 是介电常数，e 为电子电荷，Z 是每个施主原子供给的电子数，N_D 是施主原子浓度. 利用边界条件

$$\begin{cases} V = 0, \ \mathrm{d}V/\mathrm{d}r = 0, & \text{空间电荷区的外边界}(r = r_b)\text{上,} \\ V = V_s, & \text{金属微粒与半导体界面}(r = r_a)\text{上,} \end{cases}$$

其中 V_s 为接触电势差，r_a 为粒子半径，可求得金属微粒与半导体界面上的电场强度[5]

$$\mathscr{E} = \frac{\mathrm{d}V}{\mathrm{d}r} = \frac{4\pi eZN_D r_b^2}{3\varepsilon}\left(\frac{r_a}{r_b^2} - \frac{r_b}{r_a^2}\right). \tag{9.2}$$

设空间电荷层的厚度为 d，则

$$\mathscr{E} = \frac{4\pi eZN_D}{3\varepsilon}\left[r_a - \frac{(r_a+d)^3}{r_a^2}\right] = \frac{4\pi eZN_D}{3\varepsilon}\left(3d + 3\frac{d^2}{r_a} + \frac{d^3}{r_a^2}\right). \tag{9.3}$$

由式(9.3)可见，金属微粒与半导体界面上的电场强度 $\mathscr{E}$ 随粒子半径 r_a 的减小而增大. 电子穿过界面势垒的透射系数为[6]

$$D(W) = \exp\left[-\frac{8\pi\sqrt{2m\,|\,W\,|^3}}{3he\mathscr{E}}N(y)\right], \tag{9.4}$$

式中 W 为电子能量，m 是电子质量，h 是普朗克常数，$N(y)$ 为 Nordheim 函数，

$$y = \sqrt{e^3\mathscr{E}}/\,|\,W\,|. \tag{9.5}$$

式(9.5)表明，金属微粒界面上的电场强度 $\mathscr{E}$ 越大，Nordheim 函数的参量 y 值越小. 综合式(9.4)和(9.5)可以推知，粒子半径 r_a 越小，金属微粒界面上的电场强度越大，电子穿过界面势垒的透射系数 $D(W)$ 越大. 因此，基于观测到掺杂稀土的 Ag-BaO 薄膜中 Ag 纳米粒子平均粒度减小的实验结果，讨论稀土增

强 Ag-BaO 薄膜光电发射能力的机理与稀土细化了 Ag-BaO 薄膜中的 Ag 粒子有关.

进一步来分析固溶胶理论中纳米粒子的光电发射公式[7]

$$J = e\overline{D}d_c \frac{m}{h} A_{sc} I_0 \frac{p \frac{4}{3}\pi r_a^2 \cdot 9n_0^3 \left(1 + \frac{7}{5}\alpha^2\right)\omega_c^2}{(2\pi)^2 c\sigma_0 \left[1 + 2n_0^2\left(1 + \frac{6}{5}\alpha^2\right)\right]^2}$$

$$\cdot \frac{h\nu}{\left[(h\nu_r)^2 - (h\nu)^2\right]^2 + (\hbar\Delta\omega_{1/2})^2(h\nu)^2}$$

$$\cdot \int_{E_r - E_0}^{\infty} \frac{\left[E + (E_0 - h\nu)\right]^{1/2}}{\left[E + (E_0 - E_c)\right]^{1/2}} \frac{E}{\exp\left(\dfrac{E - E_m}{k_B T}\right) + 1} dE, \tag{9.6}$$

式中 J 为光电发射电流密度, $\overline{D}$ 为电子平均透射系数, d_c 为光电薄膜的厚度, A_{sc} 是比例系数, I_0 为单位面积的入射光强, p 为 Ag 纳米粒子数, r_a 为 Ag 纳米粒子的半径, n_0 为寄主媒质的光折射率, α 是与粒子半径有关的量, c 是光速, σ_0 是 Ag 纳米粒子在零频率时的电导率, $h\nu$ 为入射光子能量, $\hbar = 2\pi h$, E 表示光电子逸出后的能量, k_B 为玻尔兹曼常数, T 为温度, $E_m, \omega_c, \Delta\omega_{1/2}$ 以及与频率 ν_r 相关的角频率 ω_r 的表达式分别为

$$E_m = E_F - (E_0 - h\nu) = h\nu - (E_0 - E_F) = h\nu - h\nu_0, \tag{9.7}$$

$$\omega_c^2 = 4\pi N_e e^2 / m, \tag{9.8}$$

$$\Delta\omega_{1/2} = N_e e^2 / m\sigma_0, \tag{9.9}$$

$$\omega_r^2 = \frac{\omega_c^2}{1 + 2n_0^2(1 + 6\alpha^2/5)}, \tag{9.10}$$

式中 N_e 为 Ag 纳米粒子中单位体积内的价电子数, $h\nu_0$ 是光电阴极的热逸出功.

式(9.6)由两部分组成:对于一定厚度的薄膜,在一定光强照射下,积分号前的部分基本上就是相对光吸收系数,代表纳米粒子的光吸收部分;积分号后的部分主要涉及各种能级,因此是代表激发电子穿过界面和表面势垒逸出的输运部分.可见,增大光吸收,降低纳米粒子界面势垒和薄膜表面势垒,可改善光电子输运条件,这是提高光电发射性能的因素.一般而言,金属纳米粒子的半径和形状对这些因素都有重要影响,然而却不能由式(9.6)~(9.10)简单地给出定量关系, $\overline{D}, \alpha, E_r, \omega_r, \Delta\omega_{1/2}$ 等参数都与金属纳米粒子的半径相关.金属纳米粒子的形状主要通过退极化因子影响体系的等效介电常数,进而影响薄膜光吸收.界面势垒、表面势垒、粒子形状、粒度等因素对光电流都有影响.金属纳米粒子-半导体薄膜的最佳光电发射条件是:

(1) 金属微粒与半导体界面势垒 E_r 低于等效洛伦兹振子能量 $h\omega_r$;

　　(2) 半导体表面势垒低于金属微粒与半导体界面势垒 E_τ;

　　(3) 金属在半导体中要能形成尽可能密集的均匀球形粒子,且有一个最佳粒度.

　　对于条件(3),由于理论的金属粒子最佳半径很小,一般工艺制备的金属粒子半径通常都偏大,所以实际寻求的目标是尽可能细化密集的均匀球形粒子.对于条件(2),主要由材料本身和工艺决定.条件(1)中的 E_τ 和 ω_τ 都与金属粒子半径有关.由式(9.10)可知,粒子半径越小,$\hbar\omega_\tau$ 越大,这是有利的.

　　对于金属与半导体接触的界面势垒高度 E_τ,已经有过许多研究[8~12].一般认为,在金属与半导体接触的体系中有三个电子系统:金属、表面状态和半导体.由于表面状态的影响,表面状态与金属和半导体之间会发生电子转移,有电子流入表面状态,产生表面电荷密度,进而对 E_τ 产生影响.表面电荷密度与接触界面的状态相关,当金属为纳米粒子时,粒子的形状和半径会影响 E_τ.根据表面状态作用的强弱,存在肖特基和巴丁(Bardeen)两种极限:在巴丁极限下,表面状态起控制作用;而在肖特基极限下表面状态不起作用.实验表明,通常离子性很强的半导体和绝缘体的势垒高度不受表面状态控制,接近于肖特基极限,离子性的强弱可用组成元素的电负性差值大小来衡量.Mead 认为[13],在离子性强的半导体中,不同离子的电子间相互作用弱,表面态分布在接近导带边和价带边处,上面的表面能态未被填充,而下面的表面能态已被填满.表面费米能级在很大范围内变化时,并不显著改变表面能级中的电荷,这种情形下的 E_τ 由肖特基极限给出:

$$E_\tau = \varphi_m - E_A, \qquad (9.11)$$

式中 φ_m 为金属逸出功,E_A 为半导体电子亲和势.因此,在金属微粒与半导体材料的参数都确定的情况下,E_τ 为固定值.在 Ag-BaO 薄膜中,BaO 为离子晶体,对于 Ag 来说,同样可以认为 Ag 微粒与半导体界面势垒高度 E_τ 为固定值.

　　综合以上分析,就 $D(W)$,E_τ,ω_τ 等物理意义较清楚的因素来看,Ag 纳米粒子的细化有利于改善光电子输运条件,增强光电发射能力.为了进一步确定与纳米粒子半径相关的复合因素对 Ag-BaO 薄膜光电发射性能的影响,人们对固溶胶薄膜中纳米粒子的光电发射公式进行理论讨论[14].为便于讨论,暂不考虑电子透射系数的变化,以平均透射系数 $\overline{D}$ 代替,将式(9.6)简化为

$$J(h\nu) = A \frac{h\nu}{[(h\nu_\tau)^2 - (h\nu)^2]^2 + (\hbar\Delta\omega_{1/2})^2(h\nu)^2}$$

$$\cdot \int_{E_\tau - E_0}^{\infty} \frac{[E + (E_0 - h\nu)]^{1/2}}{[E + (E_0 - E_c)]^{1/2}} \frac{E}{\exp\left(\dfrac{E - E_m}{k_B T}\right) + 1} dE, \qquad (9.12)$$

式中 A 是包含多个参数的综合系数.依据 Ag-BaO 薄膜的能带结构,以 Ag 纳米

粒子内导带底能级为参考点,则光电阈值为 $E_r-E_F=1.7\,\mathrm{eV}$,热发射阈值为 $E_0-E_F=1.3\,\mathrm{eV}$,电子亲和势 $E_A=E_0-E_c=0.7\,\mathrm{eV}$,费米能级为 $E_F=5.51\,\mathrm{eV}$,于是有 $E_r-E_0=0.4\,\mathrm{eV}$,$E_c-E_F=0.6\,\mathrm{eV}$,$E_0=6.81\,\mathrm{eV}$. 如果设 $h\nu_r=2.43\,\mathrm{eV}$(当入射波长为 510 nm 时),$E_m=h\nu-1.3\,\mathrm{eV}$,$\Delta\omega_{1/2}=0.6\,\mathrm{eV}$,$T=300\,\mathrm{K}$,由这些参量的数值可以得到与实验符合得很好的 Ag-BaO 薄膜光谱响应的理论曲线. 从一般有关固体理论的讨论可知

$$\sigma_0=N_e e^2 l/mV_F, \tag{9.13}$$

式中 l 是电子的平均自由程,V_F 是电子的费米速度. 对 Ag 来说,在 0℃ 时 $V_F=1.4\times10^8$ cm/s. 将式(9.13)代入式(9.4)有

$$\Delta\omega_{1/2}=V_F/l. \tag{9.14}$$

对于金属纳米粒子来说,电子平均自由程受到纳米粒子尺度的限制,l 实际上就等于金属纳米粒子的半径. 这样,利用式(9.12)和(9.14)取一系列 l 值就可以计算得到 Ag-BaO 薄膜光谱响应与纳米粒子半径的关系,不过这样得到的是纳米粒子半径对除电子透射系数以外其他各种复杂因素影响的总和. l 值分别取 1.5 nm,3.7 nm,6.2 nm,9.2 nm,18.5 nm 和 37.0 nm 时的计算结果在图 9-6 中给出. 图 9-7 给出了图 9-6 中各光谱响应曲线下方面积 S 与 l 值的关系.

从图 9-6 中可以看到,除了纳米粒子半径对电子透射系数的影响,纳米粒子的粒度减小对光电发射的影响总趋势是:光电发射谱峰宽展宽而峰高降低,即光电流在大范围的边缘波段增大而在峰位处却减小. 与光谱响应曲线下方面积 S 对应的是总的积分光电流;显然,总的积分光电流在大范围边缘波段的增大很大程度上被峰位处的高度减小所抵消. 实际上,图 9-7 显示出,纳米粒子半径的减小对其他各种因素影响的总和正是导致总的积分光电流单调下降,这就必然

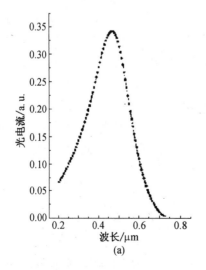

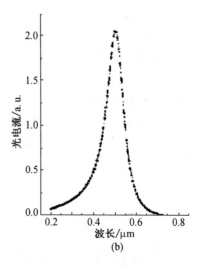

(a)　　　　　　　　　　　　　　　(b)

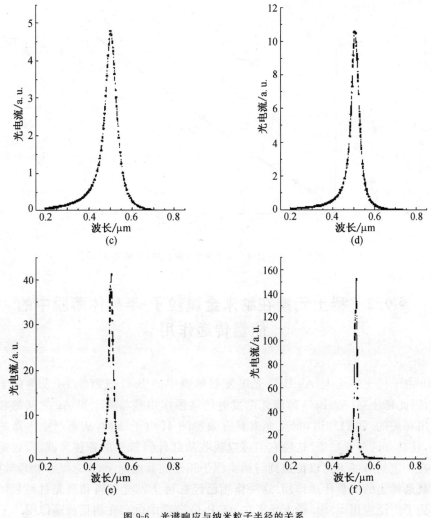

图 9-6　光谱响应与纳米粒子半径的关系

(a) $l=1.5\,\mathrm{nm}$；(b) $l=3.7\,\mathrm{nm}$；(c) $l=6.2\,\mathrm{nm}$；

(d) $l=9.2\,\mathrm{nm}$；(e) $l=18.5\,\mathrm{nm}$；(f) $l=37.0\,\mathrm{nm}$

要抵消由纳米粒子半径的减小导致电子透射系数增大而引起的光电发射增强，因而纳米粒子的半径减小对光电发射能力的总体增强必然是很有限的. 而且，光电发射谱峰宽展宽而峰高降低的这种变化趋势与我们观测到掺杂稀土后 Ag-BaO 薄膜光电发射峰展宽而峰高也增高的实验结果是不符的. 因此，掺杂稀土后 Ag-BaO 薄膜光电发射能力的增强应该另有原因，稀土对 Ag-BaO 薄膜光电发射的增强作用必与稀土与 Ag 之间的相互作用有关. 这一点将在下一节讨论.

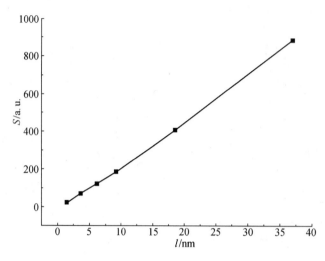

图 9-7　各光谱响应曲线下方面积 S 与 l 值的关系

§9.2　稀土元素在纳米金属粒子-半导体薄膜中的能量传递作用

由于稀土不会与 Ag-BaO 光电发射薄膜中的 BaO 或超额 Ba 发生化学反应,因此稀土对 Ag-BaO 薄膜光电发射的增强作用是与稀土和 Ag 之间的相互作用有关的. 我们知道,稀土元素具有独特的 4f 电子结构,从而产生丰富的能级,且具有许多亚稳态.这使它们可以吸收从红外到紫外的各种光波,吸收的能量在一定的条件下可以传递到与稀土原子相近的其他原子,引起某种物理效应.这就是稀土的能量传递作用.这一作用已经在稀土发光材料和激光材料领域中得到了广泛应用[15~19].稀土元素在 Ag-BaO 薄膜中也存在能量传递作用.

9.2.1　稀土与真空蒸发沉积 Ag 纳米粒子的金属间化合[20]

在元素周期表中的很多元素是金属,实际应用的金属材料却往往并不是纯金属,而大多是合金[21~23](合金通常具有更好的性能).因此,人们一直都在为寻找性能优异的合金材料而不懈地努力.为了发展新材料,人们发现在许多材料中添加适量稀土元素能起到改善性能的作用,这在实践中已获得相当大的成功[24~27].稀土元素的有益作用通常总是与其化学特性联系在一起的,通过与其他元素相互作用而形成各种合金或化合物的过程,对基体材料的性能进行改进.例如,把稀土 Gd 掺杂到 Ti-44Al 中,Gd 与 Ti,Al 之间的合金化可使合金的室温延展性大大提高[28];又如,在钢中加入稀土,稀土与 S 等杂质化合形成可除钢渣,起到净化钢质、改善性能的作用.

　　稀土对 Ag-BaO 薄膜光电发射性能的增强产生影响,说明稀土在 Ag-BaO 薄膜体系中的能量传递作用机制也应与稀土和 Ag 之间的相互作用有关,而这种相互作用的结果就是形成合金.许北雪认为[20],如果判明稀土与 Ag 之间在薄膜制备过程中的相互作用能形成合金,对稀土在 Ag-BaO 薄膜体系中能量传递作用机理的解释就有了基础.

1. 可能性分析

　　合金是由两种或两种以上的金属元素或金属元素与非金属元素组成的具有金属性质的物质.合金有两种相状态或聚集状态:一种是各组元之间的比例关系可以改变的固溶体;另一种是各组成元素的原子百分比可以用化学式表示的中间相,即金属间化合物,但这种化学式一般不符合化学价规律,这是因为中间相原子间的结合方式一般不是单纯的离子键和共价键,而是金属键和它们的混合[29].

　　合金在形成过程中成为固溶体还是金属间化合物,根据 Hume-Rothery 规则[30,31],与三个因素有关:原子尺寸因素、化学亲合力因素和电子浓度因素.如果合金倾向于形成稳定的金属间化合物,就会限制溶质在初级固溶体中的溶解度.形成金属间化合物的倾向性越大,固溶度越小;换句话说,固溶度越小,即标志着形成金属间化合物的倾向性越大.

　　对于原子尺寸因素,当原子半径不同的两种金属形成固溶体时,晶格要发生畸变,两种原子的尺寸相差越大,则对形成固溶体越不利.Hume-Rothery 规则指出,如果两金属的原子半径差超过 15%,则很难形成固溶体.以 r_1 和 r_2 分别表示组成溶剂和溶质的两种原子的半径,则形成金属间化合物的原子尺寸因素 δ 应满足

$$\delta = | r_2 - r_1 | / r_1 > 0.15. \tag{9.15}$$

　　化学亲合力因素由两种元素的电负性大小来标志.如果组成合金的两种元素的电负性相差较大,则它们倾向于形成稳定的金属间化合物.两种元素的电负性相差越大,所形成的金属间化合物越稳定,固溶度也越小.Darken 和 Gurry[32] 提出了一种估计各种金属互溶度大小的方法,他们先以原子半径为横坐标,电负性为纵坐标,做出各金属的代表点;再以溶剂金属的代表点为中心做椭圆,在横轴上的相对原子半径差为 $\pm 15\%$,在纵轴上的电负性差为 ± 0.4,在椭圆内的金属做溶质时,可有一定的固溶度,而那些位于椭圆外的金属则不能固溶到该溶剂金属中.Wagner 等[33]收集并比较了 1455 个合金系统的固溶度实验数据,证实其中 75% 的系统与用 Darken-Gurry 图预言的结果一致,特别是对稀土金属非常成功.因此,形成稳定金属间化合物电负性 ψ 的判据可表示为

$$\Delta \psi = | \psi_2 - \psi_1 | \geqslant 0.4, \tag{9.16}$$

式中 $\Delta\psi$ 为两种元素的电负性差,ψ_1 和 ψ_2 分别表示组成溶剂和溶质的两种原子

的电负性.

如果原子尺寸因素和化学亲合力因素都对固溶有利,也就是说两者的数值都很小,那么固溶限度将主要取决于电子浓度因素.电子浓度定义为价电子数与原子数的比值,价电子数 n 为

$$n = (1-x)Z_1 + xZ_2, \tag{9.17}$$

式中 x 是合金中组元 2 的原子比例,Z_1 和 Z_2 分别是 1 和 2 两种组元的原子价.

就银镧二元体系而言,La 和 Ag 原子半径分别为 0.1877 nm 和 0.1444 nm[34],由式(9.15)可得

$$\delta = \frac{|\,0.1877 - 1.444\,|}{1.444} \approx 0.3 > 0.15,$$

即 La 和 Ag 原子半径相差约 30%,满足形成金属间化合物的原子尺寸因素判据.La 和 Ag 的电负性分别为 1.1 和 1.93[34],由式(9.16)可得

$$\Delta\psi = |\,1.93 - 1.1\,| = 0.83 > 0.4,$$

即银镧二元体系也满足形成稳定金属间化合物的电负性判据.因此,稀土 La 与 Ag 之间形成金属间化合物的倾向性很大.实际上,早在 20 世纪 60 年代人们就已经知道银镧金属间化合物的存在,并对其组成和结构进行了研究[35],但当时可能是因为没有找到银镧金属间化合物的合适用途而没有引起广泛的注意.已有的研究结果表明[36],银镧金属间化合物有 $AgLa$,Ag_2La,$Ag_{51}La_{14}$ 和 Ag_5La 四种形式.银镧二元体系的相图由图 9-8 给出,图中横坐标 x_{La} 是 La 在二元体系中的体积分数.

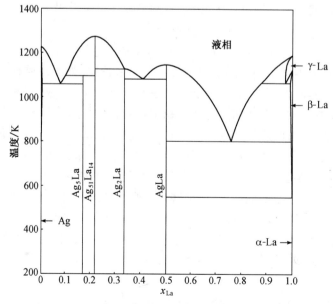

图 9-8　银镧二元体系的相图

金属间化合物通常是在高温中以一定的平衡条件形成的,足够的高温和充分的溶合是基本条件.在真空沉积的条件下能否形成金属间化合物并不是显而易见的,对此可作如下分析:在真空蒸发时,金属源材料被加热到熔融状态而汽化逸出,这与高温熔融状态是相似的.另据文献报道[37],用质量分析仪和光谱分析法的研究表明,在真空蒸发时金属几乎都是以单原子的形态逸出的,这些原子在真空中经过绝热飞行过程入射到沉积基底,因此必然保持着逸出时的过热状态.而作为单原子或原子团在基底表面徙动、碰撞结合时,由于是在原子和原子团尺度的熔合,其溶合的程度就会较好;且以单原子或大比表面积的原子团形式与其他原子或原子团碰撞结合,其化学活性比块体的要大得多,所以在真空蒸发沉积条件下形成金属间化合物的基本条件是具备的.

2. 成分分析

电子衍射分析可在 TEM 中完成.图 9-9 是纯 Ag 样品的电子衍射图像,衍射呈多晶结构的环状.经 X 射线粉末衍射值标定,表 9-2 中的相对强度由 $A, B,$ C 依次减弱,D 与 C 的强度大致相同.对含稀土 La 的 Ag 样品的电子衍射图像如图 9-10 所示.比较图 9-10 与 9-9 可以看到,Ag 的衍射中的多晶环依然存在,说明 Ag 仍然聚集在一起,TEM 形貌像中的纳米粒子仍可以认为是 Ag 纳米粒子;而图 9-9 比图 9-10 多了一些弥散的非晶成分,由于样品中只有 Ag 和 La 两种元素,故可以认为,稀土 La 应与这些非晶成分相关.

图 9-9 Ag 样品的 TEM 衍射图

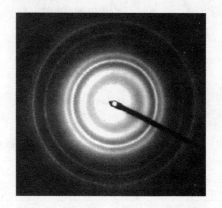

图 9-10 含稀土 La 的 Ag 样品 TEM 衍射图

表 9-2 Ag 样品电子衍射环的标定

相对强度	A	B	C	D
晶面米勒指数 hkl	111	200	220	311
衍射环半径 R/mm	8.93	10.33	14.63	17.06
计算出的原子间距 d/nm	0.2362	0.2047	0.1443	0.1236
Ag 的 X 射线衍射 d'/nm	0.2359	0.2044	0.1445	0.1231

对样品进行 XRD 分析可得,Ag 样品的 XRD 如图 9-11 所示,其中有四个窄峰,θ 是衍射角;表 9-3 是相关数据.从该表可知,除去系统误差,实验值与标准的 Ag 峰位基本一致,表明 Ag 呈晶态,这个结果与电子衍射分析结果是一致的.此外,在 XRD 分析谱中还存在玻璃基底形成的宽峰,这是由于样品薄膜很薄,在 X 射线作用下玻璃基底也参与形成峰所致.图 9-12 是预沉积 La 后再沉积 Ag(Ag 量完全相同)的样品 XRD 图.有趣的是,Ag 的衍射峰没有出现,只有玻璃基底的宽峰,这正是 Ag 纳米粒子被细化所致.在没有稀土 La 的玻璃基底上,Ag 纳米粒子容易相互团聚而形成大粒子或迷津结构,晶态结构比较明显,因而 XRD 图中有衍射峰出现;当稀土 La 的存在使 Ag 纳米粒子细化后,长程有序的晶态结构就变得不很明显了,而 XRD 的分辨能力比 TEM 弱,加上样品薄膜很薄,玻璃基底的影响很强,因而 Ag 的衍射峰没有明显出现.与稀土 La 相关的成分呈非晶态,这与 TEM 衍射结果是一致的.

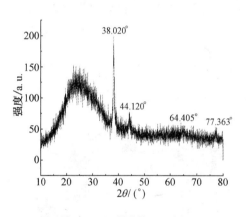

图 9-11　Ag 样品的 XRD 图

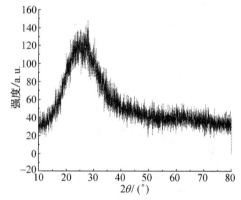

图 9-12　含稀土 La 的 Ag 样品的 XRD 图

表 9-3　Ag 样品的 XRD 分析

相对强度	100	45	22	22	6
Ag 的标准值 $2\theta/(°)$	38.201	44.397	64.590	77.602	81.756
Ag 的实验值 $2\theta'/(°)$	38.020	44.120	64.405	77.363	—

在原子中的内层电子受到原子核的库仑引力和核外其他电子的斥力作用,任何核外电荷分布的变化都会影响对内层电子的屏蔽作用.当外层电子密度减小时,屏蔽作用减弱,内层电子的结合能增加;反之,结合能减小.当原子周围的化学环境发生变化时,原子核外的电荷分布将发生变化,内层电子的结合能也相应变化.这就是化学位移现象,在光电子能谱图上可以看到内层电子结合能的谱峰位移.如果在真空沉积的条件下 Ag 与稀土 La 之间形成金属间化合物,Ag 原

子周围的化学环境将与 Ag 单质的不同,因此在光电子能谱图上应可以看到内层电子结合能的谱峰变化.为验证稀土 La 与 Ag 之间的相互作用,可将真空蒸积在 ITO 导电玻璃基底上的 Ag 和 Ag-La 样品作 XPS 分析[20].

图 9-13 是经过平滑处理的纯 Ag 样品的 3d 轨道结合能谱图.考虑到仪器误差,用 C 的 1s 结合能 284.8 eV 进行校正,Ag 的 $3d_{5/2}$ 峰位为 368.2 eV,$3d_{3/2}$ 峰位为 374.1 eV,与文献[38]中的标准值是一致的.图 9-14 是经过平滑处理的预蒸积稀土 La 的 Ag 样品的 3d 轨道结合能谱图.可以看到,纯 Ag 样品的每个单峰各分裂为三个子峰,用 C 的 1s 结合能进行校正后,其中 $3d_{5/2}$ 峰分裂为367.1 eV(A 峰),368.2 eV(B 峰)和369.4 eV(C 峰)三个峰.主峰 368.2 eV 与标准纯 Ag 样品的 $3d_{5/2}$ 峰相同,这表明薄膜中的 Ag 主要是单质成分.C 峰可能是携上震激(shake-up)伴峰,因为 Ag 在形成银镧金属间化合物时有可能失去 3d 轨道电子而成为开壳层系统;也可能是由原子簇芯层位移效应形成的,因为在样品制备过程中,有粒度不到 1 nm 的原子簇存在.至于 A 峰,文献[38]中没有银镧金属间化合物的数据,也没有与之对应的已知峰;由图 9-13 可知,在实验条件下沉积纯 Ag 是不会引入化学位移的,当稀土引入后却出现了化学位移,而在真空沉积的环境中又不可能有别的元素与 Ag 发生化学反应,因此认为 A 峰就是银镧金属间化合物峰.这说明在真空沉积的条件下,稀土 La 与 Ag 之间的确形成了金属间化合物.根据图 9-14 中 A,B 两峰(即银镧金属间化合物峰与单质 Ag 峰)的峰高比为 2:3,样品中的银镧含量比约为 2.5:1,以及银镧二元体系的相图(参见图 9-8),可以得出金属间化合物的具体形式应当是 AgLa.Ag 的 $3d_{5/2}$ 的 A,B 两峰的峰高比说明,40%的 Ag 与 La 形成了银镧金属间化合物 AgLa.掺杂稀土使 Ag-BaO 薄膜光电发射能力增强的机制应当同稀土与 Ag 金属间化合物的形成密切相关.

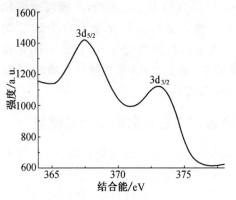

图 9-13　纯 Ag 样品的 3d 轨道结合能

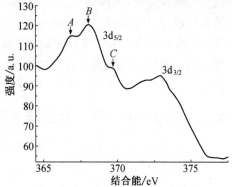

图 9-14　含稀土 La 的 Ag 样品的 3d 轨道结合能

以费米能级为基准的内层能级的结合能 E_b 可表示为[39]

$$E_b = h\nu - E_k, \qquad (9.18)$$

式中 $h\nu$ 为光子能量, E_k 为光电子动能. 当原子在不同的环境中时, 应该再考虑电子的化学势 μ 的影响, 内层能级的结合能 E_b 可表示为

$$E_b = h\nu - E_k - \mu. \qquad (9.19)$$

当金属形成合金时, 内层能级结合能的变化用费米能级为基准来测量, 可表示为[40]

$$\Delta E_b = -\Delta\mu + \Delta E + \Delta eV + f(\Delta q) + f(\Delta V), \qquad (9.20)$$

式中 $\Delta\mu$ 是形成合金时化学势的变化, ΔE 是形成合金时弛豫能量的变化, ΔeV 是合金中周围原子带有电荷引起的终态空穴的电势的变化, $f(\Delta q)$ 是电荷迁移项, $f(\Delta V)$ 是原子体积变化的函数. 不过, 式(9.20)中的大多数项还不能确定, 其中 $-\Delta\mu$ 是解释合金中化学位移的主要来源, 对于简单的金属, μ 的计算已有进展[41](例如对 Au-Sn 合金的 $\Delta\mu$ 作过计算). 然而直到现在, 对过渡金属仍然没有一个可靠的处理. 银镧合金作为一种研究得很少的合金则更是如此, 但是可以从 Ag 的 3d 轨道结合能变化定性地确认银镧金属间化合物的存在.

9.2.2 稀土金属及其化合物的 4f 能级

稀土元素的独特之处在于其 4f 能级, 稀土元素在 Ag-BaO 薄膜中存在特殊的能量传递作用也与稀土独特的 4f 能级相关.

图 9-15 是 Crecelius 和 Eastman 等人[42,43]给出的几种稀土金属和化合物的价带电子能谱图. 图中显示, 稀土金属的 4f 能级位于费米能级下方附近 5 eV 以内, 几种稀土化合物的 4f 能级也都在费米能级附近. 其他实验结果[44]显示, 稀土金属和金属性化合物的 4f 能级一般位于费米能级下方 5 eV 以内, 部分局域化且与导带部分耦合. 如前文所述, 在 Ag-BaO 薄膜中掺入稀土, 根据真空沉积的条件以及 Hume-Rothery 规则的原子尺寸因素判据和化学亲合力因素判据[45], 稀土与 Ag-BaO 薄膜中的 Ag 将形成金属性的稀土与 Ag 的金属间化合物. 因此, 我们有理由认为, 在 Ag-BaO 薄膜中, 稀土与 Ag 金属间化合物的 4f 能级也是位于费米能级下方附近, 部分局域化且与导带部分耦合.

9.2.3 Ag-BaO 薄膜中稀土与 Ag 金属间化合物的能量传递模型

稀土与 Ag-BaO 薄膜中的 Ag 形成稀土与 Ag 的金属间化合物, 这种紧密结合的状态为稀土的能量传递作用创造了条件. 然而, 值得注意的是, 稀土与 Ag 之间相互作用的是金属键, 这与在一般含有稀土的材料中, 稀土是以离子键结合而处于离子化合物的状态是不同的, 所以其能量传递的作用方式也是不同的.

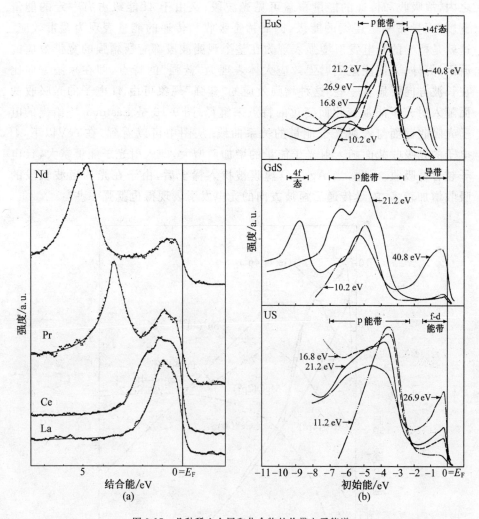

图 9-15　几种稀土金属和化合物的价带电子能谱

　　Gunnarsson 等人[46]在用 Anderson 模型处理稀土元素 Ce 的化合物的芯能级 XPS,X 射线吸收谱(X-ray absorption spectrum,简称 XAS)以及价带光电子谱等大量实验结果时发现,虽然 Ce 只含有一个 4f 电子,但只有当 4f 能级的占据率较大时,才能合理地解释所有实验结果.他们给出的 4f 能级的占据率大于 0.7,4f 能级与导带的耦合能约为 0.1 eV.稀土与 Ag 的金属间化合物的电子结构图像也是如此.我们可以提出以下能量传递模型:通常情况下,有电子进入到稀土的 4f 能级.当受到入射光激发时,这些 4f 能级的电子将吸收光子能量跃迁进入导带;而当电子弛豫回到 4f 能级时,释放的能量便传递给 Ag,使 Ag 的光电发射特性得到加强.由于 4f 能级与导带之间的能量宽度在 5 eV

之内,故吸收和传递的能量覆盖可见光波段;又由于 4f 能级占有一定的能量宽度,而导带中是连续的能级,因而稀土吸收和传递的能量表现为宽带效应. 这就是稀土的光电发射增强表现为在整个观测波段都有所增强的宽带效应的原因. 另外,人们注意到增强效应大体表现为"蓝强"的特点,即在短波方向比在长波方向要显著一些. 这种增强效应的"蓝强"现象可由 4f 电子的光吸收截面随入射光子能量变化而变化的特点来解释. 图 9-16 是 Eastman[43] 给出的电子光吸收截面与入射光子能量的关系曲线. 从图中可以看到,在 5 eV 以下,4f 电子的光吸收截面随入射光子能量的增加而增大,即入射光子能量越大,4f 电子越容易吸收. 因此,当 Ag-BaO 薄膜被掺入稀土后,由于在光的短波长段的吸收增加较多,能量传递后短波方向的光电发射表现得也就强一些.

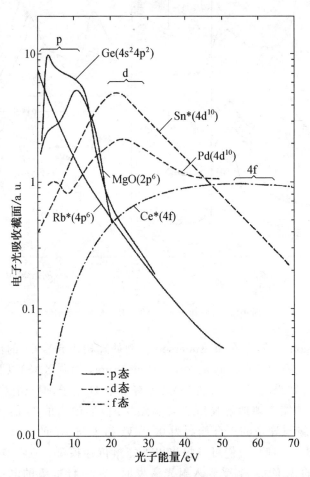

图 9-16 电子光吸收截面与入射光子能量的关系曲线

§9.3 稀土元素对真空蒸发沉积 Ag 纳米粒子的细化作用[47]

人们早已发现,在许多材料的应用中,细小均匀的晶粒组织可使材料的综合性能提高,例如在航空航天材料钛铝基合金中,细小均匀的双相组织有利于提高合金的室温延展性[48]. 随着纳米技术的出现,更多奇特的纳米性质被人们发现,比如在通常情况下呈现脆性的陶瓷材料,当其组成微粒的粒度减小到纳米数量级时,竟呈现出韧性[49]. 实际上,由于纳米粒子尺度小,可与电子的德布罗意波长、超导相干波长及激子玻尔(Bohr)半径相比拟,电子被局限于一个体积十分微小的纳米空间,输运受到限制,电子自由程很短,局域性和相干性增强,量子尺度效应十分显著,这使得纳米粒子的光、电、热、磁等性质与常规块体材料的不同,例如量子尺寸效应[50~53]、小尺寸效应[54]、表面效应[55]、宏观量子隧道效应[56]、库仑阻塞与量子隧穿效应[57]、介电限域效应[58]等. 纳米材料在冶金、化工、轻工、电子和国防等领域均得到了广泛的应用[59~61]. 人们很早就发现稀土元素在某些材料中具有细化晶粒的作用,例如,在 Ti-44Al 合金中加入 0.15% 的 Gd,合金晶粒尺寸由 $1180\ \mu m$ 减小到 $140\ \mu m$[62];又如把少量的 La(质量分数为 0.1%)掺入铝青铜(合金成分质量分数为 8.0% 的 Al,质量分数为 1.0% 的 In,质量分数为 0.5% 的 Ni),可使含镍铟铝青铜的晶粒尺寸明显减小(晶粒尺度由 $82\ \mu m$ 减小到 $57\ \mu m$)[63]. 实际上,稀土元素作为晶粒细化剂在有色和黑色金属工业中已经得到应用[64].

稀土元素对真空蒸发沉积 Ag 纳米粒子有细化作用,这是稀土在纳米尺度的细化作用. 它与稀土元素作为晶粒细化剂在有色和黑色金属工业中应用时的情况不同,细化作用的机理也是不同的. 研究稀土元素对真空蒸发沉积 Ag 纳米粒子细化作用的机理,可为制备新的纳米材料提供有益的参考.

9.3.1 稀土对真空蒸发沉积 Ag 纳米粒子的细化现象

在 Ag-BaO 薄膜中,由于稀土和 Ba 的电负性分别为 1.1~1.3 和 0.9[34],表明 Ba 的化学特性比稀土活泼,稀土无法与 BaO 介质中的 Ba 争夺 O 原子;并且根据 Hume-Rothery 规则,稀土与 Ba 形成金属间化合物的倾向性也很小. 因此,稀土只能以物理或化学方式吸附于介质表面,而不会与介质发生反应. 稀土的细化作用必然同稀土与 Ag 之间的相互作用有关,即稀土和 Ag 之间的相互作用对 Ag 纳米粒子的粒度产生影响. 如果这一分析是正确的,那么稀土对 Ag 纳米粒子的细化作用在其他介质上也应同样存在. 为验证这一判断,需要研究真空蒸发沉积在基底上的单纯 Ag 纳米粒子在掺杂稀土 La 前后的变化.

图 9-17 是以方华膜为支持膜的纯 Ag 样品的 TEM 形貌像. 我们可以看到

其形貌特征为：由 2,3 个直径为 10 nm 左右的小粒子组成大的粒子团，而大的 Ag 粒子团又连在一起，组成长条形或树枝形的半迷津结构；几乎没有直径为 10 nm 左右的单个小 Ag 粒子，只有少量粒度为 20～30 nm 的大粒子团，这与 Ag 纳米粒子在 Ag-BaO 薄膜中的形貌是相似的. 图 9-18 是先在方华膜上预蒸积少量稀土 La，然后再蒸 Ag 的样品 TEM 形貌像，其一般形貌特征与纯 Ag 的完全不同：视野中不再有粒度为 20～30 nm 的大粒子团和半迷津结构，而全是直径为 10 nm 左右的小 Ag 粒子；粒子分布均匀，且粒子间相互独立，很少连接，这与掺杂稀土 La 的 Ag-BaO 薄膜中的 Ag 纳米粒子形貌相似. 比较图 9-17 和9-18可以证实，稀土 La 对 Ag 纳米粒子有明显的细化作用.

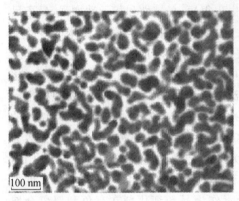

图 9-17　Ag 样品的 TEM 形貌像　　　　　　图 9-18　含稀土 La 的 Ag 样品 TEM 形貌像

　　许北雪[65]为进一步确认稀土 La 对 Ag 纳米粒子的影响，分析了 SEM 形貌像，图 9-19 是以 ITO 膜玻璃为基底的纯 Ag 样品的 SEM 形貌像. 由于基底的不同，Ag 纳米粒子没有明显的树枝状半迷津结构存在，但同样有大量形状不规则的大 Ag 粒子团（粒度为 30～40 nm），比图 9-17 中的 Ag 粒子团尺度稍大但球形化. 大 Ag 粒子团分布不很均匀，有些地方的 Ag 粒子团与粒子团之间距离较大，有基底露出，而另一些地方的粒子团与粒子团又聚集在一起. 图 9-20 是预先在 ITO 膜玻璃上蒸积少量稀土 La，然后再蒸 Ag 的样品 SEM 形貌像. 与图 9-19 的纯 Ag 图像相比，掺杂稀土 La 后，Ag 粒子呈现很均匀的直径为 10 nm 左右的小 Ag 粒子，粒子间边界清楚，只有少量大 Ag 粒子团；而且 Ag 粒子均匀分布在整个基底上. 因此，比较图 9-19 和9-20 可以进一步确认稀土 La 对 Ag 纳米粒子明显的细化作用.

　　必须特别指出的是，如果不是预先蒸积 La 在基底上，而是在沉积 Ag 纳米粒子后再蒸积 La，则不能对 Ag 纳米粒子起细化作用；也就是说，必须先蒸积 La，后蒸积 Ag，才能对 Ag 纳米粒子起到细化作用.

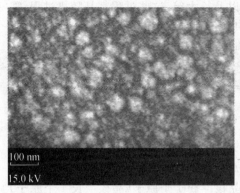

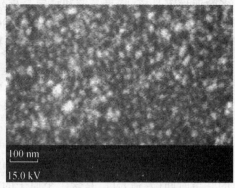

図 9-19　Ag 样品的 SEM 形貌像　　　　图 9-20　含稀土 La 的 Ag 样品 SEM 形貌像

9.3.2　物质沉积生长动力学

对于稀土元素细化作用的机理有多种解释,一般对于大的颗粒而言,稀土的细化作用源于稀土元素较大的原子半径和活泼的化学特性. 而对于纳米粒子的细化作用,基于 Ag 与稀土之间相互作用的分析及以上的实验结果,我们可以将其解释为是由稀土在基底的存在有效地阻止了 Ag 纳米粒子的相互团聚所致. 为了深入地理解这一点,需从物质沉积生长动力学入手.

现代表面科学技术的发展使人们对世界的认识越来越深入到微观领域,特别是 STM 的发明使人们已经能够在原子尺度来研究物质的沉积和生长情况[66~70]. 对于物质沉积和生长情况的理论解释,从最初始的原子成核生长阶段开始;成核以后含众多原子的原子团簇的生长情况因材料不同而异[71]. 早期的研究成果很多是某种原子在同种原子的单晶基底上慢速率匀相外延生长的情况,例如 Si 在 Si 单晶基底上的外延生长. 这种简单系统有助于帮助人们建立起关于物质的沉积和生长的一些基本概念,也有实际的重要应用,但实际中的薄膜生长或纳米粒子制备大多是快速沉积,而且基底一般都不是同种材料. 由于分子束外延技术在精确控制薄膜生长方面的广泛应用,目前的研究较多地集中在薄膜的生长方面. 随着纳米技术的兴起,制备纳米粒子就要涉及纳米粒子的生长机理. 纳米粒子的生长可以看做是与物质沉积层状生长相对应的一种生长方式,即岛状生长,只是生长趋势不同,而生长动力学是相似的. 也就是说,薄膜沉积生长动力学的有些概念适用于纳米粒子的生长.

1. 经典的成核生长的动力学理论[72]

物质成核、长大的过程相当复杂,它包括一系列热力学和动力学过程,其中具体过程包括:原子沉积到基底,一部分可能从基底再蒸发,一部分在基底和晶核上表面扩散和界面处互扩散;然后成核(包括形成各种不同大小、数量不断增多的亚稳定晶核、临界晶核和稳定晶核)以及长大等. 这些过程都是随机过程,需要利用热力学、统计物理和动力学的知识来得到相应的解析公式,这就是成核生长的动力学理论. 经典的成核生长的动力学理论可以用以下的方程表示[73,74]:

$$\frac{\mathrm{d}n_1}{\mathrm{d}t} = R - \frac{n_1}{\tau_\mathrm{a}} - 2U_1 - \sum_{j=2}^{\infty} U_j, \tag{9.21}$$

$$\frac{\mathrm{d}n_j}{\mathrm{d}t} = U_{j-1} - U_j, \quad j = 2,3,\cdots,\infty, \tag{9.22}$$

式中 n_1 和 n_j 分别是含 1 个和 j 个原子的晶核密度(即单位面积的晶核数),R 是原子沉积率(即单位时间内到达基底单位面积的原子数),τ_a 是沉积原子在基底的驻留时间(寿命),U_1 是含 1 个原子的晶核俘获 1 个原子(晶核增长 1 个原子)的俘获率. 式(9.21)中的 $-2U_1$ 项表示两个含 1 个原子的晶核相互俘获后使 n_1 减小两倍 U_1,U_j 表示含 j 个原子的晶核俘获 1 个原子变成含 $j+1$ 个原子的晶核后使 n_1 减小的速率;式(9.22)中的 U_{j-1} 表示含 $j-1$ 个原子的晶核俘获 1 个原子变成含 j 个原子的晶核使 n_j 增大的速率,$-U_j$ 表示含 j 个原子的晶核俘获 1 个原子变成含 $j+1$ 个原子的晶核后使 n_j 减小的速率. 式(9.22)实际上可包含许多个联立方程,文献报道有人分别把联立方程的个数扩展到 40[75] 和 111[76]. 以上联立方程假定晶核释放出一个原子的过程可以忽略.

晶核可以按它们的大小区分为亚稳定晶核(小于临界晶核)、临界晶核和稳定晶核(大于临界晶核). 在一定条件下,对亚稳定晶核近似应用细致平衡关系,再把式(9.21)中最后的求和项和式(9.22)加以简化,就可得到下面的方程[73,74]:

$$\frac{\mathrm{d}n_1}{\mathrm{d}t} = R - \frac{n_1}{\tau_\mathrm{a}} - \frac{\mathrm{d}(n_x w_x)}{\mathrm{d}t}, \tag{9.23}$$

$$\frac{\mathrm{d}n_j}{\mathrm{d}t} = 0, \quad 2 \leqslant j \leqslant i, \tag{9.24}$$

$$\frac{\mathrm{d}n_x}{\mathrm{d}t} = U_i - U_\mathrm{c} - U_\mathrm{m}, \tag{9.25}$$

这里已经将临界晶核的原子数定为 i. 式(9.23)中的 n_x 是所有稳定晶核的总数,w_x 是所有稳定晶核的平均原子数;式(9.25)中等号右侧增加了 U_c 和 U_m,$-U_\mathrm{c}$ 表示两个稳定晶核长大、相遇引起的稳定晶核总数的减小率,$-U_\mathrm{m}$ 表示两个稳定晶核扩散、相遇引起的稳定晶核总数的减小率. 由于引入了细致平衡关系

$$U_{j-1} - U_j = 0, \quad 2 \leqslant j \leqslant i,$$

这里的式(9.23)已将式(9.21)中的所有 $U_j(j \leqslant i)$ 项省略,只考虑稳定晶核俘获 1 个原子使 n_1 减小的速率(即式(9.21)等号右侧的最后一项). 式(9.24)是考虑细致平衡关系后的结果,它是式(9.22)的一部分. 式(9.25)是式(9.22)的另一部分的总和;由于此式表示稳定晶核(不分大小)总数的增加率,等号右侧只有 U_i

一项,它是临界晶核俘获 1 个原子后引起的稳定晶核的增大率,而稳定晶核俘获 1 个原子后并不引起稳定晶核数目的增多(只引起稳定晶核的增大).

实际的过程更为复杂,气相中的沉积原子的动能比基底表面原子的热运动能量要高得多.一般原子通过蒸发、溅射等方法从气相随机地沉积到基底上,蒸发原子的能量约为 0.2 eV,溅射原子的能量约几电子伏,而 30℃基底上原子的热运动能量约为 0.026 eV. 所以,蒸发原子的能量比基底上作热运动的原子的能量大几倍,而溅射原子的能量则比基底上作热运动的原子的能量大几十倍,它们到达基底后迅速地将多余能量传递给其他原子,使自己的能量降低到和基底原子具有同样的热运动能量.实验结果表明,这种沉积原子的能量耗散过程提高了基底的局域有效温度.由于这种能量耗散过程比原子扩散过程快得多,而且这种作用不能准确地进行定量处理,因此经典理论一般将它忽略.

沉积原子在基底上的驻留时间(寿命)和驻留时间内的扩散步数对薄膜的成核、长大过程有重要的影响.驻留时间中的主要物理量是吸附能,沉积原子在基底上的吸附能用 E_a 表示;扩散中的主要物理量是扩散激活能.根据统计物理的理论,这些沉积原子具有一定的概率通过热涨落获得 E_a 的能量,再蒸发成为气相原子而离开基底.设沉积原子相对表面的垂直振动频率是 ν_s(一般为 10^{12} Hz),单位时间内的再蒸发速率是 $\nu_s \exp(-E_a/k_B T)$. 显然,沉积原子在基底上的驻留时间 τ_a 可以表示为再蒸发速率的倒数:

$$\tau_a = \frac{1}{\nu_s} \exp\left(\frac{E_a}{k_B T}\right), \tag{9.26}$$

式中 T 是基底的温度,k_B 是玻尔兹曼常数.沉积原子的吸附能越小,温度越高,驻留时间越短.

在沉积原子的驻留时间内,它们会在基底上作随机行走的扩散运动.设沉积原子相对表面的横向振动频率是 ν,则单位时间内扩散的步数(扩散速率或徙动速率)u 是

$$u = \nu \exp\left(-\frac{E_d}{k_B T}\right), \tag{9.27}$$

式中 E_d 是沉积原子在基底上的扩散或徙动激活能,即沉积原子扩散路径上鞍点处的能量和稳定吸附位置上的能量之差.一般认为,虽然沉积原子垂直振动频率 ν_s 比横向振动频率 ν 略大一些,但多数情况下可以近似认为 ν_s 和 ν 相等,于是有

$$u = \nu_s \exp\left(-\frac{E_d}{k_B T}\right). \tag{9.28}$$

而沉积原子沿表面运动的表面扩散系数 D_s 可表示为

$$D_s = a^2 \nu_s \exp\left(-\frac{E_d}{k_B T}\right), \tag{9.29}$$

式中 a 是在表面上两个吸附位置间的距离.

在驻留时间内,沉积原子在基底上的扩散总步数或沉积原子在扩散中可以到达的总面积(以原子面积为单位)m_a 是扩散速率 u 和 τ_a 的乘积:

$$m_a = u\tau_a = \exp\left(\frac{E_a - E_d}{k_B T}\right). \tag{9.30}$$

如果单位面积基底可以容纳 N_0 个沉积原子(或有 N_0 个吸附位置,在金属基底上 N_0 一般为 $10^{15}/\text{cm}^2$),则每个沉积原子在 τ_a 内可以经历的基底面积(即俘获面积,以 cm^2 为单位)是 m_a/N_0,或者每个沉积原子可以达到的基底范围的半径 R_a(即俘获半径,以 cm 为单位)是 $(m_a/\pi N_0)^{1/2}$. 这里忽略了随机行走时某个位置被重复到达引起的 m_a 的减小,这种忽略不会引起多大的误差. 在 R_a 的计算中假定沉积原子经历的路程形成一个密集的圆,而实际上它经历的路程是一个布朗运动轨迹,因此这样计算出来的 R_a 偏小.

2. 起始沉积过程的分类

根据式(9.21)和(9.22),随着时间的增加,基底上的原子不断增加,在一定条件下扩散中的原子有可能相遇成核,晶核中的原子数可以通过晶核和其他扩散原子的结合而增多,晶核的密度也会不断增大. 一般来说,开始时包含原子数多的晶核密度小. 根据式(9.23)~(9.25),由 i 个原子组成的晶核是临界晶核,它再吸收一个原子后形成的晶核就是稳定晶核. 原子数小于 i 的亚稳定晶核有可能缩小,稳定晶核将不断长大. 如果 R 较大,T 较低,经过一定时间,先是亚稳定晶核的密度达到稳态(即它们的值不随时间而变),而稳定晶核的密度不断增大;然后稳定晶核的密度也达到饱和;此后的一定时间内,在稳定晶核长大并合并之前,亚稳定晶核和稳定晶核的密度保持不变,所有到达的沉积原子都被已有的晶核吸收.

起始沉积过程对以后的成核、长大有很大的影响. 根据起始过程中再蒸发的程度和沉积原子能够相遇结合起来的程度,可以把薄膜生长过程分为三类. 在沉积的起始过程中,基底上已有许多原子同时扩散,对每个原子的驻留时间,都可以引入一个俘获面积 m_a 或俘获半径 R_a,在此范围内后来到达的原子均会被这个原子俘获而成核.

(1)起始不易沉积状态.

如果沉积开始后一定时间内所有原子的 m_a 之和远小于 N_0,此时所有原子的俘获只能够覆盖部分基底,俘获面积重叠的概率可以忽略. 一般在驻留时间内两个原子不能结合成核;当然,统计涨落可以使少数原子相遇成核. 基底上将保持一定密度的单个沉积原子作扩散运动,并有很大的概率再蒸发,这种情形使生长几乎不能进行. 实验上应采取降低温度和提高沉积率的方法以避免这种情况的出现.

（2）起始不完全沉积状态.

如果沉积开始后一定时间内所有原子的 m_a 之和大于 N_0 且小于 $2N_0$，此时两个原子俘获面积的重叠部分能够覆盖一部分基底. 覆盖部分越大，两个原子结合成的晶核数目越多. 如果两个原子组成的晶核不易分离，到达这些晶核的俘获面积内的沉积原子将和这些晶核结合，不再形成新晶核，但是在俘获面积不重叠的基底面积上再蒸发的概率较大. 两个原子结合成的晶核数目可以随时间的增加（新的沉积原子到达）而增大，这种情形被 Lewis 和 Campbell[77] 称为不完全沉积状态.

（3）起始完全沉积状态.

如果沉积开始后一定时间内所有原子的 m_a 之和远大于 $2N_0$，此时基底上两个原子俘获面积重叠的部分覆盖全部基底，两个原子处处能够结合成核，这些晶核的俘获面积也覆盖全部基底，使新到达的沉积原子都被这些晶核俘获，不再形成新晶核. 沉积原子在驻留时间内都可以和晶核结合，再蒸发的概率可以忽略，这种情形被 Lewis 和 Campbell 称为起始完全沉积状态.

要定量区分起始沉积过程的沉积状态，需要得到起始沉积阶段单个沉积原子密度的增长速率. 首先把起始阶段时间 t 设定为与驻留时间 τ_a 或俘获时间 τ_c 相当，即起始阶段 $t \approx \tau_a$ 或 $t \approx \tau_c$；然后根据沉积速率 R、沉积原子和基底的物理参量（吸附能 E_a、扩散激活能 E_d、基底温度 T）等区分上述三种情形. 起始沉积时，由于沉积原子密度还很小，式（9.21）等号右侧的后两项可以忽略，此时给出基底上单个沉积原子密度 n_1 随时间 t 的变化如下：

$$\frac{\mathrm{d}n_1}{\mathrm{d}t} = R - \frac{n_1}{\tau_a}, \tag{9.31}$$

即只考虑 R 使 n_1 增加和再蒸发使 n_1 减少这两个因素的影响. 显然，上式等号右侧的第二项和 n_1 成正比，和 τ_a 成反比. n_1 增大后，再考虑这个沉积原子和其他沉积原子或其他晶核结合等因素使 n_1 减少的影响.

对式（9.31）积分后得到

$$n_1 = R\tau_a [1 - \exp(-t/\tau_a)]. \tag{9.32}$$

式（9.32）表明，n_1 以指数函数的形式快速地上升，$R\tau_a$ 是 n_1 的饱和值，即 $t \to \infty$ 时的值. 最初 $n_1 = Rt$（当 $t \ll \tau_a$ 时）；当 $t = \tau_a$ 时，n_1 已接近饱和值 $R\tau_a$；以后 n_1 的上升速率迅速降低，因此可以近似认为

$$n_1(t \sim \tau_a) \approx R\tau_a = \frac{R}{\nu_s}\exp\left(\frac{E_a}{k_B T}\right). \tag{9.33}$$

于是，所有沉积原子的俘获面积之和就等于 $R\tau_a m_a$，这就是说，可以根据 $R\tau_a m_a$（或 $R\nu\tau_a^2$）小于 N_0，或者大于 N_0 但小于 $2N_0$，或者大于 $2N_0$ 三种情况来区分沉积过程，并可以利用式（9.26）和（9.30）得出

$$R\tau_a m_a = \frac{R}{\nu_s}\exp\left(\frac{2E_a - E_d}{k_B T}\right).\tag{9.34}$$

如果沉积原子和基底固定不变,随着 R 由小到大或 T 由高到低,沉积过程会由起始不易沉积过渡到起始不完全沉积、再过渡到起始完全沉积状态. 或者,如果 R 和 T 固定不变,随着沉积原子和不同基底之间的参数 $2E_a - E_d$ 由小到大,沉积过程也由起始不完全沉积向起始完全沉积转化.

由 $R\tau_a m_a = 2N_0$(或 $R\nu\tau_a^2 = 2N_0$)可以得出由起始不完全沉积向起始完全沉积转化的条件是

$$2E_a - E_d = k_B T_0 \ln(2N_0\nu_s/R),\tag{9.35}$$

式中 T_0 为转换温度.

3. 成核率

沉积初期,成核率与式(9.25)中的 U_i 相关,它是单位时间内基底单位面积上由临界晶核再吸收一个原子后成为稳定晶核的数目. 假设经过一定时间(沉积时间已经超过起始沉积阶段)的沉积后,包含 $j(j<i)$ 个原子的亚稳晶核和包含 i 个原子的临界晶核的密度达到细致平衡,临界晶核密度 n_i 也达到稳态值,而稳定晶核的数目将不断增多,则稳态临界晶核密度和单个沉积原子密度 n_1 的关系可以由下面的细致平衡原理得到[51]

$$\frac{n_i}{N_0} = c_i\left(\frac{n_1}{N_0}\right)^i \exp\left(\frac{E_i}{k_B T}\right),\tag{9.36}$$

式中 c_i 是统计权重因子,它包含 i 个原子的临界晶核的几何形状相同但取向不同的组态数. 如果基底和临界晶核中原子的几何排列是六角密排,则单原子晶核的 $c_1 = 1$,双原子的 $c_2 = 3$(有三个取向不同的排列),三原子的三角排列的 $c_3 = 2$(有两个取向不同的排列),四原子的平行四边形的 $c_4 = 3$,五原子的梯形的 $c_5 = 6$,六原子的缺一顶点的六边形的 $c_6 = 6$,七原子的六边形的 $c_7 = 1$. n_1/N_0 表示某一个位置上有原子的几率,$(n_1/N_0)^i$ 表示密排晶核相邻 i 个位置上都有原子的概率,E_i 是临界晶核的结合能,$\exp(E_i/k_B T)$ 表示临界晶核的结合能 E_i 使成核概率增大的倍数. 原则上,包含 i 个原子的临界晶核可以有多种几何形状,如三原子晶核可以排成一条线,但这种排列的结合能比呈三角排列的结合能低(因为三角排列在表面上形成的键数是三个,而线性排列形成的键数是两个),这样式(9.36)中的 $\exp(E_i/k_B T)$ 项使后者的概率可以忽略不计. 形成密排结构的条件是沉积原子可以沿晶核的边界徙动,如果做不到这一点,各种排列都是可能的. 由于在晶核的原子数较小时,c_i 的值限于个位数以内,因此可以将它近似看做 1,即

$$\frac{n_i}{N_0} = \left(\frac{n_1}{N_0}\right)^i \exp\left(\frac{E_i}{k_B T}\right).\tag{9.37}$$

根据定义，成核率 J_i 可以表示为 n_i 个临界晶核与俘获一个沉积原子的概率的乘积，即

$$J_i = n_i \omega_{1i} = N_0 \left(\frac{n_1}{N_0}\right)^i \exp\left(\frac{E_i}{k_B T}\right) \omega_{1i}, \tag{9.38}$$

式中 ω_{1i} 是 i 临界晶核吸收一个沉积原子的俘获率，它等于临界晶核的俘获面积和此面积内沉积原子到达率的乘积. 当 i 不大时，俘获面积可以近似地以式 (9.30) 的单原子的俘获面积 m_a 代替（当 i 大时，它等于 $m_a + i$，表示被俘获者包括沉积到晶核上面一层的沉积原子），即

$$\omega_{1i} = R m_a = R \nu \tau_a = \nu n_1 = R \exp(E_a - E_d), \tag{9.39}$$

这里已利用了式 (9.30) 和 (9.33). 再利用式 (9.37) 和 $n_1 = R\tau_a$ 就可以得到

$$J_i = n_i \nu n_1 = \nu \frac{n_1^{i+1}}{N_0^{i-1}} \exp\left(\frac{E_i}{k_B T}\right)$$

$$= \frac{R^{i+1}}{N_0^{i-1}} \nu_s \exp\left[\frac{E_i + (i+1)E_a - E_d}{k_B T}\right]. \tag{9.40}$$

作为特例，如果一个沉积原子就是临界晶核，再吸收一个沉积原子就形成稳定晶核，且含一个原子的晶核的结合能为 $E_1 = 0$，此时 $(i=1)$ 有

$$J_1 = R^2 \nu_s \exp\left(\frac{2E_a - E_d}{k_B T}\right). \tag{9.41}$$

4. 稳定晶核密度

在起始不完全沉积情况（即 $N_0 < R\tau_a m_a < 2N_0$）下，基底表面分为两部分：一部分是俘获面积内有两个原子，能够形成含两个原子的稳定晶核的区域. 设这一区域由 n_x 个稳定晶核组成，这些晶核的俘获面积覆盖基底总面积的比率是 $n_x m_a / N_0$，在这个范围内后来到达的原子将被稳定晶核俘获，不能形成新的稳定晶核. 另一部分是比率为 $1 - n_x m_a / N_0$ 的基底面积内有一定密度的单个沉积原子，后来到达的原子可以和先到的还没有再蒸发的沉积原子形成新的稳定晶核. 因此，稳定晶核密度的增长速率可以表示为

$$\frac{\mathrm{d}n_x}{\mathrm{d}t} = J_1 \left(1 - \frac{n_x m_a}{N_0}\right). \tag{9.42}$$

由此可见，$\mathrm{d}n_x/\mathrm{d}t$ 随 n_x 的增大而不断减小；当 $\mathrm{d}n_x/\mathrm{d}t \to 0$ 时，则 $1 - N_s m_a / N_0 \to 0$，即基底上不再存在可以形成新晶核的范围. 当时 $N_0 = N_s m_a$，可得到

$$N_s = \frac{N_0}{m_a} = N_0 \exp\left(-\frac{E_a - E_d}{k_B T}\right). \tag{9.43}$$

此式说明，在较高温度的起始不完全沉积条件下，经过较长时间沉积后达到的饱和晶核密度随 T 的下降而下降，并且饱和晶核密度和 R 无关.

为了得到稳定晶核密度随时间的变化，可以对式 (9.42) 积分并利用 $N_s =$

N_0/m_a 可得到

$$n_x = N_s[1 - \exp(- J_1 t/N_s)]. \tag{9.44}$$

此式中的成核率 J_1 和 R 有关,即式中的时间常数 N_s/J_1 和 R 有关,但饱和晶核密度 N_s 和沉积速率 R 无关. 由式(9.41)可见,R 越大,时间常数越小,达到饱和所需的时间越短.

在较低温度的起始完全沉积(即 $R\tau_a m_a > 2N_0$ 或 $R\nu\tau_a^2 > 2N_0$ 的)情形下,基底在 $i=1$ 时到处能形成含两个原子的稳定晶核. 设 $R\tau_a m_a = 2N_0$ 时,单位面积上有 N_s 个稳定晶核. 若 R 增大到 $R\tau_a m_a > 2N_0$ 或 $R\nu\tau_a^2 > 2N_0$,基底上的稳定晶核密度 $N_s' > N_s$,每个稳定晶核的俘获范围为 $m_c = N_0/N_s'$,它比 $m_a = N_0/N_s$ 要小些,这时 m_a(其中包含驻留时间 τ_a)实际上不起作用,因为扩散步数达到 m_c($m_c < m_a$)时,单原子就被稳定晶核吸收. 因此,和式(9.30)类似,m_c 等于单原子被俘获前的扩散时间(即俘获时间)τ_c 和扩散速率 u 的乘积,即 $m_c = u\tau_c$,而 m_a 则等于蒸发前的扩散时间 τ_a 和扩散速率 u 的乘积,即 $m_a = u\tau_a$($\tau_a > \tau_c$). 由于稳定晶核密度较大,单原子都会被稳定晶核吸收,不能形成新晶核,所以每一稳定晶核周围一般只有一个单原子,基底上的稳定晶核密度 N_s' 和单原子密度的稳态值 N_1' 应该相等,即 $N_s' = N_1'$. 和式(9.33)类似,这样就得到起始完全沉积时的稳定晶核密度

$$N_s' = \frac{N_0}{m_c} = \frac{N_0}{u\tau_c} = \frac{N_0 R}{N_1' u}. \tag{9.45}$$

利用 $N_s' = N_1'$ 和式(9.28)得到

$$N_s'^2 = N_1'^2 = \frac{N_0 R}{u} = \frac{N_0 R}{\nu} \exp\left(\frac{E_d}{k_B T}\right), \tag{9.46}$$

或

$$N_s' = N_1' = \left(\frac{N_0 R}{u}\right)^{1/2} = \left(\frac{N_0 R}{\nu}\right)^{1/2} \exp\left(\frac{E_d}{2k_B T}\right). \tag{9.47}$$

这说明在一定的沉积速率下,当再蒸发不起作用(起始完全沉积情况)时,饱和稳定晶核密度随 T 的下降而增大.

9.3.3　稀土元素细化作用的机理

在以上物质沉积动力学理论中,引入了吸附原子在表面的驻留时间、表面扩散系数、由起始不完全沉积向起始完全沉积转化的条件、起始不完全沉积时的稳定晶核密度、起始完全沉积时的稳定晶核密度等概念和相应的公式. 下面,将利用这些概念和公式来解释稀土元素对纳米粒子的细化作用.

先简略地描述一下经典的沉积原子运动情况:由蒸发源蒸发出来的原子以一定的动能入射到沉积基底表面,由于它和表面原子之间的作用,使入射原子被

吸引在基底表面,并且沉积原子在短时间内失去垂直表面向外的动量.通常,首先是沉积原子通过范德瓦尔斯力吸附在表面,但这时它可能因达不到热平衡而在表面上运动;沉积原子在基底表面停留时,可能与另外的沉积原子相遇而形成驻留寿命增加的集结,成为化学吸附,或者再从基底蒸发,解吸成为气相.

从式(9.26)可见,在 T 一定的条件下,沉积原子在表面的驻留时间 τ_a 随 E_a 的增大而呈指数增加.当基底具有较高吸附能(即 $E_a \gg k_B T$)时,τ_a 很大,这样沉积原子能迅速达到温度的平衡,驻留在表面的原子被局限于某一位置.若 E_a 值与 $k_B T$ 值相近,沉积原子不能迅速达到平衡温度,因而会保持过热状态,结果沉积原子将在表面徙动.

从式(9.29)可见,在 T 一定的条件下,沉积原子沿表面运动的表面扩散系数 D_s 随 E_d 的增大而呈指数减小.E_d 通常是与 E_a 成比例的,有

$$E_a = nE_d, \quad n = 2,3,4,5,6. \tag{9.48}$$

因此,基底上原子的吸附能与表面原子徙动的激活能是等价的概念.E_a 增大,E_d 也增大,相应的 D_s 就减小,即沉积原子将减缓在基底表面的徙动,甚至被局限于某一位置.

真空沉积的纳米粒子的生长可以分为两个阶段,即形成饱和晶核数目之前的成核阶段和形成饱和晶核数目之后的长大阶段.Brune 等人[78]利用超高真空 STM 研究 Ag 在 Pt 的(111)面上的成核过程时观察到,当温度高于 110 K 时,Ag 原子的二聚体就可以作为整体进行扩散运动.因此,我们有理由推测在成核阶段,沉积的原子、小原子团或小纳米粒子会在基底表面通过徙动发生碰撞而团聚,结合成大的粒子团,直至成为稳定的凝聚核,而且数目也会不断变化;而在长大阶段,后续沉积的原子不会形成新核,只是与原来的凝聚核结合而使其长大,直到纳米粒子的最终尺寸.显然,在沉积相同数量的原子的情况下,成核阶段的原子、小原子团或小纳米粒子徙动、碰撞、团聚得越剧烈,形成的凝聚核数目就越少,尺寸也越大,最终形成的纳米粒子尺寸也越大.

有文献报道[79,80],通过在超高真空制备室中充入低压氩气和用液氮冷却沉积基底的方法来减小沉积纳米粒子的粒度.其原理是:沉积的原子、小原子团或小纳米粒子从蒸发源蒸发后与氩原子碰撞,降低动能再沉积到基底,而用液氮冷却沉积基底可进一步通过热交换降低纳米粒子的动能,这样一来,纳米粒子通过徙动发生碰撞而团聚的可能性就减小了.其实质是通过降低式(9.26)和(9.29)中的温度 T 来增加吸附原子在表面的驻留时间 τ_s 和减小相应的表面扩散系数 D_s.从这两式中也可以看到,如果能够增大基底表面吸附能 E_a 或增大表面徙动的激活能 E_d,那么小原子团或小纳米粒子在表面的驻留时间 τ_s 也会增加,徙动、碰撞、团聚和长大受到抑制,即通过增大基底表面吸附能同样可以减小沉积纳米粒子的粒度.稀土对 Ag 纳米粒子细化作用的机理正是由于基底吸附稀土元素,

增大基底表面对 Ag 原子的等效吸附能和基底表面徙动激活能,使成核阶段的 Ag 原子或原子团在基底表面的徙动扩散运动受到削弱,减少了它们的相互团聚,使晶核细化,进而导致纳米粒子细化.

那么,稀土是怎样增大基底表面等效吸附能和基底表面徙动激活能的呢? 既然基底表面吸附能或表面原子徙动的激活能可以看做是等价的概念,这里可只考虑表面吸附能. 表面吸附能是一个衡量基底表面与沉积原子之间相互作用的物理量,不论是物理吸附还是化学吸附,基底原子与沉积原子之间的相互作用力都由远程的吸引力和近程的排斥力组成. 在实验中,基底原子与沉积原子之间的相互作用是物理吸附,其中的范德瓦尔斯势(即吸引势)来自原子间瞬时的感生电偶极矩,它和 $-1/r^6$(r 是原子间距)成正比,而原子间的排斥是由电子云重叠引起的量子力学排斥势引起的,它和 $1/r^{12}$ 成正比,整个相互作用势就是伦纳德-琼斯(Lennard-Jones)势[81]

$$\phi(r) = -C_1/r^6 + C_2/r^{12}, \tag{9.49}$$

式中 C_1, C_2 是常数. 假设基底由同种原子组成,基底原子与沉积原子之间的吸附能 E_a 可以简单地表示为沉积原子和基底各原子间相互作用势 ϕ_i 之和:

$$E_a = \sum_i \phi_i. \tag{9.50}$$

如果基底原子与沉积原子之间的距离远大于基底原子的间距,则可用积分代替上述求和:

$$E_a = \int \phi(r) N dV, \tag{9.51}$$

式中 N 是单位体积基底中的原子数,积分范围是半无限大的基底体积 V. 在直角坐标系中,设沉积原子处于 z 轴上的 z_0 点,Oxy 平面为基底表面,则式(9.51)可表达为

$$E_a = \int_{-\infty}^0 dz \int_{-\infty}^{+\infty} dy \int_{-\infty}^{+\infty} \left\{ \frac{NC_2}{[x^2 + y^2 + (z - z_0)^2]^6} \right.$$
$$\left. - \frac{NC_1}{[x^2 + y^2 + (z - z_0)^2]^3} \right\} dx; \tag{9.52}$$

变换为柱坐标有

$$E_a = \int_{-\infty}^0 dz \int_0^{2\pi} d\varphi \int_0^{+\infty} \left\{ \frac{NC_2}{[\rho^2 + (z - z_0)^2]^6} - \frac{NC_1}{[\rho^2 + (z - z_0)^2]^3} \right\} \rho d\rho, \tag{9.53}$$

积分后得到

$$E_a = -\frac{N\pi C_1}{6z_0^3} + \frac{N\pi C_2}{45z_0^9}. \tag{9.54}$$

求微商后得到极值 z_{0m} 处有

$$\left(\frac{N\pi C_1}{2z_0^4} - \frac{N\pi C_2}{5z_0^{10}}\right)_{z_0 = z_{0m}} = 0, \tag{9.55}$$

即

$$\frac{C_1}{C_2} = \frac{2}{5z_{0m}^6}. \tag{9.56}$$

如果沉积原子与基底原子的相互作用能为 E_0，则有

$$E_0 = -C_1/z_{0m}^6 + C_2/z_{0m}^{12}. \tag{9.57}$$

联合式(9.56)和(9.57)可求得

$$C_1 = 2E_0 z_{0m}^6/3, \quad C_2 = 5E_0 z_{0m}^{12}/3. \tag{9.58}$$

于是，沉积原子和基底间的吸附能为

$$E_a = 2N\pi E_0 z_{0m}^3/27. \tag{9.59}$$

可见，E_a 与 N，E_0 和 z_{0m}^3 均成正比关系. 增大单位体积的原子数、沉积原子在基底表面的距离以及沉积原子与基底原子的相互作用能都能增大沉积原子和基底间的吸附能. 在沉积原子和基底原子都确定的情况下，E_0 是固定的. 若想增大沉积原子与基底原子的相互作用能，则只能考虑更换基底原子，选用相互作用能 E_0 更大的原子，或者在基底掺入相互作用能更大的原子，因为对于非单一原子的基底，沉积原子和基底间的吸附能需要对不同的原子取平均值.

由于计算模型的近似处理和实际基底的复杂性，加上很多理论设想的相互作用参数并未已知具体数值，因而定量计算沉积原子和基底间的吸附能的增减很困难. 然而我们容易想到，如果基底表面原子与沉积原子之间的相互作用大于沉积原子之间的相互作用，沉积原子应倾向于被基底固定住；反之，如果基底表面原子与沉积原子之间的相互作用小于沉积原子之间的相互作用，则沉积原子应倾向于相互团聚. 如果我们可以用键能或结合能来衡量基底表面原子与沉积原子之间的相互作用以及沉积原子之间的相互作用，那么当基底对沉积原子的结合能大于沉积原子之间的结合能时，沉积原子与基底的相互作用大于沉积原子之间的相互作用，沉积原子之间通过徙动发生碰撞而团聚的可能性减小. 对于基底与沉积原子的结合能小于沉积原子之间的结合能的情况，可以通过在基底预沉积一些与沉积原子的结合能大于沉积原子之间结合能的材料来增大基底表面吸附能. 据文献报道[34]，在温度为 298 K 时，Ag-Ag 键的键能为 160.3 kJ/mol，Ag-Nd 键的键能为 209 kJ/mol，即稀土 Nd 与 Ag 的结合能比 Ag 与 Ag 的结合能大，但目前还没有 La 与 Ag 的键能数据. 由于 La 和 Nd 在元素周期表中靠得很近（La 的原子序数为 57，Nd 的原子序数为 60），都属于轻稀土元素，考虑到稀土元素的相似性，推测 La 与 Ag 的结合能比 Ag 与 Ag 的结合能大应是合理的. 因此，基底预沉积稀土可以增大基底对 Ag 的表面吸附能.

虽然 Ag 与非金属元素间的键能都大于 Ag-Ag 键的键能，但是 Ag 与非金

属元素结合会散失其金属性.要保持 Ag 的金属性,基底预沉积元素必须是金属元素.目前已知的 Ag 与众多金属元素间的键能(如 Ag-Sn 键的键能为 136.0 kJ/mol,Ag-Na 键的键能为 138.1 kJ/mol,Ag-Mg 键的键能为100 kJ/mol)都小于 Ag-Ag 键的键能.由此看来,用稀土元素来细化 Ag 纳米粒子是恰到好处的.

根据以上讨论,对图 9-17~9-20 中纳米粒子的形成可描述如下:对于纯 Ag 纳米粒子的形成,由 Ag 源蒸发出来的 Ag 原子以一定的动能入射到基底表面,相互碰撞便结合在一起形成原子团;由于基底的原子吸附能小,Ag 原子团之间会通过徙动结合成大的有分枝的晶核,并进一步形成半迷津结构.而当在基底预先沉积稀土 La 后,由于 La 与 Ag 的结合能比 Ag 与 Ag 的结合能大,蒸积到基底上的 Ag 原子将受到已分布在基底的 La 原子或原子团的吸引,徙动扩散运动受到削弱,相互之间团聚的机会便减小了,所以最终形成小 Ag 纳米粒子结构. Brune 等人[78]在研究 Ag 在 Pt 的(111)面上的成核过程时,观察到在 75 K 温度下,当 Ag 的晶核中原子数超过 14 时就开始出现"Y"型分叉的结构,进一步沉积则呈树枝状生长.这表明在其他条件一定的情况下,Ag 的晶核分叉是由于晶核中的原子数较多,而对于不规则的晶核,进一步沉积也必然呈不规则生长.因此,在图 9-17 和 9-19 中的 Ag 纳米粒子大而不规则,这是由其晶核原子数多且不规则所引起的;而在图 9-18 和 9-20 中,稀土的细化作用使每个晶核原子数少而不分叉,因而最终形成的 Ag 纳米粒子小而球形化.

9.3.4 纳米粒子的密度与基底表面徙动激活能和表面吸附能的关系

人们在研究物质沉积生长过程时,通常采用蒙特卡罗方法[81]或分子动力模拟法[82],这就要求已知特定的原子尺度、能量等参数值.这些参数可以由第一律计算得到或从各种经典和半经典的模型计算得到,但最理想的参数值就是实验测得的实际值,只有如此才能保证这种计算的合理性和精确性.正如前面提到的,表面徙动激活能是物质沉积生长过程中最基本的参数之一.测量表面徙动激活能的经典方法是场离子显微镜观测法[83,84],即通过测量荧光屏上的亮点(表面徙动原子像)经不同时间后的位移,先从平均平方位移-时间直线关系的斜率可以得到扩散系数 D,再由 D 和 $1/T$ 的关系得到表面徙动激活能.然而,场离子显微镜观测法受到观测条件的限制,一般只能测定难熔金属针尖表面的徙动激活能.

基于前面的分析可推知,在沉积条件和沉积量相同的情况下,基底表面吸附能越大,表面徙动的激活能越大,纳米粒子的表面徙动越难,相互团聚也越难,形成的纳米粒子必然数量越多,密度越大,纳米粒子的粒度自然也就越小.因此在这种情况下,纳米粒子的密度既是纳米粒子粒度的体现,也是基底表面徙动激活能和基底表面吸附能的体现;可以通过纳米粒子的密度来测定基底表面徙动的激活能和基底表面吸附能,而这种方法比场离子显微镜观测法有更广泛的适用性.

在前面(即 Lewis-Campbell 的薄膜理论)已经指出[77],来自蒸发源的沉积原子有两种沉积方式,即有部分再蒸发的不完全沉积和完全沉积.这两种沉积方式之间存在一个转换温度 T_0:在转换温度之上,沉积原子为不完全沉积;在转换温度之下,沉积原子为完全沉积.考虑到饱和晶核密度实际就是饱和的纳米粒子密度,由式(9.35),(9.43)和(9.47)可以得到基底表面徙动激活能 E_d 和表面吸附能 E_a 的表达式分别为

$$E_d = \begin{cases} -\dfrac{k_B T}{n-1} \ln \dfrac{N_s}{N_0}, & \text{不完全沉积时,} & (9.60) \\[3mm] k_B T \ln \dfrac{N_s^2 \nu_s}{N_0 R}, & \text{完全沉积时,} & (9.61) \end{cases}$$

$$E_a = \begin{cases} -\dfrac{n k_B T}{n-1} \ln \dfrac{N_s}{N_0}, & \text{不完全沉积时,} & (9.62) \\[3mm] n k_B T \ln \dfrac{N_s^2 \nu_s}{N_0 R}, & \text{完全沉积时.} & (9.63) \end{cases}$$

从式(9.60)~(9.63)可以看到,在不完全沉积和完全沉积两种情况下,E_d 和 E_a 与纳米粒子密度 N_s 的关系有所不同:不完全沉积时,E_d 和 E_a 与 N_s 呈负对数关系;而完全沉积时,E_d 和 E_a 与 N_s^2 呈正对数关系.如果已知纳米粒子的制备条件 T 和 R,则可根据以上四式由 N_s 估算 E_d 和 E_a.

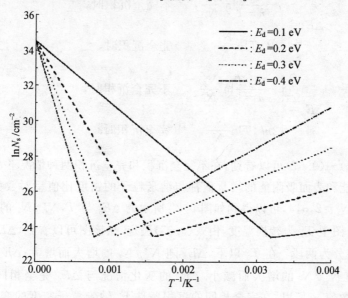

图 9-21　N_s 与 E_d,T 的理论关系曲线

如果以 $1/T$ 为横坐标，$\ln N_s$ 为纵坐标，取 $n=3$，$N_0=10^{15}/\text{cm}^2$，$k_B=1.381 \times 10^{-23}$ J/K，$\nu_s=10^{12}$ Hz，$R=1.2\times 10^{15}/\text{cm}^2 \cdot \text{s}$，$E_d$ 分别为 0.1 eV，0.2 eV，0.3 eV 和 0.4 eV，由式(9.60)和(9.62)可以得到如图 9-21 所示的 N_s 与 E_d，T 关系的理论计算曲线. 每条曲线的转折点对应于转换温度 T_0，转折点左边为不完全沉积的情况，转折点右边为完全沉积的情况. 值得注意的是，在不完全沉积情况下，N_s 随 E_d 的增大而减小；在完全沉积情况下，N_s 随 E_d 的增大而增大. 这表明，如果希望通过增大基底表面徙动激活能和表面吸附能来减小沉积纳米粒子的粒度，必须在完全沉积情况下才能实现. 给出 N_s 与 E_a，T 关系的理论计算曲线可完全类似地得到，只是 E_a 与 E_d 差个比例常数 n.

9.3.5　纳米粒子密度变化与基底表面徙动激活能和表面吸附能增量的关系

设 N_s^* 为掺杂稀土后的纳米粒子密度. 对于温度相同的不同基底，如果测量出同种纳米粒子以完全相同的沉积条件沉积在其上的纳米粒子密度比值 N_s^*/N_s，就可以用以下的公式分别得到基底表面徙动激活能和表面吸附能增量值：

$$\Delta E_d = \begin{cases} -\dfrac{k_B T}{n-1}\ln\dfrac{N_s^*}{N_s}, & \text{不完全沉积时}, & (9.64) \\[3mm] 2k_B T\ln\dfrac{N_s^*}{N_s}, & \text{完全沉积时}, & (9.65) \end{cases}$$

$$\Delta E_a = \begin{cases} -\dfrac{nk_B T}{n-1}\ln\dfrac{N_s^*}{N_s}, & \text{不完全沉积时}, & (9.66) \\[3mm] 2nk_B T\ln\dfrac{N_s^*}{N_s}, & \text{完全沉积时}. & (9.67) \end{cases}$$

从式(9.64)~(9.67)可以看到，在不完全沉积和完全沉积两种情况下，基底表面徙动激活能和表面吸附能的增量值都与纳米粒子的密度比值呈对数关系. 取 $n=3$，$N_s^*/N_s=2,3,4$，可以得到如图 9-22 所示的 ΔE_d 与 T，N_s^*/N_s 的理论关系计算曲线. 图中 T_0 为转换温度，由式(9.35)决定. 从该图可以看到，ΔE_d 与 N_s^*/N_s 的关系分为两段：在 T_0 以下，ΔE_d 随 N_s^*/N_s 的增大而增大；ΔE_a 在 T_0 以上，ΔE_d 随 N_s^*/N_s 的增大而减小. ΔE_a 的变化情况与 ΔE_d 完全相同，只是与 ΔE_d 差个数值 n. 所以，在完全相同的沉积条件下，纳米粒子密度的变化标志着基底表面徙动激活能和表面吸附能的变化；通过纳米粒子密度的变化情况，可以推算基底表面徙动激活能和表面吸附能的变化.

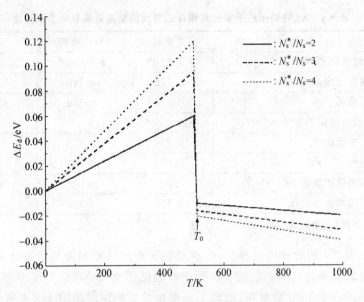

图 9-22　ΔE_d 与 $T, N_s^*/N_s$ 的理论关系曲线

9.3.6　稀土元素对不同基底表面徙动激活能和表面吸附能的影响

　　上两小节讨论了纳米粒子密度与基底表面徙动激活能和表面吸附能的关系,并得到由纳米粒子的密度及其变化,推算了基底表面徙动激活能和表面吸附能及其变化的公式.本小节将利用这些公式对实验进行估算.

　　由于来自蒸发源的沉积原子有不完全沉积和完全沉积两种沉积方式,不同的沉积方式有不同的公式,所以首先要确定实验的沉积方式.为此,先估算实验条件下两种沉积方式之间的转换温度 T_0.由式(9.35)估算 T_0,需要知道 E_a 和 E_d,而这两个量还是未知的,所以只能先引用文献中相近的数据进行近似估算,不过,由计算结果对这种近似的评估可知误差不超过 10%.

　　对于 Ag 蒸积在玻璃基底上,当基底温度为 100℃时,$E_a = 0.7\,\text{eV}$;Ag 蒸积在 NaCl 基底上的徙动激活能为 $E_d = 0.2\,\text{eV}$,蒸积 Ag 的沉积速率约为 $R = 1.2 \times 10^{15}/\text{cm}^2 \cdot \text{s}$.将这些数据及 N_0 和 ν_s 的值代入式(9.35),可得到 $T_0 \approx 507\,\text{K}$.而当基底温度为室温时,应属于完全沉积.这也表明,可以用增大基底表面徙动激活能和表面吸附能来减小沉积纳米粒子的粒度.

　　由电子显微镜的形貌像可测量出 Ag 的纳米粒子密度.取 $n = 3, T = 300\,\text{K}$,$N_0 = 10^{15}/\text{cm}^2, \nu_s = 10^{12}\,\text{Hz}, R = 1.2 \times 10^{15}/\text{cm}^2 \cdot \text{s}$,代入式(9.60),(9.63),(9.66)和(9.67),可估算表面徙动激活能和表面吸附能以及它们的增量.表

9-4列出了计算结果.

表 9-4　Ag 的纳米粒子密度与相应的表面徙动激活能和表面吸附能

基　底	方华膜	ITO 玻璃	BaO
Ag 纳米粒子密度 N_s/cm^{-2}	6.8×10^{10}	4.3×10^{10}	2.5×10^{10}
表面徙动激活能 E_d/eV	0.213	0.190	0.162
表面吸附能 E_a/eV	0.639	0.570	0.486
Ag+La 的纳米粒子密度 N_s^*/cm^{-2}	2.1×10^{11}	1.6×10^{11}	6.3×10^{10}
表面徙动激活能 E_d^*/eV	0.272	0.258	0.209
表面吸附能 E_a^*/eV	0.816	0.774	0.627
表面徙动激活能增量 ΔE_d/eV	0.059	0.068	0.047
表面吸附能增量 ΔE_a/eV	0.177	0.204	0.141

　＊：掺杂稀土元素后的参量.

　　从该表 9-4 的数据可以看到,由纳米粒子密度估算的基底表面徙动激活能和表面吸附能具有合理的数值:表面徙动激活能增量在 10^{-2} eV 数量级,表面吸附能增量在 0.1 eV 数量级;而稀土元素在基底的预沉积增大了基底对 Ag 的表面徙动激活能和表面吸附能.

参 考 文 献

[1]　许北雪,吴锦雷,刘惟敏等. 物理学报,2001,50(5):977

[2]　许北雪,吴锦雷. 中国稀土学报,2002,20(6):540

[3]　许北雪,杨海,刘惟敏等. 北京大学学报,2003,39(3):381

[4]　张旭,周金福,薛增泉等. 物理学报,1988,37(6):924

[5]　薛增泉,吴全德. 薄膜物理. 北京:电子工业出版社,1991

[6]　薛增泉,吴全德. 电子发射与电子能谱. 北京:北京大学出版社,1993

[7]　吴全德. 吴全德文集. 北京:北京大学出版社,1999

[8]　Bardeen J. Phys. Rev. , 1947, 71(10):717

[9]　Spricer W E, Lindau I, Skeath P, et al. J. Vac. Sci. Tech. , 1980, 17:1019

[10]　Heine V. Phys. Rev. A, 1965, 138:1689

[11]　Louie S G, Cohen M L. Phys. Rev. B, 1976, 13(6):2461

[12]　Zunger A. Thin Solid Films, 1983, 104:301

[13]　Mead C A. Solid-State Electronics, 1966, 9:1023

[14]　Yang H, Cai W D, Xu B X, et al. Chin. Phys. , 2001, 10(11):1062

[15]　《稀土》编写组. 稀土. 北京:冶金工业出版社,1978

[16]　Si Z K, Wang L, Hu J T, et al. Microchemical J. , 2001, 70(1):19

[17]　Rambabu U, Khanna P K, Rao I C, et al. Mater. Lett. , 1998, 34(3):269

[18] Kumar G A. J. Phys. & Chem. Solid, 2001, 62(7): 1327

[19] Rambabu U, Buddhudu S. Opt. Mater., 2001, 17: 401

[20] 许北雪,吴锦雷,侯士敏等. 物理学报,2002,51(7): 1649

[21] 冯端. 金属物理学. 北京:科学出版社,1998

[22] 王引书,李晋闽,王衍斌等. 物理学报,2001,50(7): 1329

[23] 郭光,Levitin R Z. 物理学报,2001,50(2): 313

[24] The Materials Information Society. Metals Handbook. USA: The Materials Information Society, 1990. Chapt. 1

[25] 肖纪美,霍明远. 中国稀土理论与应用研究. 北京:高等教育出版社,1992

[26] 刘丰珍,朱美芳,刘涛等. 物理学报,2001,50(3): 532

[27] 汤学峰,顾牡,童宏勇等. 物理学报,2000,49(10): 2007

[28] Xia K, Li W, Liu C, et al. Scripta Materialia, 1999, 41(1): 67

[29] 周如松. 金属物理. 北京:高等教育出版社,1992

[30] Haasen P. Physical Metallurgy. London: Cambridge University Press, 1978

[31] Hume-Rothery W, et al. The Structrue of Metals and Alloys. New York: Inst. Metals, 1954

[32] Darken S. Physical Chemistry of Metals. New York: McGraw-Hill, 1953

[33] Wagner C. Thermodynamics of Alloys. New York: Addison-Wesley, 1952

[34] Lide D R. Handbook of Chemistry and Physics. New York: CRC Press, 2000

[35] McMasters O D, Gschneidner K A JR, et al. Acta Cryst. B, 1970, 26: 1224

[36] Li Z, Su X P, Yin F C, et al. J. Allo. Comp., 2000, 299(1-2): 195

[37] 金原粲,藤原英夫著. 薄膜. 王力衡,郑海涛译. 北京:电子工业出版社,1988

[38] Perkin-Elmer Corporation. PHI5300 Instrument Manual. USA: Perkin-Elmer Corporation, 1988

[39] Briggs D. Handbook of X-ray and Ultravoilet Photoelectron Spectroscopy. London: Heyden & Son Ltd, 1977

[40] Cornford B. Diss. Abstr. Int., 1972, 33: 2541

[41] Gleiter R, Heilbronner E, Hornung V Helv. Chim. Acta, 1972, 55(1): 255

[42] Crecelius G, Wertheim G K, Buchanan D N E. Phys. Rev. B, 1978, 18(12): 6519

[43] Eastman D E, Kuznietz M. Phys. Rev. Lett., 1971, 26(14): 846

[44] Baer Y, Hauger R, Zurcher Ch, et al. Phys. Rev. B, 1978, 18(8): 4433

[45] Hume-Rothery W. The Structure of Metals and Alloys. New York: Inst. Metals, 1954

[46] Gunnarsson O, Schonhammer K. Phys. Rev. B, 1983, 28(8): 4315

[47] 许北雪,吴锦雷,张兆祥等. 物理学报,2002,51(5): 1103

[48] Liu C T, Schneibel J H, Maziasz P J, et al. Intermetallics, 1996, 4(6): 429

[49] Karch J, Birringer R, Gleiter H. Nature, 1987, 330: 556

[50] Efros A L. Sov. Phys. Semicond., 1982, 16: 772

[51] Brus L E. J. Phys. Chem., 1984, 80: 4403

[52] Brus L. J. Phys. Chem. , 1986, 90：2555

[53] Kubo R. J. Phys. Soc. Jpn. , 1962, 17：975

[54] Halperin W P. Rev. Modern Phys. , 1986, 58：532

[55] Ball P, Garwin L. Nature, 1992, 355：761

[56] 张立德,牟季美. 物理,1992,21(3)：167

[57] Feldhein D L, Keating C D. Chem. Soc. Rev. , 1998, 27 ：1

[58] Messinger B J, von Raben K U, Chang R K, et al. Phys. Rev. B, 1981, 24(2)：649

[59] Goldstein A N, Echer C M, Alivisatos A P. Science，1992, 256(5062)：1425

[60] Kreibig U, Genzel L. Surface Science, 1985, 156：678

[61] Halperin W P. Rev. Modern Phys. , 1988, 58(3)：533

[62] Xia K, Li W, Liu C. Scripta Materialia , 1999, 41(1)：67

[63] 庄应烘. 中国稀土学报,1987,5：59

[64] The Materials Information Society. Metals Handbook. USA：The Materials Information Society, 1990. Chapt. 7

[65] 许北雪,吴锦雷,刘惟敏等. 物理化学学报,2002,18(1)：91

[66] Mo Y W, Kleiner J, Webb M B, et al. Phys. Rev. Lett. , 1991, 66(15)：1998

[67] Mo Y -W, Kleiner J, Webb M B, et al. Surf. Sci. , 1992, 268：275

[68] Pimpinelli A, Willain J, Wolf D E. Phys. Rev. Lett. , 1992, 69(6)：985

[69] Pohl D W, Möller R. Rev. Sci. Instrum. , 1988, 59：840

[70] Swartzentruber B S. Phys. Rev. Lett. , 1996, 76(3)：459

[71] Zhang Z Y, Lagally M G. Science, 1997, 276：377

[72] 吴自勤,王兵. 薄膜生长. 北京：科学出版社,2001. pp.199~203

[73] Venables J A , Spiller G D T, Hanbucken M, et al. Rep. Prog. Phys. , 1984, 47：399

[74] Venables J A. Philos. Mag. , 1973, 27：697

[75] Robertson D, Pound G M. J. Cryst. Growth, 1973, 19：269

[76] Abraham F F. J. Chem. Phys. , 1969, 51：1632

[77] Lewis B, Campbell D S. J. Vac. Sci. Tech. , 1967, 4：209

[78] Brune H, Roder H, Boragon C, et al. Phys. Rev. Lett. , 1994, 73(14)：1955

[79] Schaefer H E, Wurschum R, Birringer R, et al. J. Miner. Met. , 1988, 110：161

[80] Grangvist C G, Buhrman R A. Appl. Phys. , 1976, 47：2200

[81] 黄昆,韩汝琦. 固体物理学. 北京：高等教育出版社,1988

[82] Kawamura T. Prog. Surf. Sci. , 1993, 44：67

[83] Srivastava D, Garrison B J. Phys. Rev. B, 1993, 47(8)：4464

[84] Kellogg G L. Surf. Sci. Rep. , 1994, 21(1-2)：1

第十章　纳米激光功能材料

激光在科学技术、军事以及日常生活中已经发挥了重要作用,例如计算机光驱和影碟机中的激光头都存在激光发射.激光与普通光的不同在于,激光光波的相位是一致的,是一种相干光.目前,激光的发展方向从能量上看主要是两个:一是研制超大能量的激光,二是研制超短脉冲宽度的激光;从激光波长来看,主要是向短波长方向发展,例如研制蓝紫光激光器;从体积上看,有大型的激光器,同时研究微型激光器.纳米激光发射是几年前才兴起的前沿研究课题.

假如电子先处于高能态,然后跃迁到低能态,则它以辐射形式发出能量,可以有两种途径:一种是电子无规则地转变到低能态,称为自发发射.另一种是一个具有能量等于两能级间能量差的光子与处于高能态的电子相互作用,使电子转到低能态,同时产生第二个光子.这一过程称为受激发射,即用一个光子去激发位于高能级的电子使之放出光子,因此可以发出波长一致性很好的纯单色光.当单色光具有相干性(即时间相干性和空间相干性)时,在谐振腔中光得到放大,受激发射产生的光就是激光.

能发出激光的材料应具有良好的物理化学性能,即热膨胀系数小,弹性模量大,热导率高,光照稳定性好和化学稳定性好.激光器件按其工作物质的形态可以分为气体激光器、固体激光器、半导体激光器、染料激光器和自由电子激光器等.

红宝石激光晶体($Al_2O_3 : Cr^{3+}$)是世界上第一台固体激光器的工作物质,它是由刚玉单晶(α-Al_2O_3)为基质,掺入 Cr^{3+} 激活离子所组成的.α-Al_2O_3 为六方晶系,Cr 原子的外层电子为 $3d^5 4s^1$.将 Cr 原子掺杂至 Al_2O_3 晶格中,Cr 原子失去三个电子,只剩下 $3d^2 4s^1$ 三个外层电子,成为 Cr^{3+}.从激光器对工作物质的物化性能和光谱性能要求来看,红宝石是一种较为理想的材料,其工作原理如图 10-1 所示[1].红宝石晶体的物理化学性能很好,材料坚硬、稳定,导热性好,抗破坏能力高,对泵浦光的吸收特性也好,可在室温条件下获得波长为 690 nm 的激光.红宝石激光发射的为红光,这一波长的光,不但为人眼可见,而且对于绝大多数的光敏材料和光电探测元件来说,都易于进行探测和定量测量,因此,红宝石激光器在激光器基础研究、强光(非线性)光学研究、激光光谱学研究、激光照相和全息技术、激光雷达与测距技术等方面都有广泛的应用.这种激光器的主要缺点是红宝石晶体属于三能级结构,产生激光的能量阈值较高.

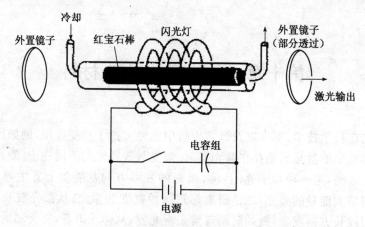

图 10-1 红宝石激光器的工作原理

钕钇铝石榴石激光晶体（YAG：Nd^{3+}）的激光工作物质以 Y$_3$Al$_5$O$_{12}$ 作为基质，Nd^{3+} 作为激光离子. 钇铝石榴石（YAG）属立方晶系，具有良好的力学、热学和光学性能. YAG：Nd^{3+} 激光跃迁能级属于四能级系统. 与红宝石相比，YAG：Nd^{3+} 晶体的荧光寿命较短，荧光谱线较窄，工作粒子在激光跃迁高能级上不易得到大量积累；激光储能较低，当它以脉冲方式运转时，输出激光脉冲的能量和峰值功率都受到限制，所以 YAG：Nd^{3+} 器件一般不用做单次脉冲运转. 但由于其激发能量阈值比红宝石低，增益系数比红宝石大，适合用做重复脉冲输出运转，重复率可高达每秒几百次，每次输出功率达百兆瓦以上. 军用激光测距仪和制导用激光照明器都采用 YAG：Nd^{3+} 激光器. 这种激光器能在常温下连续工作，且有较大的输出功率.

半导体激光器是固体激光器中重要的一类. 这类激光器的特点是体积小、效率高、运行简单、价格便宜. 大部分半导体激光器具有双异质结构，该结构可减小阈值电流密度，可在室温下连续工作. 双异质结激光器的 p-n 结是用带隙和折射率不同的两种材料在适当的基片上外延生长形成的. 不同种类的材料所形成的结（异质结），如果晶格常数不同，则易于产生晶格缺陷，结面的晶格缺陷作为注入载流子的非发光中心而使发光效率下降，器件寿命缩短. 因此，作为双异质结激光器材料，要求采用晶格常数大致相同的两种材料组合，例如在室温下 GaAs 和 AlAs 的晶格常数分别为 0.565 nm 和 0.566 nm，两者仅差 0.17%，这两种材料适合作为双异质结激光器材料. 目前，制作半导体激光器的材料很多，有激发出短波的，也有激发出长波的；激发方式可以是电注入式，也有电子束激励及光激励等方式.

随着科技的发展，薄膜激光器出现了. 在具有高折射率的薄膜上又沉积一层低折射率的薄膜后，由于在界面上发生全反射，将光波封闭在有限截面的透明介质内,使之成为在波导轴方向传播的光学结构(光波导).如果用具有增益的活性材料做波导层,再在其上制出谐振腔就可构成薄膜激光器,也称为波导激光器.其活性层厚度限制在 $0.1\sim0.5\,\mu m$,宽度为 $1\sim3\,nm$,光被封闭在此区域中或附近,相应的激发电流阈值为 $20\sim100\,mA$.光通信中所使用的激光器大部分是半导体薄膜激光器.

从原则上讲,凡是可以用来制作异质结的材料都有可能成为半导体激光器的材料,其中研究最多的有:用于可见光波段的 II-VI 族半导体 CdSSe-CdS 等;用于可见光波段及光通信的 $0.8\,\mu m$ 波段的 GaAlAs-GaAs 系列材料和用于光通信波段的四元化合物 InGaAsP-InP;此外还有 $2\sim10\,\mu m$ 波段的 InGaAsSb-AlGaAsSb,InAsPSb-InAsPSb 以及 IV-VI 族的化合物 PbSnTe-PbSeTe 等.

随着纳米科技的兴起,纳米激光材料的研究成为又一个新的重要课题.纳米激光器在诸多领域(包括电子通讯、信息存储、高结合化学/生物学传感器、近场光学平版印刷、多种显微镜扫描探针,甚至可能在高分辨率下完成激光外科手术等)都有很强的应用价值.

§10.1　ZnO 纳米材料

以 GaAlAs/GaAs,InGaP/GaAsP 和 InGaAlP 等半导体异质结为有源层材料构造的红光半导体激光器较为成熟且已实现商品化,但受到温度、杂质浓度及载流子浓度对带隙的影响,该类型激光器室温下可获得的最短输出波长为 670 nm.为了获得再短一些波长的激光器,人们随后发展了以 SiC,III 族元素氮化物(如 AlN,GaN 和 InN)及 II-VI 族化合物(如 ZnSe 和 ZnS)等半导体材料为激活层的蓝绿光激光器.近年来,蓝绿光半导体激光器的研究取得很大进展,室温下获得的最短发射波长已达 417 nm,但在材料制备、器件结构设计、量子效率、颜色纯度等方面仍有许多问题正在深入探讨中.

蓝绿光半导体激光器的研究方兴未艾,随着纳米科技的发展,纳米尺度的短波长纳米激光器材料和器件的研究被提了出来.其中,氧化物半导体材料 ZnO一方面具有较宽的禁带($3.37\,eV$)和较高的激子束缚能($60\,meV$),是一种优良的室温紫外发光材料;另一方面在纳米结构及制备方法上呈现出多样性和易控性,被认为是一种很有希望用于构造新型短波长纳米激光器的半导体激光材料.已有文献报道了有关纳米结构 ZnO 半导体材料(如该种材料构成的无序纳米粒子薄膜和单晶蜂巢状纳米薄膜)的近紫外激光发射行为[2~4].

在众多的金属氧化物材料中,ZnO 在紫外波段存在受激发射现象早为人知,1966 年曾报道过低温下 ZnO 块体材料电子束泵浦的紫外受激发射[5],但随着温度的升高,发射强度迅速降低,不能被应用,这种研究也就停顿了.1996 年,随着一篇关于 ZnO 纳米粒子微晶结构薄膜在室温下光泵浦紫外受激发射的文章[6]发表,这种材料重新引起人们的注意,并迅速成为国际上研究的新热点[7].当纳米粒子微晶结构边界的尺寸接近紫外发射峰波长或其整数倍时,纳米粒子微晶自身就成为激光谐振腔,可在较低的光泵浦强度下就能实现受激发射.

10.1.1 ZnO 薄膜的制备

刘坤等人[8]对 ZnO 薄膜的制备技术作了一些评价,简单介绍了磁控溅射法、化学气相沉积法、喷雾热解法、溶胶-凝胶法、激光脉冲沉积法、分子束外延法、原子层外延生长法等.

1. 磁控溅射法

磁控溅射法是利用荷能粒子轰击靶材,使靶材原子或分子被溅射出来并沉积到基底表面形成 ZnO 薄膜.根据靶材在沉积过程中是否发生化学变化,可分为普通溅射[9~11]和反应溅射[12,13].若靶材是 Zn,沉积过程中 Zn 与环境气氛中的 O 发生反应生成 ZnO 则是反应溅射;若靶材是 ZnO 陶瓷,沉积过程中无化学变化则为普通溅射法.

磁控溅射法要求较高的真空度(初始压强达 1×10^{-4} Pa,工作压强约为 1×10^{-1} Pa)、合适的溅射功率及基底温度,保护气体一般用高纯的 Ar,反应气体为 O_2.在反应磁控溅射中,由于 Zn 要与 O 反应才能形成 ZnO,因此溅射过程中可能会有部分 Zn 原子与 O 没有完全反应,薄膜的性能不太理想(尤其是在掺杂 Al 或 Ga 时),不如用 ZnO 陶瓷靶的效果好[11,12].

磁控溅射法的优点是可获得可见光透过率较高及良好电学、光学性能的薄膜[10].磁控溅射是一种高能沉积方法,粒子轰击基底或已生长的薄膜表面易造成损伤,因此生长单晶薄膜或本征的低缺陷浓度 ZnO 半导体有很大的难度.

2. CVD 法

CVD 法是将反应物由气相引入到基底表面发生反应并形成薄膜,是用于 ZnO 薄膜生长的一种非常受重视的研究方法.根据沉积过程对真空度的要求不同,可分为低压 CVD 与常压 CVD 方法,低压 CVD 方法又有等离子体增强化学气相沉积(plasma enhanced chemical vapour deposition, 简称 PECVD)法、金属有机物化学气相沉积(metal organic chemical vapour deposition, 简称 MOCVD)法和单一反应源化学气相沉积(singe source chemical vapour deposition, 简称 SSCVD)法等.

PECVD 法与普通 CVD 法比较,一个很重要的改进就是在反应腔中增加了一对等离子体离化电极,如图 10-2 所示.这种方法一般用 Zn 的有机源与含 O 的稳定化合物气体(如 NO_2,CO_2 或 N_2O)反应沉积,而 Zn 的有机源多采用二甲基锌(DMZ)或二乙基锌(DEZ)[14].采用 DEZ 与 CO_2 反应的较多,这是因为这两种化合物的反应比较稳定.实验中等离子体的产生是至关重要的[15],由于 CO_2 是相对惰性气体,在等离子体作用下使 O 离化出来,可以与 DEZ 反应生成 ZnO 沉积到基底表面.影响薄膜的主要因素是基底温度、反应压强和等离子体电离电压.基底温度一般在 $200 \sim 400\ ℃$ 范围内,反应压强约为 $10^2\ Pa$,电离电压约为 $1.8 \sim 4.5\ kV$.当电压为 $3.6\ kV$ 时,可生长出 c 轴取向的 ZnO 薄膜,在分析谱图中其半高宽仅为 $0.3°$ 左右[16],比磁控溅射法得到的 $1°$ 左右[17]要好得多,且表面有足够的平整度;在 380 nm 的紫外波段和 620 nm 为中心的较宽波段有较强的光致发光强度.在富氧条件下生长的 ZnO 薄膜有可能出现立方相的 ZnO 晶体[18],这将导致阴极发光光谱向高能端(即紫外波段)移动.

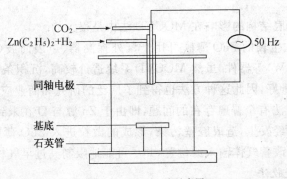

图 10-2 PECVD 法示意图

PECVD 法的优点是生长过程中稳定性较好,但室温下的阴极发光光谱不单一,存在紫外和绿光两个发光带,不利于制作单色发光器件.

MOCVD 法是一种异质外延生长的常用方法,其系统设备简图如图 10-3 所示.利用 MOCVD 系统可以生长出高质量的 ZnO 薄膜[19-21],沉积过程中的压强一般为 $0.8 \times 10^3 \sim 1.3 \times 10^3\ Pa$.用 MOCVD 法生长 ZnO 薄膜,常用的 Zn 源是 DMZ,DEZ 或醋酸丙酮基锌($Zn(C_5H_7O_2)_2$),而反应气体多用 O_2 或 H_2O-O_2.用 DMZ 作为 Zn 源时反应比较剧烈,ZnO 膜的生长较快,但难于控制,且生成的膜中碳杂质较多,因此更多地采用 DEZ 作为 Zn 源.用 MOCVD 法生长 ZnO 薄膜时,对基底的温度要求较高(约 $300 \sim 650℃$),但也有在较低温度下生长的例子[20].

用 MOCVD 法制备 ZnO 薄膜时,基底对膜的生长状况有较大的影响.Funakubo 等[19]研究了在多晶 Al_2O_3、金红石(001)面、MgO(100)面、蓝宝石(102)和(001)面、$SrTiO_3$(100)和(110)面及非晶氧化硅等基底上生长 ZnO 薄膜的结构,发现基底的温度和结构是影响 ZnO 薄膜结构的主要因素.随着基底温度的升高,ZnO 取向性会变好;基底的不同会使 ZnO 的 c 轴垂直或平行于基底

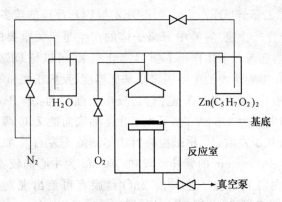

图 10-3 MOCVD 法示意图

表面,这说明基底结构的影响在 MOCVD 法中是很大的.

MOCVD 法生长的 ZnO 薄膜可用于紫外探测器、声表面波(surface acoustic wave,简称 SAW)等器件.虽然 MOCVD 系统造价较高,沉积条件要求严格,但生长薄膜的质量好,因此这种方法也得到了广泛的研究和商业应用.

各种 CVD 法有个普遍存在的问题,即由于 Zn 源与 O 在未到达基底以前过早接触,反应已经发生,造成腔壁污染,形成的微粒进入 ZnO 薄膜,降低了薄膜的质量.因此要改善气体输入的位置,并尽可能地限制其过早气相反应.

3. 溶胶-凝胶法

溶胶-凝胶法是较新的技术,它使氧化物经过液相沉积形成薄膜,若再经热处理可形成晶体薄膜[22,23].采用溶胶-凝胶法,溶质、溶剂和稳定剂的选取关系到薄膜的最终质量、成本以及工艺复杂程度.将二水合醋酸锌作为溶质与同摩尔数的单乙醇胺溶于乙二醇甲醚中配成溶液,然后用浸渍法[24]或旋镀法[25]在基底上形成涂层,并在 $100\sim400\,^{\circ}\mathrm{C}$ 的温度下预热,使涂层稳定,重复涂膜形成一定的厚度后,可经过激光照射或常规加热处理形成 ZnO 薄膜.另外,也有用锌酸钠的水溶液作为溶胶制备 ZnO 薄膜的例子[26].

溶胶-凝胶法与其他的方法相比较更容易形成多孔状纳米晶态 ZnO 薄膜,这种结构易于吸附其他物质,可以很容易地被 Ru 化合物或其他染料修饰、敏化,在光学、电学、化学和太阳能电池中大有发展前途[27].所得到的薄膜经 Ru 化合物敏化后,在功率密度为 $81\ \mathrm{mW/cm^2}$ 的氙灯照射下得到 $21.3\ \mathrm{mA/cm^2}$ 的短路光电流和 $712\,\mathrm{mV}$ 的开路电压,总的光电转换效率可达 9.8%.另外,溶胶-凝胶法制备的 ZnO 薄膜还可应用于气敏传感器中[26].

10.1.2 ZnO 纳米线的制备

张琦锋等人[28]研究 ZnO 纳米线的气相沉积制备方法,得到了很好的阵列结构.

1. ZnO 纳米线的气相沉积制备

用于生长 ZnO 纳米线的气相沉积系统由气源、温度可控的管式高温电炉（控温精度为 $\pm 5\,^\circ\!\text{C}$）和真空系统（真空度优于 1×10^{-3} Pa）等三部分组成，系统结构如图 10-4 所示.

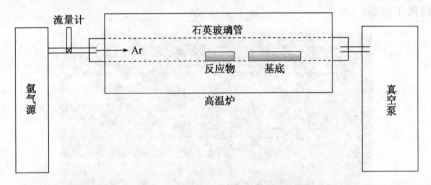

图 10-4   生长 ZnO 纳米线的气相沉积系统结构示意图

ZnO 纳米线的制备采用物理气相转移沉积法，其工艺流程如下：

（1）在经超声清洗的硅片或蓝宝石基底表面真空蒸发沉积一层约 20 nm 厚的 Au 薄膜；

（2）先将摩尔比为 1：1 的 ZnO 和石墨粉末混合物放入水平穿过管式高温炉的石英玻璃管中的中心温区处，如图 10-4 中"反应物"所示位置；再将沉积了 Au 薄膜的硅片或蓝宝石基底放入石英管中与"反应物"相距约 20 cm 处，如图 10-4 中"基底"所示位置；然后将系统抽真空至 3.0×10^{-1} Pa；

（3）向系统中充入高纯 Ar（纯度 99.99%）或根据实验需要掺入 H_2（流速为 $25\sim30$ ml/min），并调节出气端阀门使管内的气压维持在所需的压强：当用硅基底时管内压强为 3×10^4 Pa，当用蓝宝石基底时为 6×10^4 Pa；

（4）以 15 $^\circ\!\text{C}$/min 的速度使管内中心温区处的温度升至 920 $^\circ\!\text{C}$，并保温 30 min；

（5）保温结束后，自然降温至 400 $^\circ\!\text{C}$；关闭 Ar 气源，并使系统维持在真空状态下继续降温；至室温后将系统暴露大气，取出样品.

所得样品在硅片基底上呈现出亮灰色，在蓝宝石基底上呈现为淡白色.

在上述制备过程中，步骤（2）是为了达到在温度高于 880$^\circ\!\text{C}$时通过碳热还原反应产生 Zn 蒸气的目的.另外，如图 10-4 中"基底"所示位置处的温度经由热电偶标定.当中心温区的温度达 920$^\circ\!\text{C}$时，该处的温度在 450$\sim$550$^\circ\!\text{C}$范围.

2. ZnO 纳米线的选区生长

在向硅片基底表面沉积 Au 薄膜的过程中，以 300 目的电镜铜网为掩模，遮挡 Au 在硅片表面除网孔外其他区域的沉积,这样 Au 纳米粒子薄膜就被限制在硅片表面与铜网网孔对应的位置. 将掩模处理过的基底置入气相沉积系统,在其表面生长 ZnO 纳米线,结果如图 10-5 所示. 可以看到, ZnO 纳米线仅在沉积有 Au 纳米粒子薄膜的部位生长. 这一方面显示出 Au 在 ZnO 纳米线生长过程中的重要作用,另一方面也为可控地将 ZnO 纳米线生长在基底表面预先设定的位置提供了思路.

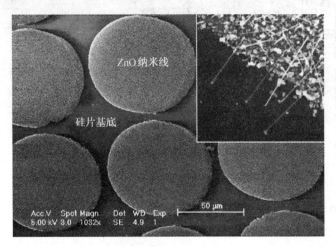

图 10-5　ZnO 纳米线在基底表面的选区生长

3. ZnO 纳米线在蓝宝石基底上的生长

晶体的光学性能与其质量是密切相关的,基底会对晶体的生长质量产生重要的影响. 蓝宝石(α-Al$_2$O$_3$)是被用来外延生长高质量单晶 ZnO 薄膜的常用基底.

选用(100)面的蓝宝石作为基底生长出 ZnO 纳米线,所得样品的 SEM 形貌像如图 10-6 所示. 可以看到, ZnO 纳米线在蓝宝石(100)面上的生长呈现出编织状,产生这一现象的原因在于纳米线在空间的生长取向集中在 6 个方向,其中包括三个主方向 a_1, a_2, a_3 和三个次方向 b_1, b_2, b_3,相邻主、次方向间的夹角为 60°,如图 10-6(a)中插图所示. 图 10-6(b)为图 10-6(a)的局部放大,由该图可以看出, ZnO 纳米线的直径主要分布在 60~70 nm,并且纳米线具有完美的结晶状况,呈现出六角柱形结构.

ZnO 纳米线在蓝宝石(100)面上沿有限几个方向生长的实验结果,一方面说明 ZnO 纳米线在蓝宝石基底表面的生长具有外延特性;另一方面说明 ZnO 纳米线生长初期的成核过程受到了蓝宝石(100)面晶格结构的调制.

选用(110)面的蓝宝石基底,可以实现 ZnO 纳米线的取向阵列生长,所得结果的 SEM 形貌像如图 10-7 所示.

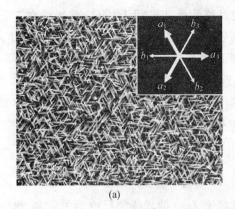
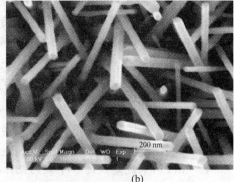

(a)　　　　　　　　　　　　　　　　(b)

图 10-6　ZnO 纳米线在蓝宝石(100)面上的生长
(a) 低放大倍数的 SEM 形貌像；(b) 高放大倍数的 SEM 形貌像

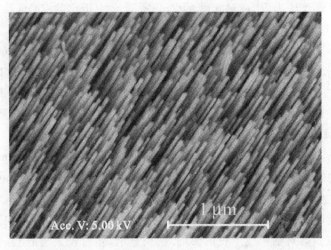

图 10-7　ZnO 纳米线在蓝宝石(110)面上的阵列生长

　　前面的分析已经指出,ZnO 纳米线的优先生长方向是[001]晶向. 为了理解 ZnO 纳米线在蓝宝石(110)面上的单一取向生长,有必要考察 ZnO(001)面的晶格参数和 α-Al$_2$O$_3$(110)面的晶格参数是否匹配,以及 ZnO 纳米线在蓝宝石(110)表面是否满足外延生长条件. 根据以下已知条件：α-Al$_2$O$_3$ 为三方晶系晶体,O^{2-} 作六方紧密堆积,Al^{3+} 被填入 2/3 的八面体空隙中,晶格常数为 $a = 0.475\,\mathrm{nm}$,$c = 1.299\,\mathrm{nm}$,可以计算得到 α-Al$_2$O$_3$(110)面 O 原子排列的最小单元呈矩形,两个边长分别为 0.824 nm 和 1.299 nm. 而 ZnO 是六方纤锌矿结构,O^{2-} 作六方紧密堆积,Zn^{2+} 被填入 1/2 的四面体空隙中,晶格常数为 $a = 0.324\,\mathrm{nm}$,$c = 0.519\,\mathrm{nm}$,其(001)面的 O 原子呈六角形周期排布,边长为 0.324 nm. 可见,ZnO

(001)面的晶格常数和 α-Al_2O_3(110)面的晶格常数相差很大,ZnO 纳米线在蓝宝石(110)表面的外延生长并非产生于传统意义上的晶格匹配.目前,对于 ZnO 纳米线和薄膜能够在蓝宝石(110)表面外延生长这样一个实验事实的理论解释,被大家认同的观点是 Fons 等[29]提出的"单轴锁定的外延生长"模型,该模型认为,α-Al_2O_3 的(110)面具有很强的沿单一方向的各向异性,α-Al_2O_3 的 c 轴长度(1.299 nm)正好是 ZnO 的 a 轴长度 0.324 nm 的整数倍(4 倍),在这一条件满足的情况下,ZnO 的(001)面和 α-Al_2O_3 的(110)面之间就能够实现异质外延生长.

4. ZnO 纳米线形成过程中氧的来源

在 ZnO 纳米线形成过程中,适量的氧对于 ZnO 纳米线的形成至关重要.氧的量不足,将会导致自合金液滴中析出的 Zn 因不能及时被氧化而被再蒸发;氧的含量过大,则会与气氛中的 Zn 发生反应而抑制 ZnO 纳米线的生长.

人们习惯地认为,构成纳米线的 ZnO 是合金中析出的 Zn 与系统中残留的 O_2 发生氧化反应形成的.然而,在 450~550 ℃温度范围内 Zn 与 O_2 是难以直接发生反应形成 ZnO 的;而对于 O_2 分子,其结合能高达 5.16 eV,在气相沉积法制备 ZnO 纳米线时所使用的温度(920 ℃)下分解出 O 原子也是不可能的.由于 H_2O 分子的结合能要比 O_2 分子的结合能小得多,一种较为合理的解释[30]是 ZnO 纳米线形成过程中的氧来自于系统中残留的 H_2O 分子在高温下的分解.另外,H_2O 与 Zn 在 400 ℃以上的直接反应($Zn + H_2O \rightarrow ZnO + H_2$)要较 O_2 与 Zn 的反应剧烈得多,这也在一定程度上促成了 ZnO 的形成.支持 ZnO 纳米线形成过程中的氧来自于 H_2O 这一观点的原因是在实验过程中发现 ZnO 纳米线生长与否以及生长状况的好坏都对环境湿度相当地敏感.

为了确切地验证 ZnO 纳米线形成过程中氧的来源,可以分别向系统中渗入 O_2 或 H_2 以观察对纳米线生长的影响.结果显示,相对较大量的 O_2 的引入会使 ZnO 纳米线的产量减小甚至停止生长,原因在于 O_2 与气氛中的 Zn 在高温环境下先行发生反应,而微量 O_2 的引入则对 ZnO 纳米线的生长没有明显的影响;相对较大量的 H_2 的引入同样会使 ZnO 纳米线的生长状况变坏,原因是 H_2 在高温下与作为反应物的 ZnO 粉末剧烈反应,大量 Zn 蒸气的迅速产生破坏了基于气相-液相-固相(vapour-liquid-solid,简称 VLS)机制的纳米线生长过程,而微量 H_2 的引入则可以明显地改善 ZnO 纳米线的生长状况.图 10-8 为在载气中掺入微量 H_2 并保持其他工艺参量不变的情况下所制备的 ZnO 纳米线的 SEM 形貌像,可以看到,无论是产量还是纳米线的线性及长度都有明显的改善.将微量 H_2 掺入后,ZnO 纳米线生长状况的改善归因于微量 H_2 与 ZnO 粉末发生反应,并在系统中产生了适量的水蒸气.

图 10-8 载气中掺入微量 H_2 时 ZnO 纳米线生长的 SEM 形貌像

5. 影响 ZnO 纳米线直径的几个因素

对 ZnO 纳米线直径产生影响的首要因素是 Au 催化剂粒子薄膜的厚度,这是由 ZnO 纳米线的 VLS 生长机制所决定的. Au 薄膜越厚,在基底表面所形成的 Au-Zn 合金液滴的尺寸就越大,相应地形成的 ZnO 纳米线的直径也就越粗. 当然,Au 催化剂粒子薄膜的厚度也不是越薄越好,其原因是,对于形成 Au-Zn 共熔合金来说,Au 的含量越少,则共熔点的温度越高. 就制备而言,将待生长纳米线的基底放在更高的温区以适合共熔点温度当然不成问题,但是当所在温区的温度超过 Zn 的熔点太多时,Zn 的再蒸发问题将会变得严重起来,对 ZnO 纳米线的生长产生不利的影响.

影响 ZnO 纳米线直径的第二个因素是 Au 在不同基底表面的浸润情况不同. 不同的浸润情况不仅会影响共熔合金液滴的尺寸,而且会影响液滴的形状,进而对所生长的纳米线直径产生影响. 实验中发现,在相同的工艺条件下,生长在蓝宝石基底表面的 ZnO 纳米线直径总是比生长在硅片表面的纳米线直径大很多,估计这与 Au-Zn 共熔合金液滴在两种基底表面的浸润情况不同有关.

影响纳米线直径的第三个因素是腔室内的气体压强大小. 气体压强对纳米线直径的影响本质上也影响成核阶段共熔合金液滴尺寸的大小. 一般地,可以将液滴的直径 d 与气体压强 p 之间的关系简单地表示为[31]

$$d \propto p^n, \quad 0 < n < 1, \tag{10.1}$$

上式所反映的趋势是,气压越高,纳米线的直径(或共熔液滴的尺寸)越大. 这被许多实验所证实[32~34]. 实验结果显示,在 3×10^4 Pa 以上的压强范围,随着制备过程中气体设定压强的增高,所得到的纳米线直径变大;但是在 3×10^4 Pa 以下,随着气体压强的降低,纳米线的生长情况往往出现多样化,也可能出现一些其他非纳米线结构的产物(如纳米带).

10.1.3 ZnO 纳米线的荧光特性

1. ZnO 纳米线的光致荧光发射特性

利用荧光谱仪(波长范围为 200~730 nm,波长精度为 ±2 nm,分辨率为 1.0 nm)对生长在硅基底表面的 ZnO 纳米线光致荧光发射光谱进行测试,所用激发波长为 200 nm,结果示于图 10-9. 由图可见,发射谱的峰位于波长 389 nm 处,相应于光子能量 3.19 eV.

ZnO 纳米线在普通 Xe 灯激发下表现出较强的紫外光发射,其产生的物理机制在于:平均直径仅约 30 nm 的纳米线结构对处于其中的自由激子的运动产生明显的量子限域效应,激子在纳米线中的碰撞几率增加,并导致了较强的近带边辐射复合.荧光发射谱上所表现出来的较宽的发射带则表明在低能量密度的普通光源激发下,纳米线产生的激子复合发光是一个自发辐射过程.

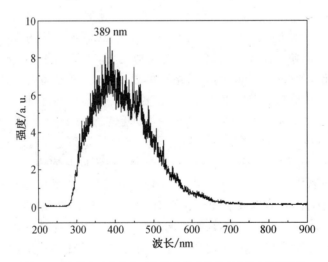

图 10-9   生长在硅基底表面的 ZnO 纳米线的光致荧光发射特性

2. ZnO 纳米线的阴极射线荧光发射特性

图 10-10 为生长在蓝宝石基底表面的 ZnO 纳米线在高能电子束作用下的阴极射线荧光发射谱.由图可见,发射谱的主峰位于波长 380 nm 处,相应于光子能量 3.26 eV,且带宽较窄;同时,在中心波长约 700 nm 处有一个微弱的宽带发射峰.

中心波长位于 380 nm 处的近紫外光发射起因于 ZnO 纳米线的激子辐射复

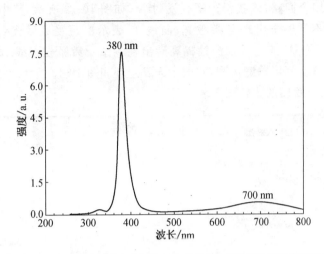

图 10-10　生长在蓝宝石基底表面的 ZnO 纳米线的阴极射线荧光发射特性

合,较窄的谱线宽度表明该激发条件下产生的激子复合为一个受激辐射过程. 也就是说,在高能量密度的电子束激发下,ZnO 纳米线中产生的激子浓度陡然上升,使得处于激发态的原子数超过了处于基态的原子数而在纳米线中实现了粒子数反转;随着激子复合程度的提高,自发辐射产生的光子数密度上升,并作为初始光场激励处于高能态的激子产生更多的辐射复合. 由于受激辐射过程中产生的光子具有与激发光子相同的频率,发射光子中与激发光子同频的光子数越来越多,进而在这一频率上激发出更多的跃迁,最终导致了发射谱的锐化. 受激辐射的结果是使某一频率的所有相位的光子数密度增加,但在未经调谐之前,该辐射仍然是非相干的.

§10.2　ZnO 纳米材料的光致激光

10.2.1　ZnO 纳米微晶的激光发射

有两种结构的 ZnO 纳米粒子微晶可用于紫外激光发射的研究,一是六角柱形蜂窝状微晶结构,二是无序粉末状结构.微晶的尺寸均在 1~100 nm,这两种 ZnO 微晶结构的紫外受激发射在机制上既有共性,也有不同[35]:共性是六角柱形边界和粉末粒子边界都可以反射光子;而不同在于光子局域散射的范围.对于六角柱形结构,柱形边界相当于光增强反射镜,光子在柱形边界之间来回散射,以获得相干光的增强发射,这样,紫外激光发射强度每隔 60°出现一个峰值[36],如图 10-11 所示.对于无序粉末状结构,光子是在粒子间散射的,并随机地构成一个个散射闭合回路,以获得光增强发射[37],如图 10-12 所示.其中,曲线 I 表示外加激励不足还未出现受激激光;曲线 II 表示出现受激激光(激光波长为 387.5 nm);曲线 III 表示外加激励提高后出现多条受激激光谱线.这样,紫外激光发射在各角度都可以测量到,它的激光发射环如图 10-13 所示.六角柱形和粉末状 ZnO 激光发射的比较列于表 10-1 中.

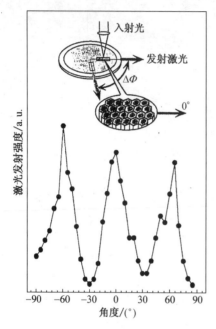

图 10-11 六角柱形 ZnO 微晶激光发射
强度与发射角度的关系

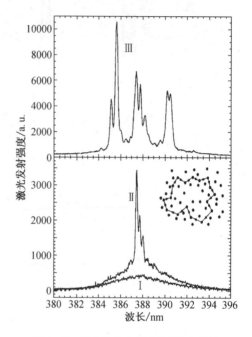

图 10-12 粉末状 ZnO 微晶的激光发射谱
插图为光散射闭合回路获得光增强的示意图.

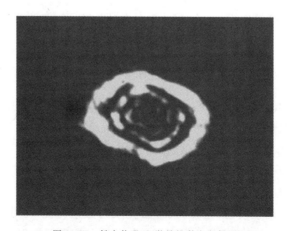

图 10-13 粉末状 ZnO 微晶的激光发射环

表 10-1　两种结构的 ZnO 纳米粒子微晶激光发射

	六角柱形 ZnO 微晶	粉末状 ZnO 微晶
基底选择	要求高,蓝宝石、单晶硅等	要求低,普通材料
材料生长	分子束外延法,成本较高	水解加热法,易大量生产
输入激发能量	较小,较容易产生激光发射	很大,不易产生激光发射
应用前景	较好	还有很多问题待解决

当微晶尺寸为 50 nm 时,在室温下获得 3.2 eV 激子增强发射 p 峰的最低光泵浦阈值是 24 kW/cm^2,电子-空穴复合等离子 n 峰的最低光泵浦阈值是 50 kW/cm^2. 激光形成的原理可用法布里-珀罗(Fabry-Perot)谐振腔模型来说明[36],六角柱形 ZnO 微晶的边界不仅可以作为激子的束缚势垒,也可以作为谐振腔的光反射镜. 当谐振腔长度为 L,相邻峰之间的能量差为 ΔE 时,则符合下式[38]:

$$\Delta E = \pi c h \Big/ \Big[L \Big(n + E \frac{dn}{dE} \Big) \Big], \tag{10.2}$$

式中 c 是光速,h 是普朗克常数,E 是发射光子的能量,n 是能量为 E 的光照射下的折射率,$E dn/dE$ 是折射率随能量的变化率. 当 $\Delta E = 3.8$ meV,$E = 3.2$ eV,$n = 2.45$,$dn = 0.53$ 时,dE 对应系统的分辨率,由此计算可得到 L. 在实验中,用长度为 L 的狭缝盖在样品上面,泵浦光照在狭缝上,这样,样品的受激区域就与谐振腔长度一致. 在光照区域以外,由于 $n = 1.92$ 小于 2.45,因此光子被局限在 L 区域中来回振荡,从而形成受激发射. 此长条形区域称为法布里-珀罗相干激光谐振器. 若相对于样品旋转狭缝相应地旋转探测器的位置,测量出射光强度的角分布,则得到光强度每隔 60° 出现一个极大值,这是因为 ZnO 微晶是六边形结构,每当与侧面的{1010}晶面垂直时,光子才能有来回振荡的可能.

在半导体无序粉末中产生的激光是一种随机的相干反馈的结果,称为随机激光效应. 粉末的一个颗粒中包含许多微晶粒子(粒径在纳米数量级),在这些粒子间光子的平均散射自由程小于发射谱波长,因此形成循环光散射,这就为激光的产生提供了相干反馈. 如果在闭合回路中光子的增加超过损失,就形成激光振荡,沿回路的相移为 2π 或 2π 的整数倍决定了振荡频率.

10.2.2　ZnO 纳米线的激光发射

2001 年报道了 ZnO 纳米线阵列在波长为 383 nm、线宽仅 0.3 nm 的近紫外激光发射[39],这个结果引起人们的注目,它被认为是世界上第一个纳米激光器.

ZnSe 和 In$_x$Ga$_{1-x}$N 在室温下作为激发层的绿蓝二极管发光结构已经实现[40~42],于是人们追求波长更短的半导体激光发射. ZnO 无序纳米微晶和 ZnO

薄膜能发射紫外激光被报道后[2,4,43],ZnO 就成为一种适用于近紫外光电子器件中的宽禁带(3.37 eV)化合物半导体. 对于宽禁带的半导体材料,为了实现光增益,必须有高的载流子浓度以及能形成激光发射所需的电子空穴对[44]. 这种电子空穴对机制在通常的激光发射中一般需要较高的光致激发阈值. 作为实现电子空穴对可选择的办法之一,半导体材料中激子的重组是一个更高效的发射过程,而且更利于低阈值激发发射[45]. 为了实现室温下有效的激光发射,电子空穴对的束缚能必须要远大于室温下的热发射能(26 mV). 在这一点上,因为 ZnO 的激发束缚能是 60 mV,远大于 ZnSe 和 GaN 的激发束缚能(分别为 22 mV 和 25 mV),因此它是理想的材料.

为了进一步减小阈值,人们制备出低维化合物的半导体纳米结构,它的量子尺寸效应在能带边缘形成了较高的态密度,而且由于载流子局域化限制,增强了发射的可能性. 利用半导体量子阱结构作为低阈值光增益的媒介是半导体激光技术上的一个很大进步[46]. 半导体针状晶体中光的发射,原来在 GaAs 和 GaP 系统中有过报道[47,48]. 激发发射和光增益在 Si 和 CdSe 纳米簇以及它们的集合体中得到了证实[49,50].

用于光致激光发射的 ZnO 纳米线采用气相输运的外延晶体生长过程来制备[51]. 为了利于纳米线的生长,选择 Au 作为纳米线生长的催化剂,用掩模在清洁的蓝宝石(110)面基底上真空蒸发沉积一层 1～3.5 nm 厚的 Au;为了形成 Au 模板,使用硫醇微接触印刷术进行选择性刻蚀,用等量的 ZnO 粉末和石墨粉末作为原料,将其转移到氧化铝舟上. 沉积 Au 薄膜的蓝宝石基底放在离舟中心 0.5～2.5 cm 处,然后通入 Ar 气流,并将原材料和基底加热到 880～905℃. 用碳热还原浓缩 ZnO 的方法生成 Zn 蒸气,然后被输运到生长 ZnO 纳米线的基底上(生长时间为 2～10 min). 在蓝宝石基底上外延生长 ZnO 可以得到纳米线阵列,该阵列与基底垂直,取向性很好. ZnO 纳米线阵列的电子显微镜图像如图 10-14 所示. 由图中可以看到,只有沉积有 Au 的区域才有纳米线的生长,这些纳米线的直径范围为 20～150 nm,95%的直径是 70～100 nm. 直径尺寸的不同是因为在生长的过程中基底退火使催化剂 Au 纳米粒子大小不一致所造成的. 纳米线的长度可以通过调整生长时间使它在 2～10 μm 之间变化. 模板化的纳米线生长的实现,使得用一种可控方式制备纳米尺寸范围内的激光发射器件成为可能.

因为在 ZnO 纳米线的(0001)面和蓝宝石基底的(110)面之间有着很好的外延生长界面[29],蓝宝石的(110)面是双对称的,而 ZnO 的端面是六边对称的,ZnO 纳米线的中心轴和蓝宝石平面的垂直轴的相关因子可达到 4,且两者不匹配度在室温下小于 0.08%. 除了这两个方向,其他方向都非常不匹配. 由于 ZnO 沿纳米线中心轴方向有强烈生长倾向,而且蓝宝石除了[0001]方向外,在其他方

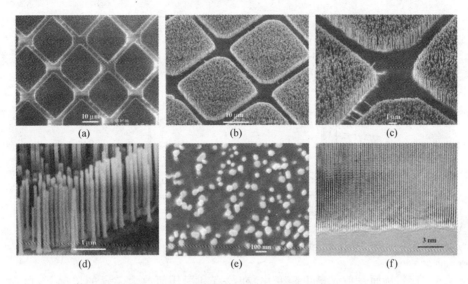

图 10-14　ZnO 纳米线阵列的电子显微镜图像

(a)～(e)为生长在蓝宝石基底上的 ZnO 纳米线阵列的 SEM 形貌像,其中
(e)为纳米线端口的六边形平面俯视图;(f)为单根 ZnO 纳米线的高分辨 TEM
形貌像(沿⟨0001⟩方向生长).

向基本上没有凝聚力,所以沿蓝宝石[0001]方向匹配一致,使得 ZnO 晶体生长都一致地垂直于基底(参见图 10-14(a)～(d)).

　　纳米线端口的六边形平面可以在纳米线阵列俯视的 SEM 形貌像(参见图 10-14(e))中很清楚地看到,在末端口和侧面上可观察到很好的小平面.当这些纳米线作为有效的激光发射媒介时,这些好的小平面起着重要的作用.ZnO 的结构特征也可以用 TEM 形貌像来观察,图 10-14(f)是单晶 ZnO 纳米线的高分辨率 TEM 图像,显示出相邻晶格平面之间的距离为(0.256±0.005)nm,它对应于两个(0002)晶面的距离,而且 TEM 图像进一步证实了⟨0001⟩方向是 ZnO 纳米线优先生长的方向.

　　在蓝宝石基底上 ZnO⟨0001⟩方向的优先生长也可以用 X 射线衍射(XRD)谱图观测,如图 10-15 所示.观测到(002)峰,表明纳米线在基底上很大的范围内都是沿垂直于基底平面排列的.

　　用 He-Cd 激光(波长为 325 nm)作为激励光源测量 ZnO 纳米线的光致发光光谱,在波长为 377 nm 处有很强的近带隙边缘发射[51].为了从这些定向生长的纳米线中探测出可能存在的激光发射,通过改变泵浦功率去测量发射谱.室温下用钕钇铝石榴石激光的四倍频(波长为 266 nm,脉冲宽度为 3 ns)作为泵浦光源去辐射样品,泵浦光束在与纳米线的轴向成 10°角的方向聚焦在纳米线上,在与纳米线末端平面相垂直的方向(相对称的轴向)收集发射出来的光并不断改变泵

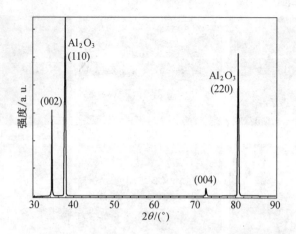

图 10-15　在蓝宝石基底上的 ZnO 纳米线的 XRD 谱图

浦光的功率,从而发射光谱不断变化. 在没有利用任何放大装置的情况下,可观察到 ZnO 纳米线出现了激光发射,如图 10-16(a),(b)所示. 当泵浦光强度较低时,发射光谱只有一个较宽的自发发射峰(参见图 10-16(a)中曲线 Ⅰ),其峰的半高宽约为 17 nm. 自发发射所需的能量 140 meV 小于禁带宽度 3.37 eV,通常这是因为激发子和激发子碰撞的过程中激发子的重组所产生的,即激发子的重组辐射出来的光子[2,4,43]. 随着泵浦光的功率增加,峰宽会变窄,这是由当频率接近光谱最大值时的一种优先放大现象所引起的. 当激发强度超过激发阈值(40 kW/cm²)时,发射谱上出现了很尖锐的峰(参见图 10-16(a)中曲线 Ⅱ),峰值出现在波长 383 nm 处,该峰的线宽小于 0.3 nm,比低于激发阈值下自发发射出来的峰宽至少小 50 倍. 当超过激发阈值时,整个发射强度随着泵浦光功率的增大而迅速增大,如图 10-16(b)所示. 极窄的峰宽和迅速增大的发射强度说明 ZnO 纳米线出现激光发射,而观测到的单个或多个尖锐的峰分别代表波长在 370～400 nm 之间的不同发射模式(参见图 10-16(a)中的插图).

　　在没有利用任何放大装置情况下就可以观测到这种纳米线的激光发射,促使我们相信这种单晶的、有着很好端平面的纳米线可以作为自然谐振腔,如图 10-16(c)所示. 这种光增强效应只会在高质量的纳米线晶体中发生,它使得纳米线阵列产生了激发子的激光发射,而该纳米线直径的尺度比玻尔(Bohr)半径大,但小于光波的波长.

　　对于 Ⅱ-Ⅵ 族的半导体,样品被劈开的边缘通常可以作为镜面[40～42,52]. 现在的纳米线一端是蓝宝石和 ZnO 之间的外延生长的交界面,而另一端是 ZnO 纳米晶体自身非常完美的(0001)面. 考虑到蓝宝石、ZnO 和空气的折射系数分别是 1.8,2.45 和 1,则两者都可以作为好的激光发射腔的镜面. 这种纳米线中自

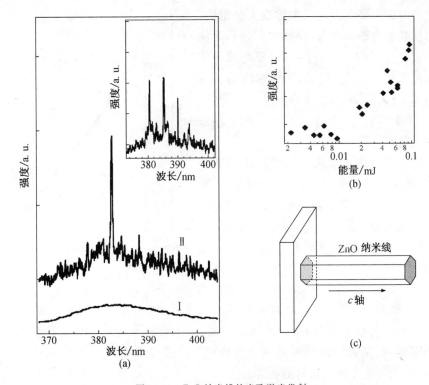

图 10-16 ZnO 纳米线的光致激光发射

(a) 纳米线阵列在激发强度低于(曲线Ⅰ)和高于(曲线Ⅱ和插图)激光发射
阈值时的发射光谱(光谱的泵浦光功率密度分别为 20 kW/cm²,
100 kW/cm² 和 150 kW/cm²);

(b) 纳米线的整体发射强度,它是泵浦光能量强度的函数;

(c) 纳米线作为谐振腔的示意图,它有两个自然形成的六边形端面作为反射
镜面

然谐振腔或波导的形成意味着不必用劈开和刻蚀的方法,而用简单的化学方法
就可以形成纳米线激光发射腔.实际上,在观测到该纳米线多种激发发射模式的
同时,就可以得出对于 5 μm 长纳米线的模式间距为 5 nm,它与理论上计算出来
的相邻振荡频率的间距(即发射模式的间距)$c/2nL$(c 是光速,n 是折射系数,L
是谐振腔的长度)在数值上很好地吻合[52].

　　此外,图 10-17 中 ZnO 纳米线的发光衰减寿命测量显示,激发子的辐射重
组对于快过程和慢过程都是可重叠的.锁模 Ti 蓝宝石激光器和皮秒分辨率的条
纹相机用于研究 ZnO 纳米线的发光衰减情况,脉冲宽度为 200 fs,时间谱记录
时的激发功率为 6.39 mW.室温下记录的实验数据(虚线)和指数衰减模式得到
的数据(实线)很好地吻合,快过程和慢过程的时间常数分别为 70 ps 和 350 ps.

发光的寿命主要是由缺陷的浓度来决定的，缺陷捕获了电子和空穴，使得它们进行无辐射的重组. 虽然在这个过程中，发光减弱的实际原因还不清楚，但 ZnO 纳米线的长寿命是 350 ps，而 ZnO 薄膜只有 200 ps[2]，说明在 ZnO 纳米线生长的过程中实现了高质量的晶化.

短波长的纳米激光器有着广泛的应用前景，例如光学计算、信息存储和微分析. 室温下 ZnO 纳米线紫外激光发射的基础研究成果向此目标前进了一步. 但存在的问题在于，现今仍处于实验室研究阶段的 ZnO 纳米线半导体激光器需要运用另外一台强功率 Nd：YAG 激光器的四次谐波（波长为

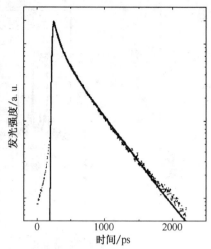

图 10-17   ZnO 纳米线的发光衰减寿命

266 nm，脉宽为 3 ns）作为泵浦光源，纳米线激光发射的能量阈值高达 40 kW/cm². 因此，如何制备高品质的单晶 ZnO 纳米线阵列并降低其激光发射的能量阈值，是否可以使用电流或电场的方法实现 ZnO 纳米线阵列的激光发射，是一系列需要深入研究的课题.

ZnO 纳米线的电致激光是人们期待的研究目标，目前在这方面还没有突破. ZnO 半导体纳米线的电极引出及其导电特性研究是与电致 ZnO 纳米线激光器的实现密切相关的另一个重要课题. 同时，借助氧化物半导体纳米线生长过程中的组分变化，可以在单根纳米线上得到 p-n 结、耦合量子点甚至异质结双极晶体管，这些结构既是纳电子电路的基本组成部件，又可以用来构造二极管激光器. 相关问题的研究对氧化物半导体纳米线在光电子器件及单电子器件领域的实际应用具有重要意义. 这些课题的及早涉入和最先突破，必将推动光电子器件相关产业的发展，并产生直接的经济效益.

§10.3   CdS 纳米线的电致激光

2003 年 CdS 纳米线的电致激光发射被报道[53]，它采用特殊的电极结构给纳米线施加电压，使 CdS 纳米线发出波长为 509.6 nm 的激光. 这个成果给我们带来启发，如果能使 ZnO 纳米线在电场激励下发出近紫外激光，那么 ZnO 纳米线短波长半导体纳米激光器就可得到广泛的应用.

电驱动半导体激光器的应用十分广泛，涉及电子通讯、信息存储、医学诊断和治疗等许多方面[54]. 这类激光器的成功在一定程度上要归功于发展较为成熟

的平面半导体的生长和控制[55,56],不过,这种方法生产的器件成本较高,而且难以直接与 Si 的微电子器件等其他器件直接接合,为了实现未来的应用,需要克服这些问题.用有机分子[57,58]、聚合物[59,60]和无机纳米结构[39,49,61]组成的激光器引起人们极大的关注,因为这些材料可以通过化学过程制成器件,这些报道称,在光泵浦的有机系统中发生受激发射的放大并产生了激光.虽然应用需求十分迫切,电驱动激光器在有机体系中还面临着一些困难,也没能在纳米晶体或纳米线中实现.Duan 等人[53]研究了单根纳米线获得电驱动激光器.对单晶 CdS 的光学和电学测量表明,这种结构可以像法布里-珀罗光学谐振腔模式与纳米线长度成反比的机制工作;光学和电学的进一步研究指出,激光器存在一个由器件半高宽限制引起的光学模式所描述的阈值.

10.3.1　CdS 纳米线光学谐振腔

通过金属纳米团簇催化并控制直径尺寸,生长出自由分离的单晶半导体纳米线[62~64],可用于制成电驱动激光器,这是因为其无缺陷结构提供给高质量平面无机器件更高的电子输运能力[48,65,66],而且单根纳米线还可以作为独立的光学谐振腔及增益媒质[67].以[001]方向为生长轴的纤维锌矿结构 CdS 纳米线的直径在 80~200 nm.当一根纳米线满足

$$L = \pi D (n_1^2 - n_2^2)^{0.5} / \lambda < 2.4 \tag{10.3}$$

时,式中 L 是可以作为单模光学波导的纳米线长度,D 为纳米线直径,λ 为波长,n_1 和 n_0 分别为纳米线和环境媒质的折射系数,如图 10-18(a)所示.对于 CdS 纳米线来说,$n_1 \approx 2.5, \lambda \approx 510$ nm,在室温 300 K 时,可以支持一个单模的最小直径为 70 nm,纳米线的两个末端面可以作为两个反射镜面,这样就满足了一个具有模式为 $m(\lambda / 2n_1) = L$(m 为整数,L 为腔室的长度)的法布里-珀罗光学谐振腔的条件.值得一提的是,TEM 和 SEM 研究显示,液相超声波降解制备的 CdS 纳米线可以获得较高产率(高于 50%)的平整化末端结构(如图 10-18(b)所示)显示了端面垂直于[001]的生长方向.这些结果表明许多纳米线可以作为法布里-珀罗光学谐振腔.

CdS 纳米线在 880℃温度下先通过激光助催化生长合成(使用 Au 为催化剂),然后把制备出来的纳米线分散到乙醇中,超声 30~60 s,以得到更高产率的末端截断结构,再用表面荧光显微镜在室温或低温下测量发光.这里用到了倍频 Ti 蓝宝石激光器(重复频率 76 MHz,脉冲宽度 200 fs,波长 410 nm)作为光学激励,使用 300 mm 分光计(1200 行/mm 光栅)和液氮冷却的 CCD 来测谱图,室温和低温条件下设备的光谱分辨率分别为 0.3 nm 和 0.8 nm.

CdS 纳米线的光学谐振腔特性是应用这类纳米结构制作激光器的关键,可

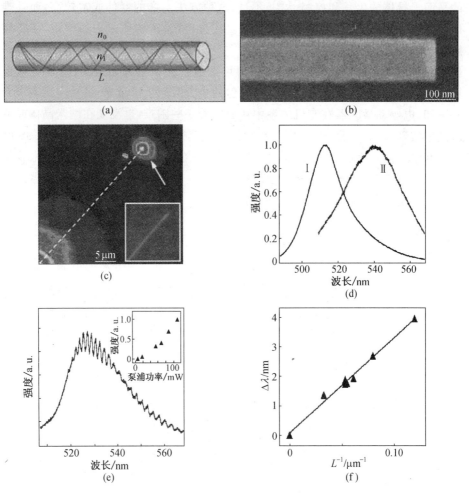

图 10-18　纳米线法布里-珀罗光学谐振腔

（a）纳米线作为光学波导的示意图，末端被截断形成法布里-珀罗谐振腔；

（b）被截断的 CdS 纳米线末端的 SEM 形貌像；

（c）室温下，在距离纳米线末端 15 μm 处（图的左下角）加一激光激励（功率为 10 mW）得到的 CdS 纳米线光致发光图像，白色的箭头和虚线分别标出纳米线的末端和轴，插图为在白光照射下得到的纳米线的光学图像；

（d）在低功率激励（10 mW）下分别从纳米线自身（曲线Ⅰ）和纳米线末端（曲线Ⅱ）获得的光致发光谱；

（e）在高功率激励（80 mW）下获得的纳米线末端发光谱呈现出强度的周期变化，插图为末端发光强度与泵浦功率的关系；

（f）模差-纳米线长度的倒数关系图，其中三角形是实验值，直线是对实验值作拟合得到的推断值（纳米线无限长时）

以用远场表面荧光显微镜[68]来观测单纳米线光致发光. 在距离 CdS 纳米线末端

$15\,\mu m$ 处加一高聚焦激光激励,在室温下发光的图像显示出在激发中心具有很高的发光能力,如图 10-18(c)所示;在纳米线的末端附近具有较好的发光特性.对一些纳米线的研究表明,除了在激发区域,发光只在纳米线的末端被观测到,这说明 CdS 纳米线可以充当光波导.

为了进一步考察纳米线谐振腔的特性,在均匀照射下,测量不同区域的光谱随泵浦功率的变化.在低功率时,纳米线自身得到的光致发光谱出现一个较宽的峰,中心峰值在 512 nm 波长处,峰的半高宽为 24 nm,如图 10-18(d)所示.该峰值与室温下的 CdS 带边发光情况一致,而与外延生长的 CdS 薄膜 600 nm 波长左右的深能级发光[69]有一定差异.在低泵浦功率下得到的纳米线末端产生的发光谱相对于从纳米线自身得到的谱发生了约 30 nm 的红移,谱的红移与 CdS 纳米线腔内部带边发光的再吸收是一致的.图 10-18(d)和(e)中的纳米线都是在均匀光照下的发光.

高泵浦功率下的光致发光显示出 CdS 纳米线谐振腔另一些重要特性,如图 10-18(e)所示.在高功率(80 mW)激励下获得的纳米线末端发光谱呈现出强度的周期变化,随着波长的增加,周期从 1.67 nm 变化到 2.59 nm,这与 18.8 μm 长的纳米线模差计算结果及折射系数的色散关系 $n(\lambda)$ 一致:第一,纳米线末端发光向波段边缘蓝移,同时再吸附随着泵浦功率增加而部分饱和;第二,末端发光强度随着泵浦功率超线性增加,而纳米线自身的发光只呈现出微小的近似线性的增加;第三,观测到强度的周期变化,这正是法布里-珀罗光学谐振腔中纵模的体现.对于 L 长的腔体,模差 $\Delta\lambda$ 满足

$$\Delta\lambda = \frac{\lambda^2}{2L}\frac{1}{n_1 - \lambda\,dn_1/d\lambda}, \tag{10.4}$$

式中 $dn_1/d\lambda$ 是折射系数的色散关系.当纳米线长度为 L 时,这种表述对模差给出一个很好的说明.此外,对各种不同长度纳米线的类似数据分析表明,模差与波长成反比,如图 10-18(f)所示.

以上这些结果显示,CdS 纳米线形成了一个法布里-珀罗光学谐振腔.通过模幅估计(消除白噪声后),室温下中等腔体的品质因子约为 600.

在均匀 CdS 纳米线增益媒质的超线性机制下获得的尖锐模式显示了放大自持发光的发生.值得注意的是,实验中低温条件下较高功率的激励带来单模增益优先出现并开启激光发射,如图 10-19(a)所示.峰的半高宽的测量结果与泵浦能量的依赖关系显示出,发射强度在进入超线性机制区后很快发生一个陡降,并陡降到一个由实验仪器分辨率限制而产生的极限值,如图 10-19(b)所示.不同的是,从纳米线自身产生的发光范围宽,而且线性依赖于激励功率,背景自持发光在超线性机制区达到饱和,从纳米线自身得到的发光强度值较低,并且与泵浦功率呈线性关系(参见图 10-19(b)中的曲线 I).另一不同的是,从纳米线末端

得到的发射在泵浦功率 125 mW 以上呈超线性(参见图 10-19(b)中的曲线 Ⅱ);在低泵浦功率时峰的半高宽(参见图 10-19(b)中的曲线 Ⅲ)几乎保持一个常数(12 nm),在高泵浦功率时陡降到设备分辨率极限值. 从超线性行为可估计泵浦功率密度平均阈值为 40 kW/cm². 当然,对不同的纳米线所需泵浦功率密度阈值通常不同,低温下的最低值在 2 kW/cm² 左右.

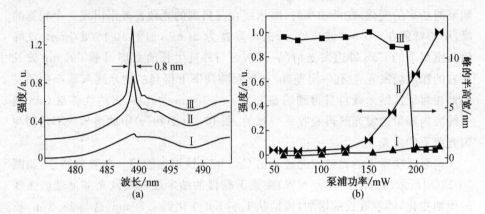

图 10-19　光学泵浦下的纳米线激光发射

(a) 温度 8 K、泵浦功率分别为 190 mW,197 mW,200 mW 时(依次对应曲线 Ⅰ~Ⅲ)测得的
CdS 纳米线末端发光谱(为了分开每条曲线,依次向上平移 0.2 个强度单位);

(b) 发光峰强度、半高宽与泵浦功率的关系图(不同实心形状的标记为实验数据)

10.3.2　CdS 纳米线电致激光器

以上光学实验虽然表明单根纳米线可以充当法布里-珀罗谐振腔并支持激光发射,但是研制电抽运纳米线激光器还受限于技术因素. 一般来说,电驱动激光器要求电子(n 型)和空穴(p 型)被高效地注入到谐振腔区. 对于平面 CdS 结构,这一点难以实现,因为很难制备出高迁移率的 p 型 CdS 或将 n 型 CdS 与其他高迁移率的 p 型材料接合在一起. 纳米线结构的一个明显优点就在于它可以接合不同的高迁移率材料来满足器件的需要.

首先,使用 n 型 CdS 与 p 型 Si 的交叉结构对向 CdS 纳米线谐振腔注入电子进行研究. 对 CdS 纳米线输运特性的研究显示,它们在掺杂浓度为 $10^{18} \sim 10^{19}$ /cm³ 数量级时为 n 型,迁移率大约是 $100\ \text{cm}^2/(\text{V} \cdot \text{s})$. 对典型 n-CdS/p-Si 交叉结构的电流-电压关系测量结果显示,正向开启电压为 2 V,这与 p-n 二极管情况一致. 在正偏压下,这些交叉纳米线结构在 n-CdS/p-Si 纳米线交叉点出现电致发光,在 CdS 纳米线末端也出现很强的发光,这与 CdS 纳米线可充当良好波导的结论相一致. CdS 纳米线末端的电致发光谱显示,对纳米线法布里-珀罗谐振腔的纵向模式加一强度变化的激励,可以使电致发光测量结果与由类似的 CdS

纳米线得到的光学泵浦测量结果(参见图 10-18)相一致.

　　为了研究电驱动的纳米线激光器,可采用一个特殊电极结构,如图 10-20(a)所示,其中 n 型 CdS 纳米线激光腔被组装在 p 型重掺杂(浓度高于 $4 \times 10^{19} / cm^3$)Si 平面基底的电极上.在这一结构中,电子和空穴可以分别从顶部金属层或底部 p 型 Si 层沿着整个长度方向注入到 CdS 纳米线.器件通过在绝缘基底上的重掺杂 p 型 Si 层(厚度为 500 nm)上生长 CdS 纳米线,再对其上厚度为 $60 \sim 80$ nm 的氧化铝进行电子束刻蚀和电子束蒸发,然后再蒸发沉积 40 nm 厚的 Ti 和 200 nm 厚的 Au.纳米线的一个端口部位为了发光需要而没有被覆盖.这一结构实现了注入器件所需的 n-CdS/p-Si 异质结.这种电极结构与在纳米线器件的交叉处形成的 p-n 二极管相似;不过这时空穴可以沿着 CdS 纳米线腔整个长度方向注入,与交叉纳米线器件的单交叉点大为不同,如图 10-20(b)所示.器件的电流-电压关系显示出正向开启电压为 $2 \sim 5$ V,如图 10-20(c)所示.开启电压的不同是由金属与 CdS 电极间的 Al_2O_3 的势垒及 CdS/p-Si 连接处氧化造成的.

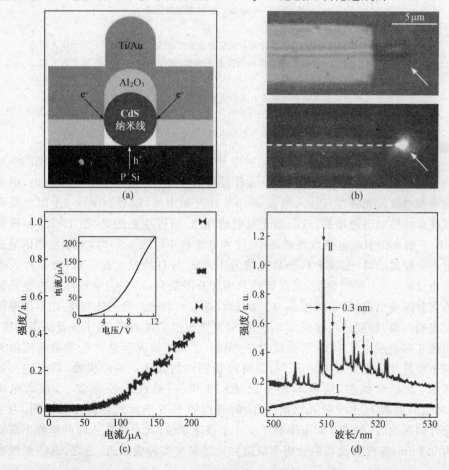

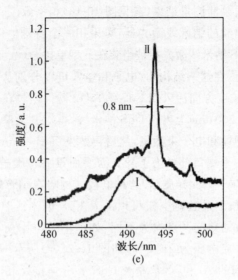

图 10-20   电驱动 CdS 纳米线激光器

（a）器件的电极结构示意图；

（b）为（a）中所描述的器件图，上方箭头标记了暴露的 CdS 纳米线末端，下方为注入电流
      80 μA 时（室温下）测得的该器件的电致发光图像，箭头标示了在 CdS 纳米线末端的
      发光（虚线为纳米线的位置）；

（c）纳米线末端电致发光强度与注入电流的关系图，插图为器件的电流与电压关系图；

（d）纳米线末端电致发光谱图；

（e）8 K 温度下测得的 CdS 纳米线器件发光谱图

     在室温和正偏压条件下，由这种电极结构产生的电致发光图像如图 10-20
（b）所示，在 CdS 纳米线暴露的末端有很强的发光. 由图 10-20（c）可看出，纳米
线末端电致发光强度在注入电流 90 μA 处开始增加，随后在 200 μA 以上发光
强度非线性地迅速增加，这是激光发射的开启. 值得注意的是，图 10-20（d）低温
8 K 下纳米线末端电致发光谱图中，注入电流较小（120 μA）时，末端发光谱呈现
出一个较宽的峰（曲线Ⅰ），半高宽约为 18 nm，与自持发光相一致；但是注入电
流超过 200 μA 的阈值后，发光谱峰只出现有限数目，这些尖峰只在自持发光谱
的部分区域出现，其平均模差为 1.83 nm，这与纳米线长度的法布里-珀罗谐振腔
模式相一致，特别是在波长 509.6 nm 处发光有很尖锐的峰. 为了分开每条曲线，
曲线Ⅱ向上平移了 0.15 个强度单位. 单模-多峰的情况经常会在激励阈值附近
的平面器件激光发射中出现[69]，要解释观测到的其他一些小尖峰，需要进一步
详细了解纳米线腔，这里不加赘述. 图 10-20（e）是在 8 K 温度下，注入电流
200 μA（曲线Ⅰ）和 280 μA（曲线Ⅱ）时测得的 CdS 纳米线器件发光谱图. 为了
分开两条曲线，曲线Ⅱ向上平移了 0.1 个强度单位. 高电流注入时的单峰半高宽
为 0.8 nm，与仪器设备的分辨率极限和光学泵浦实验值接近. 总之，这些发现有

力地证实了室温下单根纳米线注入结构可产生电致激光发射.

还有几个实验结果值得一提:(1)一定程度上,由 CdS/p-Si 和金属/CdS 接合不理想造成的注入不均匀制约了这种新型激光器的性能.例如,现在器件的驱动能量不能太低,否则无法观测到激光发射,而这一点关系到能否获得更好的阈值效应以及能否得到所期望的单模输出.(2)在低温下对单根 CdS 激光器进行测量,如图 10-20(e)中的曲线清晰显示,自持发光谱中峰的半高宽会降到一个被仪器设备分辨率限制的单一模式,这也是激光器的一个特征.这些结果与低温光泵浦得到的结果很相似(参见图 10-19).我们相信随着纳米线激光器组装工艺的进步,将来可以获得更好的光学特性和更好的发光强度.(3)测量的几何位置若垂直于纳米线轴向收集信号,会在激光发射阈值之上给出背景噪声信号,并使纳米线激光器的绝对电流强度关系变得更加复杂.我们也相信未来研究末端发光信号收集会对这些结构给出更多有用数据,从而可以更好地理解和改善这种电致激光器.

以上的结果显示出纳米尺度电致激光器可以由单根半导体纳米线获得,而且为制备综合电驱动光电子器件提出了一种有效方法.这种方法依赖于核心激光器腔体/介质自下而上的组装,它可以扩展到应用其他的材料(如 GaN,InP 等纳米线),而且制备的激光器不仅可以覆盖从近红外到紫外光的区域,还可以在硅微电子及芯片器件上制成单色或多色激光源阵列.要发掘这些潜力,科学技术上还面临着许多挑战,例如需要找到更有效的腔体和更好的注入方式.我们相信这些问题都可以在组装器件之前的纳米线制备过程中加以解决,采用的方法可以是通过对轴向进行合成调制在纳米线末端加一布拉格(Bragg)光栅,使用芯-层结构纳米线来获得向腔体/介质均匀的注入.解决了上述及其他一些诸如标定纳米线腔体内光损失等问题后,纳米线激光器将可能发展成为一个体系.

§10.4 Si 纳米晶激光器的前期研究

在微电子芯片中增加光电功能是材料研究中具有挑战性的问题之一.Si 是一种有间接禁带的半导体,它不是有效的发光体,正因为这样,要想在硅工艺的微电子电路中增加光电发射功能,需要利用直接禁带的化合物半导体掺杂.对于光电子器件,重要的光源之一是激光,诸如量子阱和量子点等低维电子系统是一种很有前途的光放大媒介,但它们是化合物半导体.现在,人们设法利用 Si 材料本身以分散在 Si 氧化物介质中的量子点的形式去获得光放大.近来,人们发现当 Si 处在低维系统的状态[70~74],或者在 Si 晶格中掺杂进活泼的杂质(如 Er)[75]或掺杂进一种新的形态(如二硅化铁)[76]时,室温下 Si 的发光就成为可能.Si 低维系统的所有形态,例如多孔 Si[70,71,74]、Si 纳米晶[72]、Si/绝缘体超晶格[73]、Si 纳米柱[77],作为能增加 Si 的光发射性质都在被广泛地研究. Si/介质的界面在非辐射态的减少和辐射态的增加中起了很重要的作用[78]. 在 Si 的低维系统中,光致发光的高表面量子效率的主要物理机制是由于纳米尺寸的晶格结构中电子空穴对的量子禁锢[79]. 这些研究结果使得 Si 很有希望成为未来光子器件应用中重要的组成部分[79~81],然而 Si 激光器仍然有许多的不确定性[82].

在 Si 材料中很难实现光放大,是因为:

(1) 它的有效自由载流子的吸附减少了激光发射中净增益的获得[82];

(2) 在高功率发光强度下有大量的俄歇电子饱和现象存在[79];

(3) 在 Si 纳米结构中有大量由尺寸决定的辐射能量,导致了系统中较大的光频展宽和大量的光损失.

为了制备以 Si 为基础的激光器件,首先要去研究 Si 材料的光放大和激发发射[83]. Pavesi 等人[84]进行了关于 Si 纳米晶发光增益的研究,他们的研究结果连同其他课题组的研究成果使人们对 Si 发光特性有了进一步的认识. 当 Si 晶粒的尺寸小到纳米数量级时,其发光性能会发生显著地改变,在纳米晶和氧化物界面上实现基态和激发态的整体反转,证实了单个有效结构中的光增益. Pavesi 等人研究的基本目标是发展 Si 半导体激光器,他们在论文中所报告的实验结果使人们看到了用 Si 纳米晶代替 GaAs 制备纳米激光器的前景. 在 Si 纳米晶中获得纯的光增益,虽然为制备 Si 纳米激光器和发展 Si 光电子集成器件开辟了一条思路,但要注意在他们的实验中 Si 纳米晶的发光是用另外的激光束来激励的,即光致发光. 若要使 Si 发光器件最终能与 Si 电路集成,应该采用电激励取代光激励,为了产生激光输出,还需要具有由镜面构成的谐振腔,以便实现相干光放大.

10.4.1　Si 纳米晶的制备

将 Si 负离子(能量为 80 keV,Si 离子面密度为 $1\times10^{17}/cm^2$)注入 Si 超纯的石英基底中或注入 Si 基底上生长的硅氧化层中,随着高温退火(1100℃,1 h)来制备低维的 Si 纳米晶. 当 Si 晶粒被植入氧化层中,Si 晶粒形成了一个 100 nm 厚度区,其中心距离表面的深度有 110 nm,晶粒的直径为 3 nm,浓度为 $2\times10^{19}/cm^3$. 用 Maxwell-Garnett 近似,可以估计出纳米晶区域的有效光折射系数为 1.89. 对于用等离子增强的化学气相沉积法[85]制备的纳米晶,可由椭圆偏光法测量出有效折射系数为 1.71. 当折射系数为 1.89 时,样品中就会形成一个光填充因子为 9.7% 的平面波导;当折射系数为 1.71 时,光填充因子为 1.17%.

用波长为 488 nm 的 Ar 激光器作为激发源,室温下样品的吸收系数和发光谱如图 10-21 所示,测量谱中石英基底的光吸收已被扣除. 在波长为 800 nm 附近观测到宽带的发射峰,它代表 Si 纳米晶辐射态的载流子复合. 吸收系数测量结果显示在近红外波段和在短波段吸收上升,上升是由于对纳米晶中量子禁锢态的吸收所造成的[86]，而特有的近红外波段的吸收是由于 Si＝O 键的界面态所引起的[78,87,88]．正如理论预测[78]和从实验中的推测那样，界面态是在 Si 纳米晶和 SiO₂ 基质的交界处形成的．微观上这些界面态的实质是什么还没有定论[78]．为了观测到界面态，必须具有高质量的 SiO₂ 和 Si 纳米晶，而其他以 Si 为基础的系统由于有缺陷或低质量的氧化物在界面就无法形成界面态．注意到发射波段和界面态的吸收波段有一致性，于是认为 Si 纳米晶中辐射发射是由于辐射态和纳米晶/氧化物的界面相关而引起的．在皮秒短脉冲激发下，纳米晶的时间分辨发光显示在实验灵敏度范围内有一个较快的时间增长[89]；发光的时间衰减在微秒范围，它由发射的能量决定[90]．

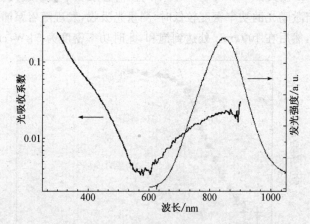

图 10-21　室温下埋藏于石英基质中的 Si 纳米晶的光吸收系数和发光谱

10.4.2　光发大

用双 Ti-蓝宝石激光器作为激励光源，波长为 390 nm，脉冲宽度为 2 ps，重复频率为82 MHz，它的光斑几何形状是长度 L 可变的条纹，激励光的条纹宽度为 10 μm，用圆柱形透镜将激光束聚焦在样品的表面上，照射样品表面的激光功率密度是个常数（1 kW/cm²）．Si 纳米晶样品受到激光激励后，从侧面发射出光，设光强度为 I_{ASE}，它是长度 L 的函数（观测角度为 $\Phi=0°$），一个 40 倍的光学物镜被用来观测 40 μm 针孔上的样品侧面边界，因此只有来自样品侧面边界的光才能被收集．光增益测量方法示意图如图 10-22 所示．

在一维放大模型中，I_{ASE} 与光增益 g 的关系式为[83,91]

$$I_{ASE}(L) \propto \frac{LI_{SPONT}}{g-\alpha}\{\exp[(g-\alpha)L]-1\}, \tag{10.5}$$

式中 I_{SPONT} 是单位长度的自然发射光强度，α 是全部损失因子．用这种方法测量到的增益称为模式增益[83]．图 10-23 是埋藏于石英基质中的 Si 纳米晶中发射波

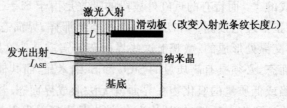

图 10-22　光增益测量方法示意图

长为 800 nm 的 I_{ASE}-L 曲线. 当 L 较小($L<0.05$ cm)时,观测到 I_{ASE} 呈指数增加,这说明有放大的自然光发射存在. 代入式(10.5),可得净模式增益 $g-\alpha=(100\pm10)$ cm^{-1}. 当 L 较大($L>0.05$ cm)时,如同任何有限功率供给放大机制那样,I_{ASE} 达到了饱和. 当激励光的功率密度较低时,测量光吸收,发现随着泵浦光功率增加,模式增益增加,然后在 100 cm^{-1} 处达到饱和,此时功率密度为 5 kW/cm^2.

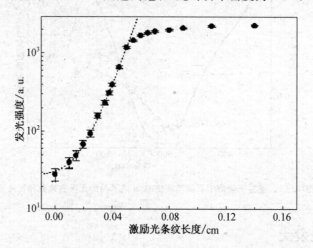

图 10-23　Si 纳米晶自然发光强度 I_{ASE} 与激励光条纹长度 L 的关系

点线是将数据代入式(10.5)所得到的曲线(波长为 800 nm).

　　通过测量不同波长的放大信号,得到了石英晶片和 Si 纳米晶的光增益谱,如图 10-24 所示. 这两个样品的光增益曲线的形状是相似的,它们的数值相近. 实验点上下线段的长短指出的是误差范围,这是因为条纹相机监测低信噪比的低强度信号,从被放大的自然发射光(amplified spontaneous emission,简称 ASE)强度数据中得到模式增益的数据处理过程中会产生较大的误差值[92,93]. 测量结果显示光谱波段较宽,并且与发光波长的范围绝大部分交叠在一起,这说明放大和纳米晶与氧化物的界面处相关的辐射态有关.

　　当激发长度 L 固定时,泵浦光的功率密度 P 不断地增加,如图 10-25(a);或者是当 P 固定时,激发长度 L 增加,如图 10-25(b)所示,会出现一个强的正在变窄的发射谱线. 当 L 和 P 都固定而观测角度改变时,如图 10-25(c)～(e)所

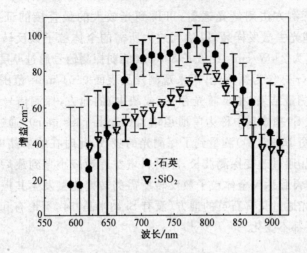

图 10-24 净模式增益谱图

示,只要偏离严格的一维结构即观测角 $\Phi > 0$,会出现明显的强度减弱和放大发射光谱展宽.这些现象进一步证实在样品中形成了波导.

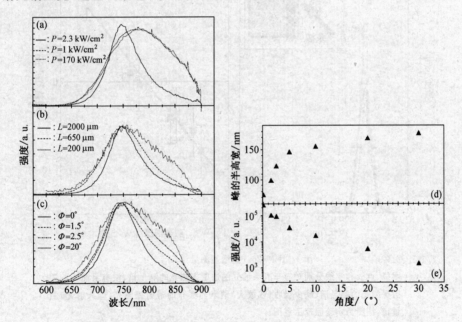

图 10-25 不同测量条件下样品的 ASE 谱

(a) 当 $L=2000\,\mu m$,不同 P 时的 ASE 谱;

(b) 当 $P=2.3\,kW/cm^2$,不同 L 时的 ASE 谱;

(c) 当 $P=1\,kW/cm^2$,$L=3000\,\mu m$,不同观测角 Φ 时的 ASE 谱;用来记录数据的光电倍增管的低能阈值波长大于 800 nm;

(d) 作为观测角 Φ 的函数 ASE 谱峰的半高宽;

(e) 作为观测角 Φ 的函数 ASE 信号最高强度值

　　用泵浦-探测方法测量光透射,可得到光放大的最直接的证据.用波长为
390 nm 的泵浦光去激发样品,以达到放大所需的全体粒子数反转,泵浦光束的
平均功率密度为 2 kW/cm²,用波长 800 nm 的弱探测信号通过厚度为 d 的 Si 纳
米晶激发层,Kr 灯作为探测光,用来观测样品表面 0.01 mm² 范围内的变化,图
10-26 显示了测量结果.在泵浦光存在(或缺少)的地方,探测信号就会放大(或
吸收),通常在 Si 基体系中称为单通道增益(single-pass gain).通过减小泵浦光
的强度(参见图 10-26(b))测量到了探测光的吸收,此时在纳米晶中全体粒子数
反转不再实现.通过改变探测波长,净材料增益逐渐减小直到最后完全消失,当
探测的能量不再和达到全体粒子数反转所需的转变能量发生共振时,放大就会
消失.当探测光通过只有石英的地方(没有 Si 纳米晶)时,不论有和没有泵浦光,
探测光的强度都不变化.

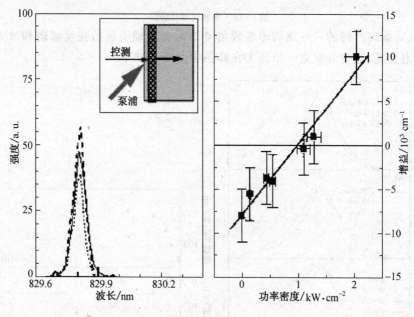

图 10-26　光增益测量谱

　　(a) 虚线、点线和实线分别对应于有泵浦光的透射探测光的测量谱、没有泵浦光的透
　　　　射探测光的测量谱、缺少吸收(或放大)纳米晶媒介的透射探测光(即入射光)测
　　　　量谱,插图为实验原理示意图;
　　(b) 材料增益值与泵浦光功率密度的关系曲线

　　用来推测材料增益的公式为

$$I_{tr} = I_i \exp[(g - \alpha)d],　　　　　　　　(10.6)$$

式中 I_{tr} 是透射光强度,I_i 是入射光强度.利用式(10.6)可推出净材料增益值为
(10000±3000) cm⁻¹,它高到可以和用Ⅲ-Ⅴ族半导体自组装的量子点相比

拟[94,95]；该值存在很大的误差是由于实际纳米晶层的几何形状不规则造成的.

10.4.3　纳米晶的净增益横截面

　　利用参考文献[96]中的方程和所测量到的在反转条件下探测光束的透射强度，可以估算出每个纳米晶的最大增益横截面为 $\gamma_t \approx 5 \times 10^{-16}$ cm². 光致发光的强度可以由 $J \propto N^*/\tau_r$ 得到(这里 J 为光子通量，N^* 是被激发的纳米晶的浓度，τ_r 是辐射的寿命). 考虑到辐射和非辐射过程，激发纳米晶浓度随时间 t 的比率方程为

$$\frac{\mathrm{d}N^*}{\mathrm{d}t} = \sigma J(N - N^*) - \frac{N^*}{\tau}, \tag{10.7}$$

式中 σ 是吸收横截面，N 是样品中纳米晶的浓度，τ 是衰减寿命. 设一连续泵浦激光在 $t=0$ 时刻打开，N^* 会随 t 变化，则光致发光强度遵照如下规律：

$$I(t) = I_0\{1 - \exp[-(\sigma J + 1/\tau)t]\} = I_0[1 - \exp(1 - t/\tau_{on})], \tag{10.8}$$

式中 I 是光强度，I_0 是系数，τ_{on} 是光致发光的上升时间. 通过测量作为 J 的函数的 τ_{on} 就直接得到了吸收横截面的信息. 图 10-27 是作为 J 的函数的 τ_{on} 倒数曲线图，它是斜率为 $\sigma \approx 3 \times 10^{-16}$ cm² 的直线，该直线和纵轴的截距给出了对应于所测波长的光在 Si 纳米晶中的寿命. 测到的值 70 μs 和该样品中波长为 850 nm 的衰减寿命相一致，这样我们就可以获得纳米晶中光子吸收横截面的数值. 虽然该测量是在 488 nm 的激发波长下得到的，但是它也反映波长为 800 nm 的状态的性质，这是由于这两个波长处的吸收是一样的(见图 10-21). 图 10-27 中的插图是室温下，泵浦光波长为 488 nm 时，随泵浦功率(0.8~80 mW)不同，Si 纳米晶 850 nm 波长的 $I(t)$ 与时间的关系曲线图. 如式(10.8)所描述的，当功率 P 增大后，光致发光的上升时间变得越来越短，把这些数据代入式(10.8)就可得到不同 P 值下的上升时间. 我们注意到，如理论所预测的那样[83]，测量得到的吸收横截面 σ 和光增益横截面 γ_t 是相同的数量级. 当把由图 10-21 的数据推得的净材料增益和吸收系数比较，就会发现相同的一致性.

　　另外一个问题就是从该模型和材料增益中推出的增益横截面的比较，从参考文献[96]可得，对不同纳米晶的几何结构，每个纳米晶的增益横截面 γ_{ASE} 可以由下式推得：

$$\gamma_{ASE} = \frac{g}{(f_c - f_v)N\Gamma}, \tag{10.9}$$

式中 $f_c - f_v$ 是导带到价带的粒子反转因子，Γ 是放大模式的光填充因子. 设所有粒子反转，满足 $f_c - f_v = 1$ 时，$\Gamma = 0.097$，测得的净模式增益为 $g \approx 100$ cm⁻¹，则可得 $\gamma_{ASE} \approx 5 \times 10^{-17}$ cm²，这是 γ_{ASE} 的最小值. 如果考虑到只有部分粒子反转或波导的限制较弱(即在波导中没有台阶状的侧面，或纳米晶的有效折射系数更

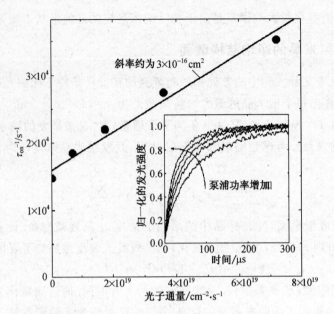

图 10-27 τ_{on}^{-1} 与泵浦光光子通量的关系曲线
插图为归一化的发光强度与时间的关系曲线.

小),γ_{ASE} 会显著地增加.例如,利用从纳米晶中测得的折射系数可以算出 Γ 的值[85],从而可得 $\gamma_{ASE} \approx 3 \times 10^{-16}$ cm².以上两个估测值不同是由增益测量得到的增益横截面数量的误差造成的.由 γ_t 和不同几何结构下的 γ_{ASE} 推出的每个纳米晶的增益横截面进行比较,说明这两个值在定量上还是比较吻合的.实际上,探测得到的增益系数有较大的误差,所决定的值仅仅是一个下限.

10.4.4   光增益的原因

可以用三级模型来解释观测到的光增益,如图 10-28 所示,它显示系统中如何实现粒子反转.第一、二级分别对应于最低的非占据态分子轨道(lowest unoccupied molecular orbit,简称 LUMO)(即导带底)和最高的占据态分子轨道(highest occupied molecular orbit,简称 HOMO)(即纳米晶的价带顶);第三级对应于吸收中观测到的辐射界面态,它是由波长为 800 nm 处的光发射能带所产生的.电子受到光的激发后跃迁到 LUMO,这样在 HOMO 留下空态,LUMO 的电子很快(纳秒数量级)就弛豫成界面态,而界面态的电子有较长的寿命(微秒数量级);

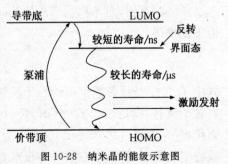

图 10-28   纳米晶的能级示意图

而且,吸收和发光之间的斯达克斯(Stokes)移动产生激励发射.这个能量模型解释了在皮秒脉冲光的激发下在波长 800 nm 处发光的快速上升和缓慢衰减以及 800 nm 波长处的有效发光.在模型中,初态的衰减速率比以界面态为中介、通过载流子复合的填充速率快得多.这样,HOMO 态和与纳米晶/氧化物界面相关的辐射态之间的全体粒子反转就成为可能.这个模型也能解释在 Si 基体系中,由于吸收的自由载流子要超过激发发射引起的增益载流子[29]所造成的载流子损失,或者由于俄歇电子的复合引起的损失[89],因此 Si 基体系不能有光增益[97].另外,通过该模型的计算[78]发现,辐射界面态的能量对尺寸的依赖性比导带到价带之间的跃迁对尺寸的依赖以及由于尺寸分布范围较大而引起的弛豫对尺寸的依赖要小得多.

利用测量到的每个纳米晶的吸收横截面 σ,在光子浓度为 $10^{22}/cm^2 \cdot s$ 的最高激发条件下[89],可以估测出每个纳米晶将激发出多于 100 个电子空穴对.如果假设每个纳米晶有 500 个 Si 原子(其中 35% 是表面原子),当每个 Si 原子束缚一个 O 原子时,每个 Si 纳米晶就会有 150 个界面态,为了得到光增益,必须有足够大的激发能量才能使得大部分态反转.

表 10-2 列出Ⅲ-Ⅴ族半导体每个量子点的增益横截面.值得注意的是,Si 纳米晶的值要比 InAs 量子点的值低三个数量级.这是 Si 的间接禁带造成的,而辐射表面态是光增益的原因.除了这些不同,Si 纳米晶和 InAs 量子点的净材料增益处于相同的数量级,这是用离子注入法获得的高密度的纳米晶所导致的.通过表中数据可以计算得出,增益横截面 γ_t 和辐射寿命 τ_r 是成反比的[83];Si 纳米线的辐射寿命是微秒数量级,而据报道 InAs 量子点的辐射寿命是纳秒数量级[94,95],它们有很大的不同.

表 10-2　量子点和纳米晶的光增益横截面

材　　料	InAs 单层量子点[94]	InAs 7 组量子点[95]	GaAs 单层量子点[96]	Si 纳米晶
净模式增益/cm^{-1}	8.2	70～85	13*	100
净材料增益/cm^{-1}	9×10^4*	1.5×10^4*	—	1×10^4
点密度/cm^{-2}	1×10^{11}	1×10^{11}	1×10^{10}	2×10^{14}
层厚/nm	1.7	100	—	100
填充因子	1.2×10^{-4}	48×10^{-4}	—	970×10^{-4}
每个点的增益横截面/cm^2	1200×10^{-16}	4000×10^{-16}	450×10^{-16}*	$(0.5\sim5) \times 10^{-16}$

*:计算近似值.

在 Si 纳米晶中很清楚地观测到了光增益,从每个纳米晶的净增益横截面的数量分析得出这些值要比Ⅲ-Ⅴ族半导体量子点的数量级要小.然而,与直接禁带有关的 Si 纳米晶的高堆积密度使得 Si 纳米晶获得了相同数量级的净材料增益. 这些发现为以 Si 为基础的激光的实现开辟了一条新道路.

参 考 文 献

[1]　李玲, 向航. 功能材料与纳米技术. 北京: 化学工业出版社, 2002. pp. 108~112

[2]　Cao H, Xu J Y, Zhang D Z, et al. Phys. Rev. Lett., 2000, 84(24): 5584

[3]　Cao H, Xu J Y, Seelig E W, et al. Appl. Phys. Lett., 2000, 76(21): 2997

[4]　Bagnall D M, Chen Y F, Zhu Z, et al. Appl. Phys. Lett., 1997, 70(17): 2230

[5]　Nicoll F H. Appl. Phys. Lett., 1966, 9(1): 13

[6]　Yu P, Tang Z K, Wong G K L, et al. Proc. 23nd Int. Conf. Phys. Semi.. Singapore: World Scientific, 1996. p. 1453

[7]　Service R F. Science, 1997, 276: 895

[8]　刘坤, 季振国. 真空科学与技术学报, 2002, 22(4): 282

[9]　应春, 沈杰, 陈华仙等. 真空科学与技术学报, 1998, 18(2): 125

[10]　Shih W C, Wu M S. J. Cryst. Growth, 1994, 137: 319

[11]　杨田林, 张德恒, 李滋然等. 太阳能学报, 1999, 20(2): 200

[12]　施昌勇, 沈克明. 稀有金属, 2000, 24(2): 154

[13]　贺洪波, 易葵, 范正修. 光学学报, 1998, 18(6): 799

[15]　Haga K, Kamidaira M, Kashiwaka Y, et al. J. Cryst. Growth, 2000, 214/215: 77

[14]　Kanfmam T, Fuchs G, Webert M. Cryst. Res. Tech., 1988, 23: 635

[16]　楚振生, 李炳生, 刘益春等. 发光学报, 2000, 21(4): 383

[17]　贺洪波, 范正修, 姚振钰等. 中国科学(E辑), 1999, 30(2): 127

[18]　Sekiguchi T, Haga K, Inaba K. J. Cryst. Growth, 2000, 214/215: 68

[19]　Funakubo H, Mizuan N. J. Electroceramics, 1999, 4(s1): 25

[20]　Wenas W W, Yamada A, Konagai M, et al. Jpn. J. Appl. Phys., Part II, 1994, 33: 1283

[21]　Yi L X, Xu Z, Hou Y B, et al. Chin. Sci. Bull., 2001, 46(14): 1223

[22]　Ohyama M, Kozuka H, Yoko T. Thin Solid Films, 1997, 306(1): 78

[23]　Ohyama M, Kozuka H, Yoko T. J. Ame. Ceramic Soc., 1998, 81(6): 1622

[24]　Nagase T, Ooic T, Sakakibara J. Thin solid Films, 1999, 357(2): 151

[25]　Bozlee B J, Exarhos G J. Thin Solid Films, 2000, 377/378: 1

[26]　Chatterjee A P, Mitra P, Mukhopadhy A K. J. Mater. Sci., 1999, 34: 4225

[27]　Wang Z S, Huang C H, Cheng H M, et al. Chem. Mater., 2001, 13: 678

[28]　Zhang Q F, Pan G H, Den N, et al. Proc. 6th IEEE Chin. Optoelectr. Symp., Hong Kong, 2003

[29]　Fons P, Iwata K, Yamada A, et al. Appl. Phys. Lett., 2000, 77(12): 1801

[30]　Kong Y C, Yu D P, Zhang B, et al. Appl. Phys. Lett., 2001, 78(4): 407

[31]　Yoshida T, Takeyama S, Yamada Y, et al. Appl. Phys. Lett. , 1996, 68(13): 1772

[32]　Givargizov E I. J. Cryst. Growth, 1973, 20: 217

[33]　Makimura T, Kunii Y, Mutoh K. Jpn. J. Appl. Phys. , Part I, 1996, 35: 4780

[34]　Zhang H Z, Yu D P, Ding Y, et al. Appl. Phys. Lett. , 1998, 73(23): 3396

[35]　许小亮,施朝淑. 物理学进展,2000,20(4): 356

[36]　Kawasaki M, Ohtomo A, Ohkubo I, et al. Mat. Sci. Eng. B, 1998, 56(2-3): 239

[37]　Cao H, Zhao Y G, Ong H C, et al. Appl. Phys. Lett. , 1998, 73(25): 3656

[38]　Park Y S, Schneider J R. J. Appl. Phys. , 1968, 39: 3049

[39]　Huang M H, Mao S, Feick H, et al. Science, 2001, 292: 1897

[40]　Gaul D A, Rees W S Jr. Adv. Mater. , 2000, 12(13): 935

[41]　Hasse M A, Qui J, De Puydt J M, et al. Appl. Phys. Lett. , 1991, 59(11): 1272

[42]　Nakamura S Senoh M, Nagahama S -I, et al. Jpn. J. Appl. Phys. , Part II , 1996, 35: L74

[43]　Yu P, Tang Z K, Wong G K L, et al. J. Cryst. Growth, 1998, 184/185: 601

[44]　Klingshirn C. J. Cryst. Growth, 1992, 117: 753

[45]　Wegscheider W, Pfeiffer L N, Dignam M M, et al. Phys. Rev. Lett. , 1993, 71(24): 4071

[46]　Mehus D, evans D. Laser Focus World, 1995, 31: 117

[47]　Haraguchi K, Katsuyama T, Hiruma K, et al. Appl. Phys. Lett. , 1992, 60: 745

[48]　Duan X F, Huang Y, Cui Y, et al. Nature, 2001, 409: 66

[49]　Klimov V I, Mikhailovsky A A, Xu S, et al. Science, 2000, 290: 314

[50]　Pavesi L, Negro L D, Mazzoleni C, et al. Nature, 2000, 408: 440

[51]　Huang M H, Wu Y, Feick H, et al. Adv. Mater. , 2001, 13(2): 113

[52]　Saleh B E A, Teich M C. Fundamentals of Photonics. New York: John Wiley & Sons, 1991

[53]　Duan X F, Huang Y, Agarwal R, et al. Nature, 2003, 421: 241

[54]　Gray G R. In: Semiconductor Laser: Past, Present, and Future. New York: American Institute of Physics, 1995. pp. 284~320

[55]　Kapon E. Semiconductor Lasers I : Fundamentals. San Diego: Academic, 1999

[56]　Kapon E. Semiconductor Lasers II : Materials and Structures, San Diego: Academic, 1999

[57]　Kozlov V G, Bulovic V, Burrows P E, et al. Nature, 1997, 389: 362

[58]　Berggren M, Dodabalapur A, Slusher R E, et al. Nature, 1997, 389: 466

[59]　Tessler N, Denton G J, Friend R H. Nature, 1996, 382: 695

[60]　Hide F, Diaz-Garcia M A, Schwartz B J, et al. Science, 1996, 273: 1833

[61]　Kazes M, Lewis D Y, Ebenstein Y, et al. Adv. Mater. , 2002, 14(4): 317

[62]　Morales A M, Lieber C M. Science, 1998, 279: 208

[63]　Duan X. F, Lieber C M. Adv. Mater. , 2000, 12(4): 298

[64] Gudiksen M S, Lieber C M. J. Am. Chem. Soc. , 2000, 122: 8801

[65] Cui Y, Lieber C M. Science, 2001, 291(5505): 851

[66] Huang Y, Duan X Y, Cui Y, et al. Science, 2001, 294: 1313

[67] Chen C-L. Elements of Optoelectronics and Fiber Optics. Chicago: Irwin, 1996

[68] Wang J F, Gudiksen M S, Duan X Y, et al. Science, 2001, 293: 1455

[69] Bagnall D M, Ullrich B, Sakai H, et al. J. Cryst. Growth, 2000, 214/215: 1015

[70] Canham L T. Appl. Phys. Lett. , 1990, 57: 1045

[71] Cullis A G, Canham L T. Nature, 1991, 353: 335

[72] Wilson W L, Szajowski P F, Brus L E. Science, 1993, 262(5137): 1242

[73] Lu Z H, Lockwood D J, Baribeau J-M. Nature, 1995, 378: 258

[74] Hirschman K D, Tsybeskov L, Duttagupta S P, et al. Nature, 1996, 384: 338

[75] Franzo G, Priolo F, Coffa S, et al. Appl. Phys. Lett. , 1994, 64(17): 2235

[76] Leong D, Harry M, Reeson K J, et al. Nature, 1997, 387: 686

[77] Nassiopoulos A G, Grigoropoulos S, papadimitriou D. Appl. Phys. Lett. , 1996, 69
(15): 2267

[78] Wolkin M V, Jorne J, Fauchet P M, et al. Phys. Rev. Lett. , 1999, 82(1): 197

[79] Bisi O, Ossicini S,Pavesi L. Surf. Sci. Rep. , 2000, 38(13): 1

[80] Miller D A. Nature, 1995, 378: 238

[81] Iyer S S, Xie Y -H. Science, 1993, 260(5104): 40

[82] Fauchet P M. J. Lumin. , 1999, 80(1-4): 53

[83] Yariv A. Quantum Electronics. 2nd ed. New York: John Wiley & Sons, 1974

[84] Pavesi L, Negro L D, Mazzoleni C, et al. Nature, 2000, 408: 440

[85] Iacona F, Franzo G, Spinella C. J. Appl. Phys. , 2000, 87(3): 1295

[86] Kovalev D, Heckler H, Polisski G, et al. Phys. Status Solidi, 1999, 251: 871

[87] Kanemitsu Y, Okamoto S. Solid State Comm. , 1997, 103(10): 573

[88] Kanemitsu Y,Okamoto S. Phys. Rev. B, 1998, 58(15): 9652

[89] Klimov V I, Schwarz Ch, McBranch D W, et al. Appl. Phys. Lett. , 1998, 73(18):
2603

[90] Linnros J, Galeckas A, Lalic N, et al. Thin Solid Films, 1997, 297(1-2): 167

[91] Shaklee K L, Nahaory R E, Leheny R F. J. Lumin. , 1973, 7: 284

[92] Jordan V. IEE Proce. Optoelectronics, 1994, 141(1): 13

[93] Hvam J M. J. Appl. Phys. , 1978, 49(6): 3124

[94] Kirstaedter N, Schmidt O G, Ledentsov N N, et al. Appl. Phys. Lett. , 1996, 69
(9): 1226

[95] Lingk C, von Plessen G, Feldmann J, et al. Appl. Phys. Lett. , 2000, 76(24): 3507

[96] Blood P. IEEE J. Quan. Elactr. , 2000, 36: 354

[97] von Behren J, Kostoulas Y, Ucer K B, et al. J. Non-Cryst. Solids, 1996, 198: 957